园林工程招投标与概预算 第3版

YUANLIN GONGCHENG ZHAOTOUBIAO YU GAIYUSUAN

主　编　廖伟平

副主编　谭光营　董　斌　陆柏松　马书燕
　　　　林少妆　林　伟　柯洁娴

主　审　郭春华

重庆大学出版社

内容提要

本书系统介绍了园林工程招投标、算量和计价方法,主要内容有:合同与建设工程施工合同、园林工程招投标、园林工程概预算定额、园林工程量计算方法、园林工程施工图预算、工程量清单报价、园林工程的预算审查与竣工结算和园林计价软件应用等。本书依据全国新版工程量清单计价规范和地方园林计价定额,结合当前的园林工程概预算和招投标的实际情况编写而成,知识结构完整,配有大量例题和实训指导,所用案例简明实用,具有较强的实用性和可操作性。本书配有电子教案,可扫描封底二维码查看,并在电脑上进入重庆大学出版社官网下载。

本书为高等职业院校园林、工程造价、建筑等相关专业的教材,也可供相关技术人员参考。

图书在版编目(CIP)数据

园林工程招投标与概预算 / 廖伟平主编. -- 3 版
. -- 重庆:重庆大学出版社,2021.7(2024.1 重印)
高等职业教育园林类专业系列教材
ISBN 978-7-5624-7534-7

Ⅰ.①园… Ⅱ.①廖… Ⅲ.①园林—工程施工—招标
—高等职业教育—教材②园林—工程施工—投标—高等职
业教育—教材③园林—工程施工—建筑概算定额—高等职
业教育—教材④园林—工程施工—建筑预算定额—高等职
业教育—教材 Ⅳ.①TU986.3

中国版本图书馆 CIP 数据核字(2021)第 116320 号

园林工程招投标与概预算

(第3版)

主　编　廖伟平
副主编　谭光营　董　斌　陆柏松　马书燕
　　　　林少妆　林　伟　柯洁娴
主　审　郭春华
责任编辑:何　明　　版式设计:莫　西　何　明
责任校对:刘志刚　　责任印制:赵　晟

＊

重庆大学出版社出版发行
出版人:陈晓阳
社址:重庆市沙坪坝区大学城西路 21 号
邮编:401331
电话:(023)88617190　88617185(中小学)
传真:(023)88617186　88617166
网址:http://www.cqup.com.cn
邮箱:fxk@ cqup.com.cn(营销中心)
全国新华书店经销
重庆长虹印务有限公司印刷

＊

开本:787mm×1092mm　1/16　印张:21.5　字数:552 千
2013 年 8 月第 1 版　2021 年 7 月第 3 版　2024 年 1 月第 9 次印刷
印数:20 001—21 000
ISBN 978-7-5624-7534-7　定价:52.00 元

编委会名单

主　任　江世宏

副主任　刘福智

编　委　卫　东　　方大凤　　王友国　　王　强　　宁妍妍
　　　　邓建平　　代彦满　　闫　妍　　刘志然　　刘　骏
　　　　刘　磊　　朱明德　　庄夏珍　　宋　丹　　吴业东
　　　　余　俊　　汤　勤　　陈力洲　　陈大军　　陈世昌
　　　　陈　宇　　张建林　　张树宝　　余晓曼　　李　军
　　　　李　璟　　李淑芹　　陆柏松　　亭随文　　肖雍琴
　　　　杨云霄　　杨易昆　　林墨飞　　段明革　　周初梅
　　　　周俊华　　祝建华　　赵静夫　　赵九洲　　段晓鹃
　　　　贾东坡　　唐　建　　唐祥宁　　徐德秀　　郭淑英
　　　　高玉艳　　陶良如　　黄红艳　　黄　晖　　董　斌
　　　　鲁朝辉　　曾端香　　廖伟平　　谭明权　　澹台思鑫

编写人员名单

主　　编　廖伟平　广东科贸职业学院

副主编　谭光营　仲恺农业工程学院

　　　　　董　斌　广东农工商职业技术学院

　　　　　陆柏松　重庆航天职业技术学院

　　　　　马书燕　唐山职业技术学院

　　　　　林少妆　揭阳职业技术学院

　　　　　林　伟　宜宾职业技术学院

　　　　　柯洁娴　清远市城市管理和综合执法局

参　　编　张卫军　广东建设职业技术学院

　　　　　熊朝勇　内江职业技术学院

　　　　　陈玉琴　三门峡职业技术学院

　　　　　黄春艳　广东科贸职业学院

　　　　　简雪芬　广州华苑园林股份有限公司

　　　　　刘先锋　深圳园林股份有限公司

　　　　　陈　敏　湖南环境生物职业技术学院

主　　审　郭春华　仲恺农业工程学院

总 序

改革开放以来,随着我国经济、社会的迅猛发展,对技能型人才特别是对高技能人才的需求在不断增加,促使我国高等教育的结构发生重大变化。据 2004 年统计数据显示,全国共有高校2 236 所,在校生人数已经超过 2 000 万,其中高等职业院校 1 047 所,其数目已远远超过普通本科院校的 684 所;2004 年全国高校招生人数为 447.34 万,其中高等职业院校招生237.43万,占全国高校招生人数的 53% 左右。可见,高等职业教育已占据了我国高等教育的"半壁江山"。近年来,高等职业教育特别是其人才培养目标逐渐成为社会关注的热点。高等职业教育培养生产、建设、管理、服务第一线的高素质应用型技能人才和管理人才,强调以核心职业技能培养为中心,与普通高校的培养目标明显不同,这就要求高等职业教育要在教学内容和教学方法上进行大胆的探索和改革,在此基础上编写出版适合我国高等职业教育培养目标的系列配套教材已成为当务之急。

随着城市建设的发展,人们越来越重视环境,特别是环境的美化,园林建设已成为城市美化的一个重要组成部分。园林不仅在城市的景观方面发挥着重要功能,而且在生态和休闲方面也发挥着重要功能。城市园林的建设越来越受到人们重视,许多城市提出了要建设国际花园城市和生态园林城市的目标,加强了新城区的园林规划和老城区的绿地改造,促进了园林行业的蓬勃发展。与此相应,社会对园林类专业人才的需求也日益增加,特别是那些既懂得园林规划设计,又懂得园林工程施工,还能进行绿地养护的高技能人才成为园林行业的紧俏人才。为了满足各地城市建设发展对园林高技能人才的需要,全国的 1 000 多所高等职业院校中有相当一部分院校增设了园林类专业。而且,近几年的招生规模正在不断扩大,与园林行业的发展相呼应。但与此不相适应的是,适合高等职业教育特色的园林类教材建设速度相对缓慢,与高等职业园林教育的迅速发展形成明显反差。因此,编写出版高等职业教育园林类专业系列教材显得极为迫切和必要。

通过对部分高等职业院校教学和教材使用情况的了解,我们发现目前众多高等职业院校的园林类教材短缺,有些院校直接使用普通本科院校的教材,既不能满足高等职业教育培养目标的要求,也不能体现高等职业教育的特点。目前,高等职业教育园林类专业使用的教材较少,且就园林类专业而言,也只涉及部分课程,未能形成系列教材。重庆大学出版社在广泛调研的基础上,提出了出版一套高等职业教育园林类专业系列教材的计划,并得到了全国 20 多所高等职业院校的积极响应,60 多位园林专业的教师和行业代表出席了由重庆大学出版社组织的高等职业教育园林类专业教材编写研讨会。会议上代表们充分认识到出版高等职业教育园林类专

业系列教材的必要性和迫切性,并对该套教材的定位、特色、编写思路和编写大纲进行了认真、深入的研讨,最后决定首批启动《园林植物》《园林植物栽培与养护》《园林植物病虫害防治》《园林规划设计》《园林工程》等20本教材的编写,分春、秋两季完成该套教材的出版工作。主编、副主编和参加编写的作者,由全国有关高等职业院校具有该门课程丰富教学经验的专家和一线教师,大多为"双师型"教师担任。

本套教材的编写是根据教育部对高等职业教育教材建设的要求,紧紧围绕以职业能力培养为核心设计的,包含了园林行业的基本技能、专业技能和综合技术应用能力三大能力模块所需要的各门课程。基本技能主要以专业基础课程作为支撑,包括8门课程,可作为园林类专业必修的专业基础公共平台课程;专业技能主要以专业课程作为支撑,包括12门课程,各校可根据各自的培养方向和重点选用;综合技术应用能力主要以综合实训作为支撑,其中综合实训教材将作为本套教材的第二批启动编写。

本套教材的特点是教材内容紧密结合生产实际,理论基础重点突出实际技能所需要的内容,并与实训项目密切配合,同时也注重对当今发展迅速的先进技术的介绍和训练,具有较强的实用性、技术性和可操作性三大特点,具有明显的高职特色,可供培养从事园林规划设计、园林工程施工与管理、园林植物生产与养护、园林植物应用,以及园林企业经营管理等高级应用型人才的高等职业院校的园林技术、园林工程技术、观赏园艺等园林类相关专业和专业方向的学生使用。

本套教材课程设置齐全、实训配套,并配有电子教案,十分适合目前高等职业教育"弹性教学"的要求,方便各院校及时根据园林行业发展动向和企业的需求调整培养方向,并根据岗位核心能力的需要灵活构建课程体系和选用教材。

本套教材是根据园林行业不同岗位的核心能力设计的,其内容能够满足高职学生根据自己的专业方向参加相关岗位资格证书考试的要求,如花卉工、绿化工、园林工程施工员、园林工程预算员、插花员等,也可作为这些工种的培训教材。

高等职业教育方兴未艾。作为与普通高等教育不同类型的高等职业教育,培养目标已基本明确,我们在人才培养模式、教学内容和课程体系、教学方法与手段等诸多方面还要不断进行探索和改革,本套教材也将随着高等职业教育教学改革的深入不断进行修订和完善。

编委会

2006年1月

再版前言

　　园林工程招投标与概预算是高职园林工程技术、工程造价等专业一门重要的专业课程,是对园林工程建设项目进行全方位的计量和计价。本书是根据全国高等学校土建学科教学指导委员会高等职业教育专业委员会制定的园林工程技术专业培养目标、培养方案和课程标准的内容要求及部分地区园林工程计价定额、取费定额和相关最新计价规范文件编写的。

　　本教材自2013年8月出版第1版、2017年8月出版第2版以来,在全国各高职院校广泛使用,受到了广大师生的好评。为了更好地适应学校教学的需要,本书在第2版基础上进行了修订。重新改写了第9章计算机在园林工程计价中的应用;增加了景观照明工程工程量计算方法、景观给排水及喷泉灌溉工程工程量计算方法两部分内容;对全书涉及的旧规范进行了更新。

　　为了达到既能作为高职高专教育的教材,又能满足园林工程建设者的实际工作需要,本教材注重培养学生的实践能力,基础理论贯彻"实用为主、必需和够用为度"的原则,力求创新,形成自身特色。

　　1. 内容新,采用国家最新标准规范。力求反映园林工程造价领域的最新科技信息,体现本课程知识的先进性。在编写过程中,参考了园林工程造价的相关网站、专著和科技期刊中大量的最新理念和信息。

　　2. 例题、案例丰富,理论与实践相结合,注重实际操作技能的培养。在教材中有大量的例题、案例、实训,编写过程中对内容、案例、实验实训进行认真遴选,学生可通过大量例题、案例的学习来掌握园林工程概预算的实用技术和技巧。

　　3. 编写人员有长期从事园林工程招投标与概预算课程教学的高校一线教师,还有在园林企业长期从事园林工程概预算工作的技术人员。因此,本教材更贴近实际工作,有利于学生掌握园林概预算技能,更快地适应工作岗位的需要。

　　本书由廖伟平任主编,并负责全书的统稿工作,具体编写分工如下:第1章,廖伟平、董斌、陆柏松、黄春艳;第2章,谭光营、马书燕、林少妆、柯洁娴;第3章,柯洁娴、林少妆、黄春艳;第4章,董斌、陆柏松、林伟、张卫军;第5章,廖伟平、马书燕、熊朝勇、林少妆;第6章,廖伟平、简雪芬、林伟、张卫军;第7章,廖伟平、柯洁娴、陈玉琴、陈敏、熊朝勇;第8章,陈玉琴、林伟、马书燕;第9章,谭光营、陈玉琴、陆柏松。

　　仲恺农业工程学院郭春华教授在百忙中审阅了全稿,并提出了许多宝贵的意见和建议,在此表示衷心的感谢。

　　本教材在编写过程中参考了有关方面同仁的著作、资料和图纸,已列入了参考文献,在此向有关作者和同仁表示谢意。

　　对书中存在的不足之处,欢迎读者提出宝贵意见,以便我们不断修订完善。同时由于园林工程计价的知识面广、实践性强,全国各省的概预算定额均不一样,如内容存在与国家、省市有关部门的规定不符之处,以国家、省市部门规定为准。

编　者

2021 年 5 月

前　言

　　园林工程招投标与概预算是高职园林工程技术、工程造价等专业一门重要的专业课程，是对园林工程建设项目进行全方位的计量和计价。本书是根据全国高等学校土建学科教学指导委员会高等职业教育专业委员会制订的园林工程技术专业培养目标、培养方案和课程标准的内容要求及部分地区园林工程计价定额、取费定额和相关最新计价规范文件编写的。

　　为了达到既能作为高职高专教育的教材，又能满足园林工程建设者的实际工作需要的目的，本书注重培养学生的实践能力，基础理论贯彻"实用为主，必需和够用为度"的原则，力求创新，形成自身特色。

　　1. 本书在语言表述上力求通俗易懂、由浅入深。根据高职高专学生的学习特点，在编写过程中对内容、案例、实验实训进行认真的遴选，语言精练、内容信息量大，并结合最新的造价政策、规范，满足学生的学习需求。

　　2. 理论与实践相结合，注重实际操作技能的培养。园林工程的招投标与概预算，最主要就是算量和计价，在掌握够用的理论知识基础上，需要通过大量的实例进行强化巩固，才能掌握基本的实操技能。本书结合当前园林工程概预算的实际情况，增加了大量的案例，使学生通过案例的教学来掌握园林工程概预算的实用技术和技巧。

　　3. 本书的编写人员有长期从事高职高专园林工程招投标与概预算课程教学的高校一线教师，还有在园林企业长期从事园林工程概预算工作的技术人员。因此，本书更贴近实际工作，有利于学生掌握园林概预算技能，更快地适应工作岗位的需要。

　　4. 本书力求反映园林工程造价领域的最新科技信息，体现本课程知识的先进性。在编写过程中，参考了园林工程造价的相关网站、专著和科技期刊中大量的最新理念和信息。

　　本书由廖伟平、孔令伟任主编，廖伟平负责全书的统稿工作，孔令伟在全书的校对等方面做了大量工作，具体编写分工如下：第 1 章，廖伟平、董斌、陆柏松、周罗军；第 2 章，孔令伟、马书燕、林少妆、张尉；第 3 章：孔令伟、林少妆、周罗军；第 4 章：董斌、陆柏松、林伟、张向阳；第 5 章：廖伟平、马书燕、熊朝勇、林少妆；第 6 章：廖伟平、孔令伟、林伟、张向阳；第 7 章：廖伟平、张尉、陈玉琴、张向阳、熊朝勇；第 8 章：孔令伟、陈玉琴、林伟、马书燕；第 9 章：廖伟平、陈玉琴、陆柏松、董斌。

仲恺农业工程学院郭春华教授在百忙中审阅了全稿,并提出了许多宝贵的意见和建议,在此表示衷心的感谢。

本书在编写过程中参考了有关同仁的著作、资料和图纸,已列入了参考文献,在此向有关作者和同仁表示谢意。

对书稿中存在的不足之处,欢迎读者提出宝贵意见,以便我们不断改进。同时由于园林工程计价的知识面广、实践性强,全国各省的概预算定额均不一样,如内容存在与国家、省市有关部门的规定不符之处,以国家、省市部门规定为准。

编　者

2017 年 6 月

目　录

1 合同与建设工程施工合同

【知识目标】

了解合同的概念、订立合同的程序和合同的违约责任；熟悉合同的变更、转让、终止、解除的条件；掌握园林工程施工合同订立和履行的注意事项；熟悉工程合同条款确定的方法和《建设工程施工合同》的基本内容。

【技能目标】

能编制一般园林工程施工合同。

1.1 合同

1.1.1 合同概述

合同和经济合同　合同是平等主体的自然人、法人、其他组织之间设立、变更、终止民事权利义务关系的协议。依法成立的合同受法律保护。

经济合同是平等主体的自然人、法人、其他组织之间为实现一定的经济目的，明确相互权利义务关系而订立的合同。

《中华人民共和国合同法》由中华人民共和国第九届全国人民代表大会第二次会议于1999年3月15日通过，自1999年10月1日起施行。2020年5月28日，中华人民共和国第十三届全国人民代表大会第三次会议表决通过《中华人民共和国民法典》，自2021年1月1日起施行，《中华人民共和国合同法》废止。《中华人民共和国民法典》分七编，第三编内容为合同。

1.1.2 合同的订立

合同的订立必须经过一定的程序，其中要约和承诺是每一个合同都必须的程序。

（1）要约　要约是希望和他人订立合同的意思表达，该意思表示应当符合下列规定：

①内容具体确定。

②表明经受要约人承诺，要约人即受该意思表示约束。

（2）承诺　承诺是受要约人同意要约的意思表示。

承诺应当在要约确定的期限内达到要求。

要约没有确定承诺期限的,承诺应当依照下列规定到达:

①要约以对话方式做出的,应当即时做出承诺,但当事人另有约定的除外。

②要约以非对话方式做出的,应以书面方式表达,双方同意后生效,承诺应当在合理期限内达到。

承诺的内容应当与要约的内容一致。受要约人对要约的内容做出实质性变更的,为新要约。有关合同标的数量、质量、价款或者报酬、履行地点和方式、违约责任和解决争议方法的变更,是对要约内容的实质性变更。承诺对要约的内容做出非实质性变更的,除要约人及时反对或者要约表明承诺不得对要约的内容做出任何变更的以外,该承诺有效,合同的内容以承诺的内容为准。

当事人采用合同书形式订立合同的,自双方当事人签字或者盖章时合同成立。

1.1.3　合同的履行

合同的履行就是合同的主体按照法律或合同的规定,在适当的时间、地点以适当的方式完成合同内容的行为,即合同的双方当事人各自完成自己所应承担的义务。合同生效后,当事人就质量、价款或者报酬、履行地点等内容没有约定或者约定不明确的,可以协议补充。

标的是指合同双方的权利义务所指向的对象(工程项目)。标的价格执行政府定价或者政府指导价的,在合同约定的交付期限内政府价格调整时,按照交付时的价格计价。由于受委托人的原因逾期交付标的物的,遇价格上涨时,按照原价格执行;价格下降时,按照新价格执行。由于受委托人的原因逾期提取标的物或者逾期付款的,遇价格上涨时,按照新价格执行;价格下降时,按照原价格执行。

1.1.4　有效合同和无效合同

1)合同的有效条件

(1)合同主体要合格　主体合格包括两方面内容:一是合同的主体必须具有权利能力和行为能力,代理人具有代理权并不得超越代理;二是作为合同的主体,其签订合同的范围不得超过自己的经营范围。

(2)合同的内容要合法　内容要合法是指合同的标的合法以及标的数量、质量、价格均合法。同时,还包括当事人意思表示真实,没有规避法律之意,对社会、对国家以及对他人均不得造成损害。

(3)订立合同的形式和程序合法　民法典第四百六十九条规定"当事人订立合同,有书面形式、口头形式和其他形式"。口头合同简便易行,在日常生活中广泛运用。但是,在发生纠纷时难以取证,不易分清责任。因此,对于不即时结清和比较重要的合同,一般不宜采取口头形式。有关主管部门规定了标准格式合同,应按照格式合同的形式订立。程序合法是合同的要约和承诺符合法律规定。

2)无效合同

无效合同是指已经签订的合同违反法律、法规或社会公共利益,从而一开始就没有法律约

束力的合同。有下列情形之一的,合同无效:

①一方以欺诈、胁迫的手段订立合同,损害国家利益;

②恶意串通,损害国家、集体或者第三人的利益;

③以合法形式掩盖非法目的;

④损害社会公共利益;

⑤违反法律、行政法规的强制性规定。

不同类型的无效合同,往往具有不同的判定标准。无效合同属于当然无效,它无须当事人主张无效,法院或仲裁机关可主动审查其无效。

3)无效合同的处理

合同被确认无效后,视为自始没有法律约束力;如果合同部分无效且不影响其他条款效力的,其他部分有效。

(1)无效合同的财产后果 合同被确认无效以后,在当事人之间又产生新的债权债务关系,有关当事人须承担一定的民事责任。

①返还财产。如果当事人依据无效合同而取得的对方财产应返还对方,否则变为不当得利。

②折价赔偿。如果依无效合同而取得的财产在法律上或事实上不能返还或不返还时,则当事人须给予相应的折合价款赔偿。

③赔偿损失。凡在主观上有过错致使合同无效的一方须赔偿对方的损失,即承担缔约过失责任。如果双方都有过错,则按各自过错程度承担相应的责任。

(2)无效合同的行政责任 合同无效往往是当事人违反法律,行政法规强制性规定的结果,所以他们有可能需要承担一定的行政责任甚至刑事责任。

1.1.5 合同的变更和转让

1)合同的变更

(1)合同变更概念 合同的变更,又称变更合同,是指合同成立后履行前或在履行过程中,因所签合同所依据的主客观情况发生变化,而由双方当事人依据法律法规和合同规定对原合同内容进行的修改和补充。合同的变更仅指合同内容的变更,而不包括合同主体的变更。

(2)合同变更的条件 合同依法订立后,当事人一方不得擅自变更,但经当事人双方协调、达成一致,合同是可以变更的,变更的目的是通过对原合同的修改,保障合同更好地履行和一定目的的实现,当事人变更合同,必须具备以下条件:

①当事人双方协商同意。如果某些合同订立后,由于客观情况发生了变化,合同当事人协商同意,可以变更合同,但不得因变更合同而损害国家利益和社会公共利益。

②当事人事先约定,一方在约定事由发生时享有合同变更权的,当这种约定事由发生时,当事人一方有权变更合同。

③法律规定当事人一方在法定事由发生时有合同变更权的,当这种法定事由发生时,当事人一方有权变更合同。

2)合同的转让

(1)合同转让的概念 合同的转让,是合同当事人一方同第三人达成协议,将合同权利义

务全部或部分转让给第三人。合同的转让实际上就是合同主体的变更。

（2）合同转让的类型

①合同权利转让。在合同成立后，一方当事人将合同中的权利转让与第三人，称作权利转让。

②合同义务转让。合同成立后，合同一方当事人向第三方转移义务，称义务转让。转让给第三人的义务，必须在法律上或者合同性质上是不被禁止的，具有可转移性的义务。义务的转让，必须经双方当事人的同意；义务转让成立后，原合同权利、合同义务不变。

1.1.6　合同的终止与解除

1）合同的终止

（1）合同终止的概念　合同终止就是合同关系的消灭，而合同中止是合同关系的暂时停止。前者合同不能够恢复，而后者合同可以恢复。

（2）合同终止的原因

①债务已经按照约定履行就是合同因履行而消失，债权债务因清偿而消灭。

②合同解除的结果也是合同关系的消灭。

③债务相互抵消，就是合同双方当事人互负债时，各自用其债权来充当债务的清偿，从而使其债务与对方的债务在对等额内相互消灭。

④债务人依法将标的物提存，就是债务人将无法清偿的标的物交有关部门保存以消灭合同关系的行为。

⑤债权人免除债务，就是债权人以消灭为目的而抛弃债权的意思表示。

⑥债权债务同归于一人。债的关系须由债权人和债务人同时存在方能成立，当债权人和债务人合为一人时，债权债务就当然消灭。

⑦法律规定或者当事人约定终止的其他情形。当事人约定的其他情形，如当事人约定的解除条件成立、消灭终止的期限届满。法律规定的其他情形。

2）合同的解除

（1）合同解除的概念　合同解除，是指在合同有效成立后，根据法律规定或在合同有约定或双方的协议，使基于合同发生的权利义务关系归于消灭的行为。合同解除有协议解除和法定解除两种形式。法定解除是解除条件由法律直接规定的合同解除。

（2）法定解除的条件

①因不可抗力致使不能实现合同目的。不可抗力是当事人在一定条件下不能预见或虽能预见但不能抗拒的强制力量。

②当事人一方明确表示或者以自己的行为表明不履行主要债务。

③当事人一方延迟主要债务，经催告后在合理期限内仍未履行。

④当事人一方延迟履行债务或者其他违约行为致使不能实现合同目的。

⑤法律规定的其他情形。

1.1.7 合同的违约责任

1)违约责任的概念

违约责任是指合同当事人违反合同的约定,不履行或者不完全履行合同义务,侵犯债权人的债权,所应承担的法律责任。合同的违约责任制度是保证当事人全面准确履行合同义务的重要措施,也是凭借法律的强制力保障合同效力的一种手段。

2)违反合同责任的构成要件

违反合同责任的构成要件是指合同当事人承担违约责任的条件。合同确立后,不管当事人发生什么情况,也不管当事人主观上是否有过错,更不管是什么原因(不可抗力除外),只要当事人不履行或者不完全履行合同的义务,就应当承担违约责任。违约责任的构成要件具体如下:

①违约行为。违约行为是合同当事人不履行或者不完全履行合同债务的行为。

②损害事实。损害事实是指合同一方当事人违约给对方当事人造成的财产上的损害。损害事实分为直接损失和间接损失两种。直接损失是指因违约行为直接给债权人造成的损害。间接损失是指因违约行为使债权人本可取的利益而未取得所造成的损失。

③违约行为与损害事实之间的因果关系。它是指违约行为与损害事实之间的前因后果的关系,也就是只有违约行为造成损失时,法律才追究该违约责任。

3)承担违约责任的方式

①支付违约金。凡是法律规定或约定有违约金的合同,如因自己过错而违约,无论是否给对方造成损失,都要支付违约金。

②支付赔偿金。赔偿金是由于一方的过错不履行或不完全履行合同,给对方造成了损失,在违约金不足以弥补损失或没有违约金时,向对方支付的不足部分的货币。

③继续履行。违约方在支付了违约金、赔偿金之后,对方要求继续履行合同的,应继续履行。

1.1.8 合同争议的处理

合同争议是指当事人之间对合同的履行情况和违反合同的后果所产生的不同看法。合同争议的处理方式有自行和解、调解、仲裁和诉讼4种。

①自行和解。很多合同争议并不涉及原则性问题,当事人双方应在平等自愿的基础上,通过摆事实讲道理,互谅互让、求同存异,进行磋商,最终达成和解。

②调解。调解是指合同当事人对合同所约定的权利、义务发生争议,经过协商后,不能达成和解协议时,在合同管理机关或有关机关、团体等的主持下,通过对当事人进行说服教育,促使双方互相做出适当的让步,平息争端,自愿达成协议,以求解决合同争议的方法。

③仲裁。仲裁是由当事人共同选定的合法的仲裁机构对合同争议依法做出具有法律效力的裁决的活动。仲裁与其他解决争议的方法相比,有很多独特之处,它比当事人自行和解和自行调解的方法更具有权威性和公正性,同时具有诉讼方式所不具有的优点。如程序简便灵活,

时间较短,不公开审理等,因而易于为当事人接受和采用。

④诉讼。诉讼是指当事人一方向人民法院起诉,由法院依照法律进行审理,做出裁决,从而解决合同争议的一种方式或活动。

当事人没有订立仲裁协议或仲裁协议无效的,可以向法院起诉,通过司法程序来保护自己的合法利益。

1.2　建设工程合同的签订与履行

1.2.1　建设工程施工合同概述

(1)建设工程施工合同的概念　建设工程施工合同是指承包人进行工程建设,发包人支付价款的合同。它体现了合同双方当事人即发包人和承包人的基本义务。承包人的基本义务就是按质按期进行工程建设。发包人的基本义务就是按照约定支付价款。

(2)建设工程施工合同的法律特征　建设工程施工合同除了具有一般合同的共同特点外,还具有自身的法律特征。

①具有严格的计划性。签订建设工程施工合同,必须以建设计划和具体建设设计文件已获得国家有关部门批准为前提。凡是没有经过计划部门、规划部门的批准,不能进行施工设计,建设行政主管部门不予办理报建手续,更不能组织施工。在施工过程中,如需变更原计划的项目功能的,必须报经有关部门审核同意。

②承包人的主体资格受到严格限制。建设工程的承包人,除了在经工商行政管理部门核准的经营范围内从事经营活动外,应当遵守企业资质等级管理的规定,不得越级承揽任务。此外,施工企业到外地承揽施工任务的,还应到工程所在地建设行政主管部门办理许可手续,否则不能承揽任务。

③签订及履行合同受到国家的严格监督管理。国家对建设工程项目的发包实行招标投标制度。除了不宜进行招标投标的几类特殊工程外,均应通过招标、投标的方式选择施工队伍。

国家不仅对工程项目的建设计划实行审批制度,而且对建设投资的规模也进行限制。工程竣工后,国家有关部门还对工程造价进行审核。

在施工过程中,政府建设工程质量监督管理部门还要对工程建设的质量进行全面监督。对不符合质量等级要求的工程,不得交付使用。

1.2.2　建设工程施工合同的订立和履行

1)施工合同的订立

(1)签订施工合同首先应具备的条件

①项目初步设计和总概算已批准。

②国家投资的项目已列入国家或地方基本建设计划,资金已经落实。

③有满足要求的设计文件及技术资料。

④建筑物场地、水源、电源、气源、排污、运输道路已具备或在开工前能够完成。

⑤设备和材料的供应能保证工程连续施工。

⑥合同当事人双方均有合法资格。

⑦合同当事人双方具有履行合同的能力。

（2）订立建设工程施工合同的整个过程都应遵守的原则

①合法的原则。所谓合法就是订立建设工程施工合同的主体、内容、形式、程序等都要符合法律规定。

②平等、自愿的原则。所谓平等，是指合同要在双方友好协商的基础上订立，任何一方都不得把自己的意志强加于另一方，更不得强迫对方同自己签订合同。所谓自愿，是指订立合同要充分尊重当事人的意愿，订与不订、如何订等，都要取决于当事人的自主决断，任何单位和个人都不得非法干预。

③公平、诚实信用的原则。建设工程施工合同是双务合同，双方都享有合同权利，同时承担相应的义务，一方在享有权利的同时，不能不承担义务或者仅承担与权利不相应的义务。诚实信用原则实质上是社会良好道德、伦理观念上升为国家意志的体现。在订立建设工程施工合同中要求当事人首先应当诚实、实事求是向对方介绍自己订立合同的条件、要求和履约能力。在拟订合同条款时，要充分考虑对方的合法利益和实际困难，以善意的方式设定合同权利和义务。

（3）订立建设工程施工合同的形式和程序 建设工程施工合同所涉及的内容特别复杂，合同履行期较长，为便于明确各自的权限和义务，减少履行困难和纷争，因此，建设工程施工合同应当采用书面形式。

依照国家规定，对建设工程施工合同，除某些特殊工程外，均应通过招标投标的方式选择承包人及签订承包合同。招标投标实质上就是要约与承诺的特殊表现形式。在建设领域推行招标投标制度目的是适应社会主义市场经济发展的需要，促使建设单位和建设施工企业进入市场进行公平交易、平等竞争，确保工程质量和缩短工期，降低工程造价，提高投资收益。

2）建设工程施工合同的履行

建设工程施工合同的履行是指工程建设项目的发包方和承包方根据合同规定的时间、地点、方式、内容及标准等要求，各自完成合同义务的行为。发包方履行建设工程施工合同最主要的义务按约定支付合同价款，承包方最主要的义务则是按约定交付工作成果，但双方的义务都不是单一的最后的交付行为，而是一系列义务的总和。建设工程施工合同的履行，其内容之复杂，经历时间之长，都是其他合同所无法比拟的，故对建设工程施工合同的履行尤应强调贯彻履行合同的基本原则和基本要求。

（1）履行建设工程施工合同的基本原则

①实际履行原则。订立合同的目的是满足一定的经济利益目的，满足特定的经营活动的需要。根据实际履行原则，当事人应当按照合同规定的标的完成义务，不能用违约金或赔偿金来代替合同的标的，任何一方违约时也不能以支付违约金或赔偿损失的方式来代替合同的履行，守约一方要求继续履行的，应当继续履行。

②全面履行原则。全面履行原则是指当事人除了应按合同约定的标的履行外，还要根据建设工程施工合同约定的标的数量、质量、标准、价格、方式、期限、地点等完成合同义务。全面履行原则是判断建设工程施工合同双方是否违约以及违约应当承担何种违约责任的根据和尺度。

③协作履行原则。协作履行原则是指合同各方在履行合同过程中，应当互谅互助、尽可能为对方履行合同义务提供相应的便利条例。

履行建设工程施工合同是一个经历时间较长，涉及面广，质量、技术要求高的复杂过程，一

方履行合同义务的行为往往就是另一方履行合同义务的必要条件,只有贯彻协作履行的原则,才能达到双方预期的经济利益目的。为此,工程的承发包双方除应严格按照合同的规定履行自己的每一项义务外,还应做到:

a.本着为了共同的经济利益目的,相互之间应进行必要的监督、检查,及时发现问题,平等协商解决,确保施工顺利进行。

b.当对方遇到困难时,在自身能力许可且不违反法律和社会公共利益的前提下给予必要的帮助,共渡难关。

c.由于一方的过错而造成违约,给工程施工带来不良影响时,另一方应及时提出纠正意见,违约一方应当重视并及时进行补救。

d.发生争议时,双方应顾全大局,尽可能平等协商解决,解决问题的方式方法不要极端化。

e.不论是何种原因导致工程建设出现不尽如人意的情况,双方均应在各自的职责范围内采取必要的措施,防止或尽可能减少损失。

④诚实信用原则。诚实信用原则是合同法的基本法则,履行合同特别是履行内容十分复杂的建设工程施工合同,贯彻该原则显得尤为重要。依该原则,承发包双方在履行合同过程中应当实事求是,以善意的方式行使权利并履行义务,以使双方所期待的正当利益得以实现。当对合同条款的内容产生分歧时,应当考虑义务的性质、法律的基本规定和行业惯例,从合理维护双方利益的角度出发,努力探求解决争议的最佳办法。此外,根据合同的性质、目的,当事人还应履行通知、协助等义务。此类义务即使法律无明文规定,当事人应当负担的义务。比如,当事人一方因客观情况必须变更合同或者因不可抗力致使合同不能履行时,都应当及时通知对方当事人,以免造成对方不应有的损失。

(2)履行建设工程施工合同的基本要求

①履行合同的主体合格。履行合同的主体是指履行合同义务和接受合同权利的当事人。根据合同法规定,建设工程施工合同可以采用总包方式和分包方式。总承包合同是指发包人与承包人就某项建设工程的全部勘察、设计施工签订的合同,承包人应当就建设工程从勘察到施工的整个工程负责。分承包合同则是指发包人并不将项目的全部建设工作承包给某一建筑施工企业,而是分别与勘察人、设计人、施工人签订勘察、设计、施工承包合同。勘察人、设计人、施工人仅对自己负责的勘察、设计施工的某一阶段对发包人负责。分包必须遵守如下规定:

a.建设工程主体结构的施工必须由承包人自行完成,所谓主体结构,是指保证整个建筑物支撑的主架结构,比如建筑主体的框架结构等。

b.总承包人或者勘察、设计、施工承包人经发包人同意,可以将自己承包的部分工作交由第三人完成。

c.总承包人和分包人就分包工程的工作成果对发包人承担连带责任。

d.禁止承包人将工程分包给不具备相应资质条件的单位。

此外,承包人不得将其承包的全部建设工程转包给第三人或者将其承包的全部建设工程肢解以后以分包的名义分别转包给第三人。

②履行合同的标的合格。建设工程施工合同的发包方应当按合同的规定支付价款,承包方应当交付质量符合合同规定的建筑产品。

③在合同规定的期限内完成义务。在一般情况下,提前履行合同义务是允许的,而延迟履行,除非具有法律规定或合同约定的事由可以免除责任以外,行为人应当承担因此而产生的违

约责任。

严格遵守履行合同的时间要求,对履行建设工程施工合同十分重要。因为履行建设工程施工合同环节较多,当事人双方的履行互为条件,一方没有在合同约定的时间内履行合同义务,会影响另一方的正确履行。

实际工作中,发包方应当严格遵守履约时间要求的主要工作有:

a. 按时搞好"三通一平"工作,办好各种证照、许可手续;

b. 按时提供符合份数要求的施工图纸和有关技术资料;

c. 按时提供自行采购的材料、设备;

d. 及时检查验收隐蔽工程,办理中间工程验收手续;

e. 及时交付工程进度款;

f. 及时组织进行工程质量验收,审核工程造价,办理结算及支付工程款。

承包方则应做到:

a. 准时开工、按时竣工。合同对分项工程或分部工程的完工时间有特别约定的,按照约定执行。

b. 及时提供施工计划和阶段(月、季)施工工作量报表,以便于发包方能及时进行审核及拨付工程进度款。

c. 工程竣工后,及时提出竣工结算报告,以便于发包方能及早进行审核并拨付工程尾款。

1.3 建设工程施工合同内容

园林工程属于建设工程,园林工程施工合同样本可采用建设工程施工合同样本。国家住房和城乡建设部和国家工商行政管理局根据我国法律,结合工程建设的实际情况,借鉴国际通用的施工合同条件,联合编制并于 1991 年 3 月 31 日发布了《建设工程施工合同示范文本》,又经多次改进后于 2017 年 9 月 22 日发布了《建设工程施工合同(示范样本)》(GF-2017-0201)。

建设工程施工合同样本分为三个部分:第一部分协议书;第二部分通用条款;第三部分专用条款。

1.3.1 协议书

协议书的内容包括:发包人、承包人的全称,工程概况,工程承包范围,合同工期,质量标准,合同价款,组成合同文件,有关词语含义,约定施工、竣工,约定付款,合同生效等。协议书全文如下,空白处应填写。

协 议 书

发包人(全称):＿＿＿＿＿＿＿＿＿＿＿＿＿＿＿＿＿＿＿＿＿＿＿＿

承包人(全称):＿＿＿＿＿＿＿＿＿＿＿＿＿＿＿＿＿＿＿＿＿＿＿＿

依照《中华人民共和国合同法》《中华人民共和国建筑法》及其他有关法律、行政法规,遵循平等、自愿、公平和诚实信用的原则,双方就本建筑工程施工项协商一致,订立本合同。

一、工程概况

工程名称:＿＿＿＿＿＿＿＿＿＿＿＿＿＿＿＿＿＿＿＿＿＿＿＿＿＿＿

工程地点：_____

工程内容：_____

群体工程应附承包人应揽工程项目一览表(附件1)

工程立项批准文号：_____

资金来源：_____

二、工程承包范围

承包范围：_____

三、合同工期

开工日期：_____

竣工日期：_____

合同工期总日历天数_____日

四、质量标准

工程质量标准：_____

五、合同价款

金额(大写)_____元(人民币)

六、组成合同的文件

1. 本合同协议书

2. 中标通知书

3. 投标书及其附件

4. 本合同专用条款

5. 本合同通用条款

6. 标准、规范及有关技术文件

7. 图纸

8. 工程量清单

9. 工程报价单或预算书

双方有关工程的洽商、变更等书面协议或文件视为本合同的组成部分。

七、本协议书中有关词语含义与本合同第二部分"通用条款"中分别赋予它们的定义相同。

八、承包人向发包人承诺按照合同约定进行施工、竣工并在质量保修期内承担工程质量保修责任。

九、发包人向承包人承诺按照合同约定的期限和方式支付合同价款及其他应当支付的款项。

十、合同生效

合同订立时间：_____年_____月_____日

合同订立地点：_____

本合同双方约定_____ 后生效。

发包人：(公章)　　　　　　　　　　　承包人：(公章)

住所：　　　　　　　　　　　　　　　　住所：

法定代表人：　　　　　　　　　　　　　法定代表人：

委托代表人：　　　　　　　　　　　　　委托代表人：

电话：　　　　　　　　　　　　　　　　电话：
传真：　　　　　　　　　　　　　　　　传真：
开户银行：　　　　　　　　　　　　　　开户银行：
账号：　　　　　　　　　　　　　　　　账号：
邮政编码：　　　　　　　　　　　　　　邮政编码：

1.3.2　通用条款

通用条款是根据法律、行政法规规定及建设工程施工的需要订立,用于建设工程施工的条款。该示范文本的通用条款是将建设工程施工合同中的共性内容,按照公平原则制订的供合同当事人执行或选用的合同条款,共11部分47条。

1)词语定义及合同文件

(1)词语定义　通用条款对合同使用的23个词语的含义做了明确的界定,使这些含义广泛的词语在合同中具有特定的含义,统一合同双方对合同词语的理解,防止发生因词语误解或歧解的纠纷。通用条款界定含义的词语主要有:发包人、承包人、工程、合同价款及追加合同价款、费用、工期、书面形式、小时或天等。

(2)施工合同文件的组成及解释顺序

①建设工程施工协议条款。

②中标通知书。

③投标书及其附件。

④施工合同专用条款。

⑤施工合同通用条款。

⑥标准、规范和其他有关资料、技术要求。

⑦工程量清单或确定工程造价的工程预算书和图纸。

上述合同文件应能互相解释、互相说明。当合同文件中出现不一致时,①—⑦的排列顺序就是合同的优先解释顺序。但是,当《协议条款》另做出解释顺序的规定时,以《协议条款》规定的解释顺序为准。

2)合同当事人的权利和义务

合同当事双方应当清楚地知道自己所承担的合同义务和合同权利。合同双方既要自觉履行合同义务,又要监督对方履行合同义务,维护自己的合同权利。

(1)发包人的工作　根据专用条款约定的内容和时间,发包人应分阶段或一次完成以下的工作:

①办理土地征用、拆迁和补偿、平整场地等工作,使施工场地具备施工条件。

②将施工所需水、电、通信线路从施工现场外部接至专用条款约定地点。

③开通工程施工场地与城乡公共道路的通道,以及专用条款约定的施工现场内的主要交通干道,满足施工运输的需要。

④向承包方提供施工场地的工程地质和地下管网线路资料。

⑤办理施工许可证及其他施工所需证件、批件和临时用地、停水、停电、中断交通等的申请

批准手续(证明承包方自身资质的证件除外)。

⑥确定水准点与坐标控制点,以书面形式交给承包方,并进行现场交验。

⑦组织承包方和设计单位进行图纸会审和设计交底。

⑧协调处理施工现场周围地下管线和邻近建筑物、构筑物、古树名木的保护工作,并承担相关费用。

⑨双方在专用条款内约定的发包人应做的其他工作。

(2)承包人的工作 承包方应按专用条款约定的内容和时间完成以下工作:

①根据发包人的委托,在其设计资质允许的范围内,完成施工图设计或与工程配套的设计,经工程师确认后使用,发生的费用由发包人承担。

②向工程师提供年、季、月工程进度计划及相应的进度统计报表。

③根据工程需要,提供和维修非夜间施工使用的照明、围栏设施,并负责施工现场的安全保卫。

④按专用条款约定的数量和要求,向发包人提供在施工现场的办公和生活用房屋及设施,发生费用由发包人承担。

⑤遵守有关部门对施工场地交通、施工噪声以及环境保护和安全生产等的管理规定,办理有关手续,并以书面形式通知发包人。发包人承担由此发生的费用,因承包人责任造成的罚款除外。

⑥已竣工工程未交付发包人之前,承包人按专用条款约定负责已完工程的成品保护工作,保护期间发生损坏,承包人自费修复。要求承包人采取特殊措施保护的工程部位和相应的追加合同价款,应在专用条款内约定。

⑦按专用条款的约定做好施工现场地下管线、邻近建筑物、构筑物(包括文物保护建筑)、古树名木的保护工作。

⑧保证施工场地清洁、符合环境卫生管理的有关规定,交工前清理现场达到专用条款约定的要求,承担因自身原因违反有关规定造成的损失和罚款。

⑨双方在专用条款内约定的承包人应做的损失和罚款。

承包人如不履行上述各项义务,应对发包人的损失给予赔偿。

(3)工程师的职责 建设工程合同中的工程师是指监理人及其委派的总监理工程师,以及发包人派驻现场的履行合同的代表。实行监理的工程,由监理人及其委派的总监工程师履行工程师的职责。

发包人应当将委托的监理人的名称、监理内容及监理权限以书面形式通知承包人,签订合同时在专用条款中注明。

发包人如需更换工程师,应至少提前7日以书面形式通知承包人,后任应继续行使合同文件约定的职权,履行合同约定的义务。

①监理人的职责。监理人应当依照法律、行政法规及有关的技术标准、设计文件和建设工程施工合同,对承包人的施工质量、建设工期和建设资金使用等,代表发包人实施监督和管理。

②工程师发布指令、通知。工程师的指令、通知由其本人签字后,以书面形式交给项目经理,项目经理在回执上签署姓名和收到时间后生效。工程师应按合同约定,及时向承包人提供所需的指令和批准,如果工程师未能按合同的约定履行义务,发包人应承担因延误造成的追加合同价款,并赔偿承包人有关损失,顺延延误的工期。确有必要,工程师可发出口头指令,并在

48 h 内给予书面确认。因指令错误而发生的费用和给承包人造成的损失由发包人承担,延误的工期相应顺延。

③工程师做出处理决定。在合同履行中,发生影响承包方、发包方双方权利和义务的事件时,负责监理的工程师应依据合同,在其职权范围内做出公正的处理。为保证施工正常进行,承包方和发包方应尊重工程师的决定。承包方对工程师的处理有异议时,按照合同约定的争议处理方法解决。

④工程师无权解除合同约定的承包人的任何权利和义务。

(4)项目经理

①项目经理的产生。项目经理是由承包人的法定代表人授权的派驻施工现场的代表承包人履行合同的总负责人,负责工程施工的组织和管理。承包人施工的质量和进度与项目经理的水平、能力、工作热情等有很大的关系。项目经理的姓名、职务一般都应当在投标书中明确,并作为评标的一项内容,签合同时应在专用条款内写明。项目经理一旦确定后,承包人不能随意更换,确须更换时,承包人应提前 7 日以书面形式通知发包人,后任继续履行合同文件约定的权利和义务,不得更改前任做出的书面承诺。发包方可以与承包方协商,建议调换其认为不称职的项目经理。

②项目经理的职责。项目经理应当积极履行合同规定的职责,完成承包人应当完成的各项工程。项目经理应当对施工现场的施工质量、成本、进度、安全等负全面的责任。对于在施工现场出现的超出自己权限范围的事件,应当及时向上级有关部门和人员汇报,请示处理方案或取得自己处理的授权。项目经理的日常性工作主要有:

a.组织施工。项目经理应按发包人认可的施工组织设计或施工方案和工程师依据合同发出的指令组织施工。

b.代表承包人向发包人提出要求和通知。

c.紧急情况下应采取保证人员生命和工程财产安全的紧急措施。在情况紧急且无法与工程师联系时,应当采取保证人员生命和工程财产安全的紧急措施,并在采取措施 48 h 内向工程师送交报告。责任在发包人和第三方的,由发包人承担由此发生的追加合同价款,相应顺延工期。责任在承包人的,由承包人承担费用,不顺延工期。

3)保证工程质量、控制工程进度及经济方面的条款

保证工程质量、工期和投资成本控制,是承包方和发包方在工程建设中的主要任务。通用条款对此做出了详细、明确、公正的规定,并具有很强的可操作性。

(1)保证工程质量的条款 建设工程的质量关系到国家、社会、人民群众各方面的利益和安全,是工程建设是否成功的主要标志,保证工程质量的条款必然成为承发包双方合同的主要内容。《建设工程施工合同(示范文本)》的通用条款从 5 个方面控制和保证工程质量:一是明确工程质量标准,验收时以国家和行业的质量检验评定标准为依据;二是在标准、规范和图纸方面规定了双方的责任;三是通过工程师的检查和验收保证工程质量;四是从供应合格的材料和设备、控制工程分包来保证工程质量;五是规定了成品保护及保修条款,明确了双方在工程质量上的责任。

(2)经济条款 施工合同的经济条款是合同当事人双方都十分关心的核心条款,包括施工合同价款及调整、工程预付款、工程进度款支付、确定变更价款和施工中涉及的其他费用等条款。

（3）控制工程进度的条款　与进度有关的条款是施工合同的重要内容,合同当事人应当在合同规定的工期内完成施工任务。发包人应当按时做好准备工作,承包人应当按照施工进度计划组织施工,在工程进展全过程中,进行计划进度和实际进度的比较,对出现的偏差及时采取措施。有关进度控制的通用条款有:当事人双方约定的合同工期、承包人提交进度计划及工程师的确认、延期开工、监督进度计划的执行、暂停施工、工期延误、竣工验收等。

4）其他条款

《建设工程施工合同(示范文本)》的通用条款是一个完善的合同文件,对合同履行中出现的较难解决的事项及其管理,都有可据以处理的条款。

（1）安全施工条款

①安全施工与检查。

a.承包人的责任。承包人应遵守安全生产的有关规定,采取必要的安全防护措施,严格按照安全标准组织施工,随时接受监督检查。

b.发包人的责任。发包人应对其在施工场地的工作人员进行安全教育,并对他们的安全负责。发包人不得要求承包人违反安全规定进行施工。

②安全防护。

a.安全防护措施。承包人在动力设备、地下管道、易燃易爆等地段施工前应提出安全防护措施,经工程师认可后实施,发包人承担防护措施费用。

b.特殊环境中的安全施工。实施爆破作业,在放射、毒害性环境中施工及使用毒害性、腐蚀性物品施工时,承包人应在施工前14日以书面形式通知工程师,并提出安全防护措施,经工程师认可后实施,发包人承担防护措施费用。

③事故处理。

a.发生重大伤亡及其他安全事故,承包人应立即上报有关部门并通知工程师,同时按政府的有关规定处理,事故责任方承担发生的费用。

b.事故责任争议的处理。承发包双方对事故责任有争议时,按政府有关部门的认定处理。

（2）违约责任的条款

①发包方的违约责任。

当发生下列情况之一时,属于发包方的违约责任:

a.隐蔽工程在隐蔽以前,承包人应当通知发包人检查。发包人没有及时检查的,承包人可以顺延工程日期,并有权要求赔偿停工、窝工等损失。

b.因发包人的原因致使工程中途停建、缓建的,发包人应当采取措施弥补或者减少损失,赔偿承包人因此造成的停工、窝工、倒运、机械设备调迁、材料和构件积压等损失和实际费用。

c.发包人未按照约定的时间和要求提供原材料、设备、场地、资金、技术资料的,承包人可以顺延工程日期,并有权要求赔偿停工、窝工等损失。

d.发包人未按照约定支付价款的,承包人可以催告发包人在合理期限内支付价款。发包人逾期不支付的,除按照建设工程的性质不宜折价、拍卖的以外,承包人可以与发包人协议将工程折价,也可以申请人民法院将该工程依法拍卖。建设工程的价款就该工程折价或者拍卖的价款优先受偿。

②承包方的违约责任。

当发生下列情况之一时,属于承包方的违约责任:

　　a.因施工方的原因只是建设工程质量不符合约定的,发包人有权要求施工方在合理期限内无偿修理或者返工、改建。经过修理或者返工、改建后,造成逾期交付的,施工方应承担违约责任。

　　b.因承包人的原因致使工程在合理使用期限内造成人身和财产损害的,承包人应当承担损害赔偿责任。

　　c.工程交付时间不符合规定的,按合同中违约责任条款的规定偿付逾期违约金。

　　③索赔的条款。

　　当一方向另一方提出索赔时,要有正当索赔理由,且有索赔事件发生时的有效证据。

　　a.承包人的索赔。因发包人未能按合同约定履行自己的义务或发生错误,以及应由发包人承担责任的其他情况,造成工期延误、承包人不能及时得到合同工程款及承包人的其他经济损失等,承包人可按一定程序以书面形式向发包人索赔。

　　b.发包人的索赔。承包人未能按合同约定履行自己的各项义务或发生特殊性错误,给发包人造成经济损失,发包人可按相同规则向承包人提出索赔。

　　(3)合同争议的解决　合同当事人在履行施工合同时发生争议,可以和解或者要求合同管理机关或其他有关主管部门调解。和解或调解不成的,双方可以按专用条款约定的方式解决争议。订立施工合同时,当事人双方应在专用条款内约定以下方式中的一种解决争议:

　　①双方达成仲裁协议,并约定申请仲裁的仲裁委员会。

　　②向有管辖权的人民法院起诉。

　　(4)工程分包条款

　　①在专用条款中约定工程分包事项。承包人只能按专用条款的约定分包所承包的部分工程,并与分包单位签订分包合同。未经发包人同意,承包人不得将承包工程的任何部分分包出去。

　　②工程转包是违法行为。承包人不得将承包的工程全部转包给他人,也不得将其承包的全部工程肢解后以分包的名义分别转包给他人。下列行为属于转包:

　　a.承包人将承包的工程全部包给其他单位,从中提取回扣。

　　b.承包人将工程的主体部分或群体工程中半数以上的单位工程分包给其他单位。

　　c.分包单位将分包工程再次分包给其他单位。

　　③工程分包不能解除承包人任何责任与义务。承包人应在分包场地派驻相应管理人员,保证本合同的履行,分包单位的任何违约行为或疏忽导致工程损害或给发包人造成其他损失,承包人承担连带责任。

　　④分包工程价款由承包人与分包单位结算。发包人未经承包人同意,不得以任何形式向分包单位支付各种工程价款。

　　(5)建设工程施工合同的变更和解除的条款　当发生下列情况之一时,允许变更或解除施工合同:

　　①当事人双方经协商同意,并且不因此损害国家利益和社会公共利益。

　　②由于不可抗力致使合同的全部义务不能履行。不可抗力包括自然现象和社会现象两种,如地震、洪水灾害、国家政策变化、战争等。由于不可抗力原因导致工程停建或缓建,使合同不能继续履行的,承包方应妥善做好已完工程和已购材料、设备的保护及移交工作,按发包方要求将自有机械设备和人员撤出施工现场。发包方应为承包方撤出提供必要条件,支付以上的经济

支出,并按合同规定支付已完工程价款和赔偿乙方有关的损失。已经订货的材料、设备由订方负责退货,不能退还的贷款和退货发生的费用,由发包方承担,但未及时退货造成的损失由责任方承担。

③由于当事一方在合同约定的期限内没有履行合同。发包人不按合同约定支付工程款(进度款),双方又未达成延期付款协议,导致施工无法进行,承包人停止施工超过56 d,发包人仍不支付工程款(进度款),承包人有权解除合同。承包人将工程转包给他人,发包人有权解除合同。当事一方的其他违约致使合同无法履行,合同双方可以解除合同。

通用条款原文较长,本教材只介绍了一些主要条款,全文见中华人民共和国住房和城乡建设部、国家市场监管总局制订的《建设工程施工合同(示范文本)》(GF-2017-0201)。

1.3.3　专用条款

专用条款是发包人与承包人根据法律、行政法规规定,结合具体工程实际,经协商达成一致意见的条款,是对通用条款的具体化、补充或修改。专用条款的内容包括双方权利义务、施工组织设计和工期、质量和验收、安全施工、合同价款与支付、竣工验收与结算、违约和索赔等内容。

专用条款主要条款摘录如下,文中序号同《建设工程施工合同(示范文本)》(GF-2017-0201)原文,专用条款中空白处由发包人与承包人协商共同填写。

专用条款

一、合同文件

1. 合同文件及解释顺序

合同文件组成及解释顺序＿＿＿＿＿＿＿＿＿＿＿＿＿＿＿＿＿＿＿＿＿

2. 适用法律、标准及规范

2.1　需要明示的法律、行政法规＿＿＿＿＿＿＿＿＿＿＿＿＿＿＿＿＿＿

2.2　适用标准、规范

适用标准、规范的名称＿＿＿＿＿＿＿＿＿＿＿＿＿＿＿＿＿＿＿＿＿＿＿

发包方提供标准、规范的时间＿＿＿＿＿＿＿＿＿＿＿＿＿＿＿＿＿＿＿＿

国内没有相应标准、规范时的约定＿＿＿＿＿＿＿＿＿＿＿＿＿＿＿＿＿＿

本条所发生的购买、翻译标准、规范或制订施工工艺的费用,由＿＿＿＿＿＿承担。

3. 图纸

3.1　发包方向承包方提供图纸日期和套数＿＿＿＿＿＿＿＿＿＿＿＿＿＿

发包方对图纸的保密要求＿＿＿＿＿＿＿＿＿＿＿＿＿＿＿＿＿＿＿＿＿＿

使用国外图纸的要求及费用承担＿＿＿＿＿＿＿＿＿＿＿＿＿＿＿＿＿＿＿

二、双方一般权利和义务

4. 工程监理和发包方代表

4.2　监理单位委派的总监理工程师

姓名＿＿＿＿＿＿＿＿＿＿职务＿＿＿＿＿＿＿＿＿＿＿＿＿＿＿＿＿＿

发包方委托的职权＿＿＿＿＿＿＿＿＿＿＿＿＿＿＿＿＿＿＿＿＿＿＿＿＿

需要取得发包方批准才能行使的职权＿＿＿＿＿＿＿＿＿＿＿＿＿＿＿＿＿

4.4　发包方代表

姓名＿＿＿＿＿＿＿＿＿＿＿职务＿＿＿＿＿＿＿＿＿＿＿＿

职权＿＿＿＿＿＿＿＿＿＿＿＿＿＿＿＿＿＿＿＿＿＿＿＿＿

6. 项目经理　　　　　·

姓名＿＿＿＿＿＿＿＿＿＿＿职务＿＿＿＿＿＿＿＿＿＿＿＿

7. 发包方工作

7.1　发包方应按约定的时间和要求完成以下工作：

(1)施工场地具备施工条件的要求及完成的时间＿＿＿＿＿＿＿

(2)将施工所需的水、电、电讯线路接至施工场地的时间、地点和供应要求＿＿＿＿＿＿＿

(3)施工场地与公共道路的通道开通时间和要求＿＿＿＿＿＿＿

(4)工程地质和地下管线资料的提供时间＿＿＿＿＿＿＿＿＿

(5)由发包方办理的施工所需证件、批件的名称和完成时间＿＿＿

(6)水准点与坐标控制点交验要求＿＿＿＿＿＿＿＿＿＿＿

(7)图纸会审和设计交底时间＿＿＿＿＿＿＿＿＿＿＿＿＿

(8)协调处理施工场地周围地下管线和邻近建筑物、构筑物(含文物保护建筑)、古树名木的保护工作＿＿＿＿＿＿＿＿＿＿＿＿＿＿＿＿＿＿＿＿＿＿＿

(9)双方约定发包方应做的其他工作＿＿＿＿＿＿＿＿＿＿

7.2　发包方委托承包方办理的工作＿＿＿＿＿＿＿＿＿＿＿

8. 承包方工作

8.1　承包方应按约定时间和要求,完成以下工作：

(1)需由设计资质等级和业务范围允许的承包方完成的设计文件提交时间＿＿＿＿

(2)应提供计划、报表的名称及完成时间＿＿＿＿＿＿＿＿＿

(3)承担施工安全保卫工作及非夜间施工照明的责任和要求＿＿＿

(4)向发包方提供的办公和生活房屋及设施的要求＿＿＿＿＿

(5)需承包方办理的有关施工场地交通、环卫和施工噪音管理等手续＿＿＿＿＿＿＿

(6)已完工程成品保护的特殊要求及费用承担＿＿＿＿＿＿＿

(7)施工场地周围地下管线和邻近建筑物、构筑物(含文物保护建筑)、古树名木的保护要求及费用承担＿＿＿＿＿＿＿＿＿＿＿＿＿＿＿＿＿＿＿＿＿＿＿

(8)施工场地清洁卫生的要求＿＿＿＿＿＿＿＿＿＿＿＿＿

(9)双方约定承包方应做的其他工作＿＿＿＿＿＿＿＿＿＿

三、施工组织设计和工期

9. 进度计划

9.1　承包方提供施工组织设计(施工方案)和进度计划的时间＿＿＿＿

发包方代表确认的时间＿＿＿＿＿＿＿＿＿＿＿＿＿＿＿＿

9.2　群体工程中有关进度计划的要求＿＿＿＿＿＿＿＿＿＿

12. 工期延误

12.1　双方约定工期顺延的其他情况＿＿＿＿＿＿＿＿＿＿

四、质量与验收

14. 工程质量

14.1　双方对本园林绿化工程的质量的其他要求＿＿＿＿＿＿

14.2　双方对工程质量有争议时,由_____机构裁定。

16. 隐蔽工程和中间验收

16.1　双方约定中间验收部位_____

18. 工程试车

18.5　试车费用的承担_____

五、安全及文明施工

19. 安全施工与检查

19.3　文明施工措施及相应费用_____

六、合同价款与支付

22. 合同价款及调整

22.2　本合同价款采用_____方式确定。

(1)采用固定总价计价方式的,合同价款中包括的风险范围_____

风险费用的计算方法_____

风险范围以外合同价款调整方法_____

(2)采用固定单价计价方式的,合同单价的调整方法_____

(3)采用其他计价方式的,合同价款的调整方法_____

22.3　双方约定合同价款的其他调整因素_____

23. 工程预付款

发包方向承包方预付工程款的时间和金额或占合同价款总额的比例

扣回工程预付款的时间、比例_____

24. 工程量确认

24.1　承包方向发包方提交已完工程量报告的时间_____

24.4　双方对于工程量确认时间的约定_____

25. 工程款(进度款)支付

双方约定的工程款(进度款)支付的方式和时间_____

七、材料、设备和苗木供应

26. 发包方供应材料、设备和苗木

26.4　发包方供应的材料、设备、苗木与一览表不符时,双方约定发包方承担责任如下:

(1)材料、设备、苗木单价与一览表不符_____

(2)材料、设备、苗木的品种、规格、型号、质量等级与一览表不符_____

(3)承包方可代为调剂串换的材料、设备、苗木_____

(4)到货地点与一览表不符_____

(5)供应数量与一览表不符_____

(6)到货时间与一览表不符_____

26.6　发包方供应材料、设备、苗木的结算方法_____

27. 承包方采购材料、设备和苗木

27.1　承包方采购材料、设备、苗木的约定_____

八、工程变更

九、竣工验收与结算

31. 竣工验收

31.1 承包方提供竣工图的约定_____

31.7 中间交工工程的范围和竣工时间_____

32. 竣工结算

32.2 双方对竣工结算时限的约定_____

33. 质量保修和养护

33.1 承包方在接到事故通知后,应在_____小时内到达事故现场进行抢修。

33.2 (1)苗木养护时间、养护措施和养护费用的约定_____

(2)养护期内,绿化苗木种植工地现场发生的养护工作所需的水电费用由_____承担。

十、违约、索赔和争议

34. 违约

34.1 本合同中关于发包方违约的具体责任如下:

本合同通用条款第23条约定发包方违约应承担的违约责任_____

本合同通用条款第25.4款约定发包方违约应承担的违约责任_____

本合同通用条款第32.3款约定发包方违约应承担的违约责任_____

双方约定的发包方其他违约责任_____

34.2 本合同中关于承包方违约的具体责任如下:

本合同通用条款第13.2款约定承包方违约应承担的违约责任_____

本合同通用条款第14.1款约定承包方违约应承担的违约责任_____

双方约定的承包方其他违约责任_____

36. 争议

36.1 双方约定,在履行合同过程中产生争议时可由双方协商解决,也可选择下列第（　　）项方式解决:

(1)向××仲裁委员会申请仲裁。

(2)依法向××人民法院提起诉讼。

十一、其他

37. 工程分包

37.1 本工程发包方同意承包方分包的工程_____

分包施工单位为_____

39. 保险

39.6 本工程双方约定投保内容如下:

(1)发包方投保内容_____

发包方委托承包方办理的保险事项_____

(2)承包方投保内容_____

40. 担保

40.3 本工程双方约定担保事项如下:

（1）发包方向承包方提供履约担保，担保方式为＿＿＿＿＿＿＿＿。担保合同作为本合同附件。

（2）承包方向发包方提供履约担保，担保方式为＿＿＿＿＿＿＿＿。担保合同作为本合同附件。

（3）双方约定的其他担保事项＿＿＿＿＿＿＿＿＿＿＿＿＿＿＿＿＿＿＿＿＿

43. 合同解除

43.2　双方约定，承包方停止施工超过＿＿＿＿＿天后，发包方仍不支付工程款（进度款），承包方有权解除合同。

45. 合同份数

45.2　双方约定合同副本份数＿＿＿＿＿＿＿＿＿＿＿＿＿＿＿＿＿＿＿

46. 补充条款

1.3.4　建设工程承包合同的格式

合同格式是指合同的文件形式，一般有条文式和表格式两种。建设工程施工合同书常综合两种形式，以条文格式为主，辅以表格。

一份标准的施工合同由 4 部分组成：

（1）合同标题　写明合同的名称，如××公园园林建筑小品施工合同、××道路绿化工程施工承包合同。

（2）合同序文　合同序文包括合同主体双方的名称、合同编号及简短介绍。

（3）合同正文　此部分是合同的重点部分，由以下内容组成：

①工程概况。含工程名称、地点、建设单位、工程范围（工程量）等。

②工程造价（合同价）。

③承包方式。

④开、竣工日期及中间交工工程的开、竣工日期。

⑤物资供应方式（供货地点、方式）。

⑥设计文件及概、预算和技术资料的提供日期。

⑦工程变更和增减条款，经济责任。

⑧定额依据及现场职责。

⑨工程款支付方式与结算方法。

⑩双方相互协作事项及合理化采纳。

⑪保修期及保养条件（栽植工程以一个养护期为标准）。

⑫工程竣工验收组织及标准。

⑬违约责任（含罚则和奖励）。

⑭不可预见事件的有关规定。

⑮合同纠纷及仲裁条款。

⑯合同保险条文。

（4）合同结尾　合同结尾要注明合同份数、存留和生效方式、签订日期、地点，加盖法人代

表签章,注明合同公证单位、合同未尽事项或补充的条款,最后附上合同应有的附件:工程项目一览表,甲方供应材料,设备一览表,施工图纸及技术资料交付时间表(见表1.1、表1.2 和表1.3)。

表1.1　工程项目一览表

建设单位:

序号	工程名称	投资性质	结构	计量单位	数量	工程造价	设计单位	备注

表1.2　甲方供应材料、设备一览表

建设单位:

序号	材料、设备名称	规格名称	单位	数量	供应时间	送达地点	备注

表1.3　施工图纸及技术资料交付时间表

建设单位:

序号	工程名称	单位	份数	类别	交付时间	图名	备注

1.3.5　范文示例

××园林景观工程施工合同

合同编号:

签订地点:

甲方:×××××房地产开发有限公司

乙方:×××××园林工程有限公司

甲乙双方本着平等互利的原则,经友好协商,甲方将××园林景观工程委托给乙方进行施工。为了进一步明确双方责任,依据《中华人民共和国民法典》、市政园林工程施工的有关规定

和招投标文件,结合本工程的具体情况,达成如下合同条款,双方共同遵守执行。

第一条:工程项目

1. 工程名称:××××××××园林景观工程

2. 工程地点:×××××××××

3. 承包方式:①包工包料(部分材料甲控,不含甲供材料);②包工期;③保安全;④包质量;⑤文明施工。本合同工程严禁乙方转包、分包,如有特殊要求,则必须由乙方提前申报,并经甲方文字许可。

4. 质量标准:达到土建、市政、园林工程优良标准。

5. 工程范围:按甲方批准的施工图为准。

6. 工程内容:本工程范围内道路广场硬质铺装、园林景观小品制作安装、苗木种植与养护、水电安装工程等,包括余土外运、管线敷设、路床基础、绿化、道路广场砖铺装、景观小品制作等。具体工程内容为招标时甲方提供图纸和附件范围内的全部工程内容,并负责到政府建筑质量管理部门办理质量监督手续。

7. 合同金额:本工程采用总价包干方式,总价为:_____元(大写:_____整),本价格包含上述工程内容所要求的一切内容。甲方有权对合同工程图纸内容进行增减或方案调整,并依据合同附件中的《投标报价表》对总价进行调整。

第二条:工程期限

本工程总工期____天,暂定乙方于_____进场,_____竣工验收结束。甲乙双方在确定竣工日期及各项控制工期时,已充分考虑了施工场地交付、停水、停电、节假日、雨季、高低温天气等各种因素,除出现以下情况,否则竣工日期不予调整:①人力不可抗拒因素;②重大设计变更或变更施工图而不能继续施工。

第三条:施工准备

1. 甲方负责解决施工场地、施工用水源(苗木灌溉用水由乙方自理)、电源和运输道路的通畅;开工前向乙方提供本合同的园林工程图纸。

2. 乙方在开工前应组织有关人员研究和熟悉图纸,负责编制施工组织方案,进行现场实测,安排施工总进度计划。

3. 乙方于开工前5日向甲方提交如下资料,待甲方核定审批,乙方施工过程中必须按审批后的规定执行:①施工组织管理机构;②施工现场管理人员名单及资金证明;③施工组织及技术方案;④质量保证措施及体系;⑤安全与文明施工管理制度。

第四条:物资供应

本工程所涉及的材料及有关物品的供应方式如下:

1. 甲供材料

甲供材料系指由甲方负责采购的材料。甲方保证其质量、数量达到工程需要,并保证按工程进度向乙方提供,否则由此产生的工程质量问题和影响的工期由甲方承担。

本工程除庭院灯具、园区活动座椅外原则上无甲供材料,如工程中某材料确实有必要为甲供,则需甲乙双方共同确定。

甲供材料要求:乙方必须提前20天向甲方提交材料使用计划,否则因材料不能及时进场所产生的一切损失由乙方自行承担。

由于乙方计划不足造成影响工期及价格和重复采购的,由乙方自行承担风险责任。

甲供材料到场后,由甲乙双方共同验收(质量、数量),并由甲方向乙方交接,乙方配合甲方办理甲供材料出、入库存手续,并负责保管。

结算时甲供材料仅计取营业税(3.44%),超额用量从乙方结算款中扣除。

2. 甲控材料

甲控材料系指材料由甲乙双方共同认定,甲方确认材料的品牌、生产厂家、规格及质量、材料价格,由乙方负责采购的材料。不符合甲方认定的材料甲方有权拒绝验收,乙方也不可将其使用在本工程中,否则全部责任与损失由乙方承担,影响的工期不予顺延。

3. 确定由乙方提供的材料和物品,乙方应保证其质量、数量达到工程需要,否则由此产生的工程质量问题和影响的工期由乙方承担。

乙供材料在使用到工程项目前,必须持相关审核资料申报甲方进行验收。相关审核资料包括原出厂证明和质量证书、合格证、材质检验报告等。

乙供材料中按规定需要复试的品种,必须按规定进行复试。复试委托工作由乙方负责,费用由乙方承担。

乙供材料中按规定不需要复试的品种,如甲方根据经验判断需要进行复试或检测,复试委托工作由乙方负责,如复试结果合格,费用甲方承担,如复试结果不合格,费用由乙方承担。但甲方如未对该类材料提出复试要求而导致乙方直接将该类材料使用到工程中,出现的一切后果仍由乙方承担。

第五条:甲乙方代表

甲方委派 _____ 为甲方驻工地代表,乙方委派 _____ 为乙方驻工地代表,共同履行合同的各项规定,对工程进度、工程质量进行监督,检查隐蔽工程,办理中间交工工程验收手续及其他事宜。乙方在未经甲方允许的情况下,不允许私自更换乙方驻工地代表。

第六条:工程质量控制和安全文明施工

1. 本工程质量乙方同意达到工程行业现行标准规定的优良标准。

2. 乙方必须选派具有类似工程经验的人员任项目经理,选派现场专业技术负责人和专职质量检查员。

3. 乙方应严格遵循国家现行相关的《施工验收规范》组织施工,健全质量检验制度,设立质量保证体系和管理体系,建立一整套自检、互检、交接、测试、材料试验等管理制度,并于合同签订后3日内甲方批准认可。

4. 在施工过程中,甲方在不妨碍乙方正常作业的基础上,可以随时对作业进度、质量进行检查。甲方有权对不符合质量要求,违反施工程序、施工操作工艺的施工,或材料不合格的,责令乙方返工,返工费用由乙方承担,乙方在接到甲方发出的质量问题通知单后,应及时迅速整改完毕,并请甲方人员复查,复查仍不合格时,视质量问题的严重程度,甲方将有权以每处每次从乙方工程款中扣除1 000至3 000元作为违约金,同时有权要求乙方立即调换现场技术负责人、项目经理,直至甲方提出更换施工队伍,由此产生的返工费用、工期延误及其他损失,全部由乙方承担。

5. 分部工程验收必须按规范要求达到优良标准,否则甲方有权指令停工整改,待达到优良标准后方可进行下一道工序,由此造成的工期延误不予顺延工期。

6. 双方发生技术质量争议时,由双方共同指定××市工程质量检测部门检测。

7. 工程竣工后乙方应根据甲方要求于1个月内提交全套竣工资料两套。

8.现场用水用电管理。

①乙方在现场的用水用电需安装水表、电表(乙方水、电表安装及移位必须报甲方同意),安装完成后甲乙双方共同抄底度数,并签字认可。

②施工结束后,根据抄表结果甲乙双方进行结算,从工程款中扣除。

③施工现场发现有偷、漏水电等行为乙方应按500元/次向甲方支付违约金,从乙方工程款中扣除。

9.施工安全、环境保护和文明施工。

①乙方应负责现场全部作业的安全。自开工之日起,直到双方签订竣工验收单,人员伤亡以及对财产(包括工程本身、设备、材料和施工机械)的损失或损坏,均应由乙方承担。

②根据有关环境保护的规定,乙方应采取合理的措施来保护现场内外环境,并避免由于其操作方法所造成的污染、噪音或其他问题而对人员或公司财产造成的损失或损害,如乙方未按规定要求采取相应措施,所造成的一切直接及间接损失均由乙方承担。

第七条:施工与设计变更

1.造园施工方案、图纸、说明、经甲方认可的有关技术资料,作为施工的有效依据,开工前由甲方组织设计交底和双方会审做出会审纪要,作为施工的补充依据,甲乙双方均不得擅自更改。

2.施工方案、施工图的修改变更须经双方签证,方能有效;乙方无权擅自更改设计,可提出参考设计意见,若擅自变更,乙方需向甲方支付违约金,所发生的更改费用由乙方承担。

3.施工中若发现设计错误或严重不合理,乙方有义务以书面形式通知甲方,待甲方做出设计修改后,方可继续施工。

4.设计变更和工程签证按甲方有关制度执行。

第八条:工程竣工验收和保修

1.乙方在工程竣工前5日,将验收日期以书面形式通知甲方届时组织验收,如甲方不能按期参加验收,须提前通知乙方,并与乙方另行商定验收日期,但甲方必须承认乙方的竣工时间。

2.竣工工程经检验合格,从验收之日起15日内乙方向甲方移交完毕。

3.在进行工程验收中,如发现不合格需返工或修理补做的部分,双方在验收时应议定修补措施和期限,由乙方在规定期限内完成,完成后经验收合格后再行移交,因此而发生的各项费用由乙方承担。由于修补或返工造成逾期交付的,乙方偿付逾期违约金。

4.乙方要严格执行隐蔽工程验收制度,凡隐蔽工程完成后,必须经过验收做出记录,方能进行下一工序的施工。一般隐蔽工程由乙方自行检查验收,并做好记录,如甲方以后提出检查时,检查结果不符合要求者,其检查费用由乙方负责,符合要求者,其检查费用由甲方负责;重大或复杂隐蔽工程应由乙方书面通知甲方、设计单位共同进行验收,并办理隐蔽验收手续。如甲方和设计单位届时未参加,应事先通知乙方,另定验收日期,否则乙方可以顺延工程日期,并有权要求赔偿停工、窝工等损失。

5.竣工工程验收以行业验收规范、质量检验标准及施工图为依据。在进行竣工验收时,乙方应向甲方提供以下条件:

①增减工程变更的有关手续和其他洽商记录。

②隐蔽工程验收记录和中间交工验收记录。

③提供竣工图的工程,如工程变更不大,施工单位应尽量在原施工图上加以注明,并交甲方存档。工程变更较大的,应绘制竣工图。

6.工程验收合格后,乙方无条件将工程移交,即10日内移交施工现场,20日内撤出全部施工人员(维修人员除外)、机械和剩余材料。

7.工程保修。

甲方从工程总结算价款中预扣5%作为质量保修金。

苗木养护要求:质保期内所有苗木保活,质保期为1年。

花草养护要求:质保期内所有花草保活,质保期为6个月。

土建、装饰、水电安装的要求:质保期为1年。

质保期间,对于出现的路面塌陷、苗木死亡、铺装材料脱落、开裂等质量问题,乙方应在甲方或甲方委托的物业公司通知维修后24 h内组织维修,并在双方约定的时间内完成并合格,如乙方出现维修不及时或乙方的维修质量达不到甲方满意,甲方有权对该部分维修工程另行委托施工,所发生的款项从质保金中扣除,当质保金不够抵扣时,乙方同意支付差额。

第九条:工程款的结算与支付

1.结算有关规定:本工程竣工报告经甲方认定批准后,乙方递交工程结算报告及完整真实的结算资料(包括竣工图两套、竣工资料两套、结算书两份)办理工程结算。

①本工程结算形式为总价包干。

②对于总价调整限于以下方面,其他不得调整:设计变更和现场签证按实调整;甲方有权对合同工程图纸内容进行增减或方案调整,并依据合同附件中的《投标报价表》对总价进行调整;其他甲方认为有必要调整的项目。

③现场签证、设计变更结算依据:工程量清单中已含项目按工程量清单项目单价结算;工程量清单中未含但工程量清单中有类似项目的单价参照工程量清单中单价执行;工程量清单中未含且工程量清单中没有类似项目的单价,参照现行省定额有关规定执行四类取费总价下浮3%。

④如工程中甲乙双方协商某分部分项工程采用综合单价的方式结算的,结算单价执行双方协商后的综合单价,结算时,不再计取其他费用。

⑤签证变更零星点工:45元/工日,不计其他费用,需套用定额脚手架工程结算时一律计取钢管脚手架;模板工程,按复合木模板钢支撑结算。

⑥施工用水电费按实际发生计量,若无计量条件按工程结算总价的0.7%扣除(水按工程总造价的0.3%;电按工程总造价的0.4%)。

⑦报价表中未涵盖且与完成本合同工程总体目标无关,但属于乙方有条件和有能力完成的工程内容,如果甲方要求乙方施工,乙方同意绝不推脱,并在不影响本合同工程的前提下进行施工,结算执行现场签证设计变更的结算方式。

⑧树木计算胸径规格由甲方根据设计确定,如乙方提供的树木实际胸径不能满足设计要求,只能选用大于设计胸径规格的树木替代,但是计算胸径仍按原设计胸径计算。但是根据实际需要需选用≥200 mm胸径的树木材料费和种植费双方可另议价格。

⑨土球计算直径按苗木计算胸径的8倍计算,如实际需要取大于8倍的土球,种植费仍按计算土球直径计算。

⑩树木种植费套价规则:60 cm < d ≤ 80 cm,按报价单中d = 60 cm计算;80 cm < d ≤ 100 cm,按报价单中d = 80 cm计算;100 cm < d ≤ 120 cm,按报价单中d = 100 cm计算;d > 120 cm,按报价单中d = 120 cm计算,其中"d"为计算土球直径。

⑪甲控材料与工程项目单价报价表中相应工程项目主材找正负差,差价部分只计取税金。材料损耗计算规则:除草皮计取10%的材料损耗外,其他材料不另计损耗。

⑫工程竣工报告经甲方认定批准后,乙方递交工程结算报告及完整真实的结算资料(包括竣工图两套、竣工资料两套、结算书3份)办理工程结算,甲乙双方达成一致意见法人代表签字加盖公章后的结算报告,作为工程款拨付的最终依据。

⑬结算时乙方根据工程实际发生情况、设计变更及有关说明等资料向甲方提供结算资料,但乙方须认真计算工程量并按合同要求进行套价,不可高估冒算。如经甲方审核下浮超过10%,则乙方将按超过部分的10%交纳造价咨询费。此部分费用甲方将直接从工程总结算价款中扣除。

2. 工程款支付。工程无质量问题的前提下,甲方按工程形象进度向乙方支付工程款,具体方式为:

①合同签订生效且乙方进场后5个工作日内,甲方向乙方支付合同总价款的15%作为本合同预付款。

②合同范围内土建工程基本完成,且乙方的施工进度和质量达到合同的要求,甲方向乙方支付合同总价的30%。

③合同工程全部竣工,且乙方的施工进度和质量达到合同的要求,甲方向乙方支付合同总价的35%。

④工程竣工验收合格且乙方向甲方提交完整的竣工资料后,招标人将于6个月内完成结算工作,并于决算完成后15日内,向乙方付款至总结算价款的95%。

⑤另外5%的工程结算款作为质量保修金,在质保期结束后15日内支付乙方。

第十条:违约责任

1. 在合同执行期内,双方必须遵守国家法规、政策及本地区有关条例的规定执行合同,否则由违约方承担责任。

2. 如乙方非因甲方原因和不可抗力逾期超过5日不能完成工程施工的,甲方有权解除合同,乙方应向甲方支付不能完成工程20%的违约赔偿金,并向甲方赔偿由此造成的工程延期损失。

3. 乙方非因不可抗力和甲方原因未能按合同规定的分项工期完成的,则乙方应按实际竣工日期晚于合同规定的竣工日期天数,按规定违约金金额向甲方支付误期赔偿费,误期赔偿费额度,每拖期1天,按单体楼盘工程分部工程结算金额的1%赔偿,误期造成的间接损失按实际发生计算,从工程款中扣除。

4. 甲方非因乙方原因及不可抗力未按期和有关合同规定支付工程结算款的,按照银行同期贷款利息向乙方偿付逾期付款的违约金。

第十一条:附加条款

1. 乙方必须在合同工期内完成所有工程内容,且甲方有权根据实际需要对合同工期进行任何调整,乙方必须对调整后的工期无条件认可,并按照甲方调整的工期进行组织施工,并在规定的工期内完成甲方指定的工程内容;乙方非因不可抗力和甲方原因未能按合同或甲方现场规定的工期完成的,每拖期1日,乙方应向甲方支付2 000元的违约赔偿金,如拖期5日以上,甲方有权解除合同,乙方应向甲方支付不能完成工程20%的违约赔偿金,并向甲方赔偿由此造成的工程延期损失。

2. 乙方必须在合同工期内或甲方现场调整的工期内完成所有工程内容,对于绿化部分,树

木及灌木必须按期栽植完成,不能以任何原因推迟种植工期,否则树木栽植每拖期 1 日,乙方应向甲方支付 2 000 元的违约赔偿金,并向甲方赔偿由此造成的工程延期损失。

3.对于合同约定的工程内容,乙方必须完全按照图纸施工,未经甲方同意,不允许做任何调整,绿化部分必须完全按图施工,且相应树木、灌木规格必须达到图纸及合同约定,如现场栽植完成后发现一处不符合图纸规定或规格不满足要求的,乙方应向甲方支付 2 000 元的违约赔偿金,并向甲方赔偿由此造成的工程延期损失。

4.对于合同约定之外的工程内容,如乙方有能力进行施工,如甲方要求由乙方进行施工,乙方应进行施工,且在甲方规定的时间内完成工程内容。

第十二条:其他

1.本工程甲乙方的招标、投标文件、图纸、《工程项目单价报价表》等均为本合同的附件,作为合同的组成部分。

2.本合同如有未尽事宜,甲乙双方同意协商解决,必要时做出补充协议。

3.如在履行合同过程中发生纠纷,协商不成时,双方同意向有管辖权的人民法院诉讼。

4.本合同一式陆份,甲方执肆份,乙方执贰份。

甲方:××××房地产开发有限公司　　　　乙方:××××园林工程有限公司

法人代表:　　　　　　　　　　　　　　　法人代表:

经办人:　　　　　　　　　　　　　　　　经办人:

传真:　　　　　　　　　　　　　　　　　传真:

电话:　　　　　　　　　　　　　　　　　电话:

日期:　　　　　　　　　　　　　　　　　日期:

复习思考题

1.合同的订立程序是什么?

2.有效合同的条件包括哪些?

3.合同争议的处理方式有哪些?

4.签订建设工程施工合同应具备的条件有哪些?

5.履行建设工程施工合同的基本要求有哪些?

6.建设工程施工合同的组成和解释顺序是什么?

实验实训

模拟编制园林建设工程施工合同

1.目的要求

认识施工合同文件的组成,了解园林建设工程施工合同的编制过程和签订过程,学会编写一般的园林工程施工合同。

2. 实训工具、用品

招投标文件、《建设工程施工合同(示范文本)》、中标通知书、投标书及其附件;施工标准、规范和其他有关资料、技术要求、工程量清单或确定工程造价的工程预算书和图纸。

3. 内容与方法

将全班同学按人数分为若干个小组,两两搭配,分别代表建设单位、施工单位,按照下列步骤进行模拟实训,模拟签订工程施工合同的过程。

(1)审查园林工程施工合同签订是否具备条件。园林建设工程满足下列条件方可签订合同:

①项目初步设计和总概算已经批准。

②工程项目已列入建设单位的年度建设计划,资金已经落实。

③有满足要求的设计文件和有关技术资料。

④建筑物场地、水源、电源、气源、排污、运输道路已具备或在开工前能够完成。

⑤招标工程的中标通知书已经下达。

⑥合同当事人均有合法资格,具有履行合同的能力。

⑦设备和材料的供应能保证工程连续施工。

(2)建设单位先拟订合同的主要条款,提出要约。

(3)施工单位对建设单位提出的合同条款仔细研究,并在要约的有效期限内做出承诺,送达要约人。

(4)在中标通知书发出后,中标的园林工程施工单位30天内应与建设单位及时签订合同。

(5)合同中的合同价与中标价应相一致,一般不得变动,但就合同中存在的有异议的条款,双方可进行面对面协商解决。

(6)合同签订后,可请公证机关公证。

4. 实训报告

根据招投标书和《建设工程施工合同(示范文本)》,参照老师提供的××绿化工程施工图及甲方意向,编制××绿化工程施工合同。

2 园林工程的招标与投标

【知识目标】

了解园林工程招投标的概念、分类、园林工程招投标方式。掌握园林施工招投标的程序,施工投标报价的注意事项,施工招投标文件的编制,施工报价的依据,报价的策略和技巧。

【技能目标】

能进行招标和投标文件的编写。

在城市的发展和建设过程中,园林工程和市政工程是联系在一起的。这些工程包括道路、桥梁、隧道、给排水等的土建工程,管道和设备的安装工程,道路等的绿化工程,广场的建设,公园及风景区的建设等。这些工程的建设都必须通过招投标确定设计、施工和监理单位。

2.1 园林工程招投标概述

招投标是市场经济的产物,是期货交易的一种方式,通过招投标的形式来确定合同价是市场经济发展的必然。在园林工程建设中,设备和材料的招投标采购可能在园林工程建设前期就已经开始,而苗木的采购比工业产品和设备难得多。这就要求了解招投标对工程造价的影响,熟悉施工投标报价。

2.1.1 工程招标、投标相关概念和作用

招标和投标是一种商品交易行为,是交易过程的两个方面。在整个招标投标过程中,招标、投标和定标(决标)是3个主要阶段,其中定标是核心环节。

①建设工程招标,是指招标人就拟建的工程发布通告,以法定方式吸引多家建设承包单位参加承包工程建设任务竞争,从中选择条件优越者承包工程建设任务的法律行为。

②建设工程投标,是指经过审查获得投标资格的投标人按照招标文件的要求,在规定时间内向招标人填报投标书争取中标的法律行为。

③定标,是招标人从若干投标人中选出最后符合条件的投标人作为中标对象,然后招标人以中标通知书的形式,正式通知投标人已被择优录取。这对于投标人来说就是中标。

建设工程实行招标投标,有利于招标人择优选定勘察设计和施工单位,有利于各勘察设计和施工单位进行竞争,维护建设市场的正常秩序,确保工程质量,提高投资收益,保护当事人的合法权益。

建设工程的招标投标,应当遵循公开、公正、择优、诚实信用的原则。任何单位和部门不得进行地方保护和行业垄断,禁止限制和排斥本地区、本系统外符合资质条件的单位参加投标。

2.1.2 建设工程招标、投标的监督管理

根据《招标投标法》的规定,县级以上人民政府建设行政主管部门是本行政区域内的建设工程招标投标主管部门,负责建设工程招标投标的监督管理。根据这一规定,建设工程招标投标的监督管理,按项目隶属关系分别由省、市、县人民政府建设行政主管部门负责;中外合资、中外合作和跨地区合作项目的招标投标,由本省主投资方住所地或者项目所在地的建设行政主管部门负责监督管理。

按规定必须进行招标发包的建设工程的招标投标,应当按照项目隶属关系,分别在省、市、县人民政府批准设立的建设工程交易中心进行。建设工程交易中心是建设工程招标投标中为招标人和投标人提供场所、信息和咨询服务,为有关部门在该中心内办公提供必要条件,使招标投标活动公开、公平、公正进行的服务机构,其不得代理组织招标和参与评标、定标。建设工程交易中心提供的有关建设工程招标投标活动中的服务必须接受建设行政主管部门的监督管理。同级人民政府有关行政管理部门负责的建设工程招标投标资格审查,建设工程施工许可证核发或者建设工程开工报告审批、建设工程质量和安全监督手续,施工合同鉴证等工作都应当在交易中心内一条龙集中办理,为招标人和投标人提供完善配套的服务。

2.1.3 应进行招标的建设工程范围

《招标投标法》规定,在我国境内进行下列建设工程项目总承包、勘察、设计、施工、建设监理以及与工程建设有关的重要设备、材料等的采购,必须进行招标。

①全部或者部分使用政府、融资的建设工程。

②大型基础设施、公用事务等关系社会公共利益、公众安全的建设工程。

③适用国际组织或者外国政府贷款、援助资金的建设工程。

④国有、集体所有制单位投资的建设工程。

⑤国有、集体所有制单位参与投资的建设工程。

⑥国有、集体所有制单位参股的企业投资的建设工程。

上述所列必须进行招标发包的建设工程的具体范围和规模标准为:

①需要统筹安排的基础设施的项目总承包。

②国家和地方的重点建设工程和大中型建设工程的勘察和建设监理。

③城市主干道、广场、交叉路周边的二级以上建筑物,城市大中型公共建筑,超高层建筑,用地面积 20 000 m² 以上的居住小区和工业小区,城市主要街道的景观和广场,以及重点建设工程的设计。

④建筑面积 1 000 m² 以上或者工程发包价 100 万元以上的单位房屋建筑和居住小区,以及

工程发包价 300 万元以上的工业、能源、水利、市政等建设工程的施工。

⑤总概算在 300 万元以上的建设工程所需的成套设备、配备机电设备、专用设备和非标准设备的供应。

地级以上的市人民政府建设行政主管部门可以根据当地的实际,制订不高于以上规定的范围和规模标准,报同级人民政府批准后执行。

外商和私人独资、捐资的建设工程,是否以招标方式发包,由业主、捐资者自行决定,但是,涉及社会公共利益和公众安全的建设工程,应当依法招标发包。

县级以上人民政府确认的抢险抗灾、以工代赈、保密等不宜招标发包的建设工程,可以不通过招标方式发包。

项目总承包、勘察、设计、施工、建设监理等单位自筹资金并且自用的建设工程,其单位的资质条件符合要求的,经建设行政主管部门核准,可以自行承担相应的任务。

2.2　园林工程招标

2.2.1　工程项目招标的条件及类型

1)工程项目招标应具备的条件

我国《招标投标法》规定,为了建立和维护正常的建设工程招标程序,在建设工程招标程序正式开始前,招标人必须完成落实必要的准备工作,以具备招标所需要的条件。

(1)建设单位的招标资质能力条件

①招标人必须有与招标工程相适应的技术、经济、管理人员。

②招标人必须有编制招标条件和标底,审查投标人投标资格,组织开标、评标、定标的能力。

③招标人必须设立专门的招标组织,招标组织形式上可以是基建处(办、科)、筹建处(办)、指挥部等。

不具备上述条件的建设单位,须委托具有相应资质的中介机构代理招标,建设单位与中介机构签订委托代理招标的协议,并报招标管理机构备案。

(2)建设单位的施工准备条件　拟建工程项目的法人向其主管部门申请招标前,必须是已完成了一定准备工作,具备了以下招标条件:

①建设项目预算已经被批准。

②建设项目已正式列入国家部门或地方的年度国家投资计划。

③建设用地的征用工作已经完成。

④有能够满足施工需要的施工图纸及技术资料。

⑤有进行招标项目的建设资金或有确定的资金来源,主要材料、设备的来源已经落实。

⑥经过工程项目所在地的规划部门批准,施工现场的"三通一平"已经完成或一并列入施工招标范围。

2)工程项目招标的类型

按工程项目建设程序分类,工程项目建设过程可分为建设前阶段、勘察设计阶段和施工阶段。因而按工程项目建设程序,招标可分为工程项目开发招标、勘察设计招标和施工招标 3 种

类型。

按工程发包承包的范围,可以将建设工程招标分为工程总承包招标、工程分承包招标和工程专项承包招标。

按行业类型分类,即按工程建设相关的业务性质分类,可分为土木工程招标、勘察设计招标、材料设备招标、安装工程招标、生产工艺技术转让招标、咨询服务(工程咨询)招标等。

2.2.2　招标方式

招标在具体运作过程中具有几种不同的表现形式,分为公开招标、邀请招标和议标招标。有些省份则不允许议标形式招标。

(1)公开招标　招标人应当通过建设工程交易中心的信息网络,市级以上公开发行的报刊或者其他媒介公开发布招标公告,邀请符合资质条件的不特定的法人投标。凡符合资格的法人均可报名参加投标。当符合资格的法人申请投标超过 8 名时,招标人在交易中心的见证下,可以从中随机抽取不多于 8 名为正式投标人,符合资格的法人申请投标不超过 8 名时,申请人为正式投标人。

(2)邀请投标　招标人通过建设工程交易中心以邀请书的方式邀请不少于 3 名符合资质条件的特定的法人投标。

采用邀请招标的方式,由于邀请的投标人数量有限,不仅可以节省招标费用,而且能提高投标人的中标几率,所以对招标投标的双方都有利。但这种招标方式限制了竞争范围,把许多可能的竞争者排除在外,被认为不完全符合自由竞争、机会均等的原则,必须限制使用。

以邀请招标方式进行发包的建设工程,应当具备下列条件之一,并经建设行政主管部门批准,其中,属省级重点建设工程的,由省级人民政府批准。

①技术性和专业性强,国内符合资质条件的潜在投标人不超过 10 家的。

②公开招标时,申请投标的合格投标人不足 3 名,需要重新组织招标的。

③利用外国政府或者国际金融组织贷款,提供贷款方要求进行邀请招标的。

公开招标和邀请招标时,提交投标文件的合格投标人不足 3 名时,招标人应当重新组织招标。

(3)议标招标　这是指业主指定少数几家承包单位,分别就承包范围内的有关事宜进行协商,直到与某一承包商达成协议,将工程任务委托其去完成。议标招标与前两种招标方式相比,投标不具公开性和竞争性,因此容易发生幕后交易。但对于一些小型项目来说,采用议标方式目标明确,省时省力。

业主邀请议标的单位一般不应少于两家,只有在特定条件下,才能只邀请一家议标单位参与议标。

2.2.3　招标程序

工程项目招标程序一般可分为 3 个阶段:一是招标准备阶段;二是招标阶段;三是决标成交阶段。

1) 编制招标文件

招标文件是工程施工招标投标工作的核心,它不但是编制标底和施工企业投标报价的重要依据,更是影响到以后确定中标单位,签订工程承包合同、拨款、材料与设备的供应和价差处理以及竣工结算等施工全过程工作的能否顺利进行。

(1)招标文件的编制程序

①熟悉工程情况和施工图设计图纸及说明;

②计算工程量;

③确定施工工期和开、竣工日期;

④确定工程的技术要求、质量标准及各项有关费用;

⑤确定投标、开标、决标的日期及其他事项;

⑥填写招标文件申报表。

(2)招标文件的主要内容

①工程综合说明,包括工程名称、地址、招标项目、占地范围、建筑面积、技术要求、质量标准、现场条件、招标方式、要求开工和竣工时间、对投资企业的资质等级要求等。

②工程设计图纸、技术资料及技术说明书。

③工程量清单,以单位工程为对象,按分部分项工程列出工程数量。

④由银行出具的建设资金证明和工程款的支付方式及预付款的百分比。

⑤主要材料(钢材、木材、水泥等)与设备的供应方式,加工、订货情况和材料,设备价差的处理方法。

⑥特殊工程的施工要求以及采用的技术规范。

⑦投标书的编制要求及评标、定标的原则。

⑧投标、开标、评标、定标等活动的日程安排。

⑨《建设工程施工合同条件》及调整要求。

⑩要求交纳的投标保证金额度。

⑪投标须知,主要应包括以下内容:

a.承发包双方业务往来中收发函的规定。

b.设计文件的拟定单位及投标人与之发生业务联系的方式。

c.解释招标文件的单位,联系人等方面的说明。

d.填写标书的规定和投标、开标要求的时间、地点等。

e.投标人担保的方式。

f.投标人对投标文件有关内容提出建议的方式。

g.招标人拒绝投标的权利。

h.投标人对招标文件保密的义务等。

以上内容并非所有项目投标须知中均需包括的内容,具体项目可按照实际情况增减。

2) 发布招标公告或者招标邀请书

招标人在发出招标公告或者邀请书之前,应当将招标文件报建设行政主管部门备案,建设行政主管部门收到备案报告后,应当对招标人或者委托的招标代理机构组织的资格和招标文件的合法性进行审查,审查合格后招标人可以通过建设工程交易中心选择合适的方式发出招标公告或者邀请书。

3）递交投标申请书

投标人在招标公告发布或接到招标邀请书后,应在规定的时间内根据招标公告或邀请书的要求,填写投标申请书并交回建设工程交易中心。投标申请书的内容包括:

①企业注册证明和技术等级。
②主要施工经历。
③质量保证措施。
④技术力量简况。
⑤施工机械设备简况。
⑥正在施工的承建项目。
⑦资金或财务状况。
⑧企业的商业信誉。
⑨准备在招标工程上使用的施工机械设备。
⑩准备在招标工程上采用的施工方法和施工进度安排。

4）选定符合条件的投标人

招标人在收到投标申请书后会同建设行政主管部门对投标人的资格进行审查,并将审查结果通知投标申请人。公开招标时如符合条件的投标人超过8家时,则应在交易中心的见证下随机抽出正式投标人。

5）举行招标会议

在确定了正式的投标人后,招标人应及时给投标人分发招标文件、设计图纸和技术资料等,并在建设工程交易中心召开招标会议,向投标人介绍项目的有关情况和要求,对投标人提出的问题进行说明。招标会议后,招标人根据招标项目的具体情况,可以组织投标人进行现场勘查并负责答疑。

招标会议的内容,主要是针对招标文件的内容,做进一步的阐明。对设计图纸中不够明确的做法、用料标准及设备选型等,向投标人加以补充说明。此外,如投标人再有提出的疑问,也应逐一解答。所有这些问题都应以书面形式发送给各投标人,作为招标文件的补充。

6）编制和递交投标文件

投标人根据招标文件和招标会议的要求编制投标文件,并在规定的截止日期前送交交易中心。投标人提交投标文件时,应当同时向招标人交纳投标保证金,落标人的投标保证金应当于评标工作结束之日起7日内退回;中标人的保证金应当于签订合同时退回。

7）编制和审核标底

标底既是核实预期投资的依据,更是衡量投标报价的准绳,是评标的主要尺度之一。因此,标底应该编制得符合实际,力求准确、客观,且不超出工程投资概算。

编制标底应遵循下列原则进行:

①根据设计图纸及有关资料、招标文件,参照国家规定的技术、经济标准规范及定额编制,报建设行政主管部门组织审定。

②标底价应由成本、利润、税金组成,一般应控制在批准的总概算或修正概算及投资包干的限额内。

③标底作为招标人的期望计划价,应力求与市场的实际变化吻合,要有利于竞争和保证工程质量;标底价格应考虑人工、材料、机械台班等价格变动因素,还应包括施工不可预见费、包干费和施工措施费等,工程要求优良的还应增加相应费用。

④一个工程只能编制一个标底。

标底审定工作应当在交易中心进行并在开标之日前审定完毕。审定标底由具有资格的工程造价咨询单位负责,但与投标人有利害关系的单位和人员应当回避。

8)组建评标委员会

评标委员会由招标人和有关的技术、经济等方面的专家组成,成员人数为7人以上单数,其中技术、经济等方面的专家不得少于成员总数的三分之二。

评标委员会中的技术、经济专家,由招标人从交易中心的专家库中随机抽取确定。与投标人有利害关系的人不得进入评标委员会。

评标委员会成员应当客观、公正地履行职务,遵守职业道德,对所提出的评审意见承担个人责任。

评标委员会成员不得私下接触投标人,不得接受投标人的财物或者其他好处。

9)举行开标会议

招标人应当在招标文件规定的时间在交易中心举行开标会,招标人应当邀请所有投标人的法定代表人或者其委托的代理人参加开标会议。

举行开标会议时,应当在会上公布评标委员会成员名单、评标定标原则和办法,启封投标文件,确认投标文件的效力,宣读投标人、报价和投标文件的主要内容,启封和公开标底。变更开标日期、地点,应提前3日通知投标人和有关单位。

开标的一般程序:

①由招标人的工作人员介绍各方到会人员,宣布会议主持人及招标人、法人代表证件或法人代表委托书。

②会议主持人检验投标人法人代表或者指定代理人证件、委托书。

③主持人重申招标文件要点,宣布评标、定标原则,办法和评标小组成员名单。

④主持人当众检验启封投标书。其中属于无效标书,须经评标小组半数以上成员确认,并当众宣布。

⑤按标书送达时间或以抽签方式排列投标人唱标顺序。

⑥按顺序唱标,宣读投标人报价和投标文件的主要内容。

⑦当众启封标底。

⑧招标人指定专人监唱,做好开标记录,并由各投标人的法人代表或其指定的代理人在记录上签字。

有下列情况之一时,投标书宣布作废:

①未密封。

②无单位和法定代表人或其代理人的印鉴。

③未按规定的格式填写,内容不全或字迹模糊,辨认不清。

④逾期送达。

⑤投标人的法定代表人或者其委托的代理人未参加开标会议的。

10)评标并确定中标单位

评标委员会根据招标文件规定的评标方法和原则在交易中心对投标书进行评审,并提出中标单位建议。报请招标人上级主管部门和当地建设行政主管部门批准后确定中标单位。

从开始评标至定标的时间,小型工程不超过3日,大中型工程不超过10日,特殊情况可以适当延长,但最长不超过20日。

(1)评标、定标的原则　评标定标应当采用评分、记名投票或者其他公平可行的方式。其原则应以报价合理、施工技术先进、施工方案可行、工期和质量有保证、项目负责人工作量适当、招标文件和经审核的标底为依据。

①报价合理。报价合理并不是说报价越低越合理,而是指报价与标底接近。决标价的浮动一般不应超出审定标价的±3%。

②保证质量。投标单位所提出的施工方案的技术一般应达到国家规定的质量验收规定的合格标准,所采取的施工方法和技术措施能满足建设工程的要求。招标人如要求工程质量达到优良,则应看其是否能保证这一目标的实现,应采用按质论价,优质优价的方法。

③工期适当。建设工期应根据建设部颁发的工期定额,并考虑采取技术措施和改进管理可能压缩工期因素,要求建设工期不超过工期定额的规定,如标底工期有提前的要求,则决标工期应接近或者少于标底所规定的工期。

④企业信誉良好。企业信誉良好是指投标人过去执行合同情况良好,承建类似工程的质量、工期符合合同规定要求,造价合理,有丰富的施工经验。

除上述4点基本条件外,还可以根据具体工程的实际情况提出一些要求。

(2)评标、定标的方法和步骤　招标人必须按照平等竞争的原则,经过综合评选,择优选定中标人,不得以最低报价作为中标的唯一标准。评标、定标实际上是一个系统工程的多目标决策过程。评标的方法一般常用的有综合评分法、评议法和标价最接近标底价为中标者等方法。综合评分法的步骤如下:

①确定评标定标目标。报价合理是评标定标的主要依据之一,选择报价最佳的投标人是评标定标的主要目标之一,但并非唯一的目标。保证质量、工期适当、企业信誉良好应同时是评标定标的目标。在具体项目中确定哪些目标为评标、定标的目标要根据实际情况由专家研究确定。评标、定标的目标应在招标时事先明确,并写在招标文件中。

②确定评标定标目标量化及其计算方法。如某项目工程评标、定标目标量化指标及计算公式如表2.1所示。

表2.1　评标、定标目标量化指标及计算公式

评标、定标目标	量化指标	计算公式
工程报价合理	相对报价 O_p	$O_p = \dfrac{报价}{标底} \times 100\%$
工期适当	工期缩短率 O_t	$O_t = \dfrac{招标工期 - 投标工期}{招标工期} \times 100\%$
企业信誉良好	优良工程率 O_n	$O_n = \dfrac{验收承包优良工程数目(面积)}{同期承包工程数目(面积)} \times 100\%$
施工经验丰富	近5年承包类似工程的经验率 O_g	$O_g = \dfrac{承包类似工程产值(面积)}{同期承包工程产值(面积)} \times 100\%$

③确定各评标定标目标(指标)的相对权重。各评标定标目标对不同的工程项目和招标人选择承包单位的影响程度是不同的。营利性的建筑和生产用户一般侧重在工期上,如果能在国家规定的工期定额或标底日期提前竣工交付使用,则可给招标人带来经济效益;对无营业收入的建筑工程则可能侧重造价,借以节约投资;而对一些公共建筑则可能偏重质量。因此,各评标定标目标的相对权数 K 要由专家根据各目标对工程项目的影响程度而定。

④对投标人进行多指标综合评价。

【例2.1】　某招标工程标底造价为5 000万元,标底工期为36个月。评标定标目标及其相对权数分别如表2.1和表2.2所示。各投标单位基本情况如表2.3所示。试对A,B,C,D 4个投标单位进行综合评价。

表2.2　各评定目标的相对权重/%

造价权数 K_1	工期权数 K_2	企业信誉权数 K_3	施工经验权数 K_4
50	40	5	5

表2.3　各投标单位的基本情况

	报价 /万元	投标日期 /月	近5年工程的 优良率/%	承包工程产值 /万元	同期承包类似工程 产值/万元
A	4 800	35	40	60 000	18 000
B	4 900	30	55	50 000	25 000
C	5 010	34	30	40 000	8 000
D	4 750	38	32	48 000	9 600

【解】　评价步骤如下:

(1)通过各指标计算公式计算每个投标人情况,如表2.4所示。

(2)用事先确定的评分标准计算出相对报价分数。

相对报价的评分标准及评分方法是:在有效报价幅度内,排出评分顺序和标准,一般情况下,视审定标底为合理报价,以100%作为中准线,即第一标线。当有效报价为94% ~104%时,以第一标线为中准线,自下而上,每相差1%为一档,左右排列出标号,即99%为第二标线,101%为第三标线……以此类推。评分标准在第一标线得6.0分,每相差一个标线递减0.2分,第十一标线4.0分(见图2.1)。

当相对报价在两标线之间时,采用四舍五入进入相邻标线评分。根据图2.1可得出4个投标单位相对报价得分分别为 $S_A = 4.6, S_B = 5.4, S_C = 6.0, S_D = 4.2$。

表2.4　每个投标单位的指标情况

指标 单位	相对报价 O_p	工期缩短率 O_t	优良工程率 O_n	近5年承包类似工程的 经验率 O_g
A	96%	2.8%	40%	30%
B	98%	16.7%	55%	50%
C	100.2%	5.6%	30%	20%
D	95%	−5.6%	32%	20%

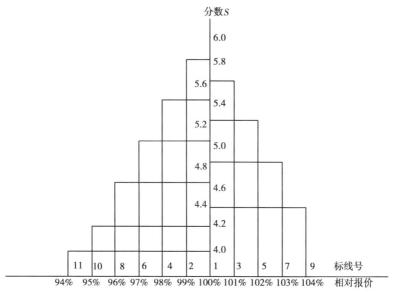

图2.1　相对报价的评分标准及评分方法

(3)计算每个投标单位各指标得分及总分,如表2.5所示。

表2.5　每个投标单位各指标得分及总分

目标	报价合理	工期适当	企业信誉良好	施工经验富足	总分 $\sum$	名次
指标	相对报价 O_p	工期缩短率 O_t	近5年工程优良率 O_n	近5年承包类似工程经验率 O_g		
计算公式	SK_1	Q_tK_2	O_nK_3	O_gk_4		
单位	得分	得分	得分	得分		
A	2.30	1.12	2.00	1.50	6.92	3
B	2.70	6.68	2.75	2.5	14.63	1
C	3.00	2.24	1.50	1.00	7.74	2
D	2.10	−2.24	1.60	1.00	2.46	4

通过上述的目标评标方法和步骤,投标单位 B 最后中标。

11)发出中标通知书

招标人应当自确定中标人之日起 3 日内,向中标人发出由交易中心确认的中标通知书,并将中标结果以书面方式通知落标人。

未经交易中心确认的中标通知书无效。

12)签订承发包合同

招标人应当自中标通知书发出之日起 30 日内,按照中标标价、招标文件和投标文件的内容,与中标人签订承发包合同。

中标人拒绝签订合同的,保证金不予退回。招标人拒绝签订合同的,应当向中标人支付双倍保证金。但招标人提供证据证明中标人有下列行为之一的,经建设行政主管部门确认,该中标无效,招标人可以不与中标人签订合同。

①中标人与其他投标人串通进行投标的。

②中标人以他人的名义进行投标的。

③中标人弄虚作假骗取中标的。

④施工招标的中标人与招标人与之选定的建设监理单位有隶属关系的。

⑤法律、法规规定的其他损害招标人利益或社会公共利益的。

2.2.4　园林工程招标文件示例

××职业技术学院校园园林绿化工程招标文件

一、工程概况

1.工程名称:××职业技术学院校园园林绿化工程

2.项目建设依据和条件:××职业技术学院绿化图纸和苗木采购项目清单

二、工程范围、内容、工期和质量要求

1.具体范围及界限详见绿化工程图纸等招标组成文件。

2.工期:开工日期签约后确定,工期为 60 日(因季节原因而不能施工部分由校方通知,并在15 日内完工)。

3.质量要求:绿化的种植及养护技术要求。

(1)种植土要求理化性能好,结构疏松、通气、保水、保肥能力强(植树要求 0.5 m 半径圆范围及树根下 0.3 m 必须是优质土壤;其他种植土壤的平整及回土据现场勘察自行估算)。

(2)绿地应按设计要求构筑地形。

(3)种植材料:观叶植物,叶色鲜艳,叶簇丰满;造型树种,造型优美。苗木应根系发达,生长苗壮,无病虫害,规格应符合设计要求;小乔木、大乔木要求有三级以上分支的全冠树木。

(4)苗木挖掘、包装要求符合现行行业标准《城市绿化和园林绿地用植物材料——木本苗》。

(5)播种用的草坪、草花、地被植物种子均应注明品种、品系、产地、生产单位、采收年份、纯净度及发芽率,不得有病虫害。自外地引进种子应有检疫合格证。发芽率达 90% 以上方可使用。

(6)种植穴、槽挖掘前,应向有关单位了解地下管线和隐蔽物埋设情况。

(7)种植穴、槽的定点放线应符合下列规定:

①种植穴、槽定点放线应符合设计图纸要求,位置必须标准。

②行道树定点遇有障碍物影响株距时,应与业主单位取得联系,签字同意后进行适当调整。

(8)挖穴、槽后,应施入腐熟的有机肥作为基础,基肥上再覆盖一层种植土才能放入苗木种植。

(9)苗木运输量应根据种植量确定。苗木在装卸车和起吊时应轻吊轻放,不得损伤苗木和造成散球。

(10)苗木运到现场后应及时栽植。

(11)大乔木和小乔木类树木修剪应在保持原有树形的基础上适当进行。

(12)种植的质量应符合下列规定:

①种植应按设计图纸要求核对苗木品种、规格及种植位置。

②种植应保持对称平稳,行道树或行列种植树应在一条线上,相邻植株规格应合理搭配,高度、干径、树形近似,种植的树木应保持直立,不得倾斜,应注意观赏面的合理朝向。

③绿篱、色块种植,株行距应均匀,树形丰满的一面应向外,按苗木高度、树干大小搭配均匀。

④种植带土球树木时,不易腐烂的包装物必须拆除。

(13)树木种植后及时浇好定根水,种植胸径5 cm以上的乔木,应设支撑固定,风暴季节,还应随时做好检查工作。

(14)及时防病治虫,防病治虫应注意环境保护。

(15)树木生长期要求每年追施一次肥,花灌木应在花前、花后各进行一次追肥。树木休眠期,需施一次生态有机基肥。

(16)及时按设计意图搞好色块和草坪的修剪,灌木要求或平整或丰满;特殊造型树种应修剪成形。草坪高度控制在4～6 cm。

(17)及时挑除杂草,以保持绿地绿化效果的完好。随时整理清除枯叶残花。

(18)发现枯死植物应及时挖除和补植,补植的树木,应与原树在品种、规格、树形和质量上基本一致。

(19)施用化肥、药剂不得污染环境。

(20)保持绿地清洁卫生。

(21)养护日期是验收通过之次日起计算,时间为1年,中间如有补种,时间则按补种之次日开始计算,时间仍为1年,补种的树木,其胸径等要与正常生长的同种树木相同。

总之,植树地形、苗木规格、种植位置必须严格按图、按种植要求施工,质量必须达到合格,工程由招标采购单位负责监理和验收。

三、招标内容

苗木采购、运输、运土,植地造型种植,支架费用,养护,要求1年内养护、保活。

四、招标须知

1. 开标时,投标人须携带营业执照(副本)、绿化工程四级以上资质证(副本)、法人代表授权委托书及授权人身份证。

2. 投标企业必须具备三级以上(含三级)绿化施工资质,拟派出的项目负责人须具有市政公用工程二级建造师及以上或建筑工程二级建造师及以上。

3. 近两年有两项以上的类似项目业绩。

4. 标书填写文字和数字应清楚,不得涂改,如有涂改者,必须有投标法人代表签名。

5. 投标人将标书填妥后,按要求密封。投标截止日期为2012年3月30日下午2:00整。

6. 2012年4月5日,下午15:00点在××区行政服务中心北楼507室开评标。

7. 定于2012年3月10日,组织踏查施工现场,解答有关招投标中的一切问题。

8. 本工程在拿取标书时交纳标书费和投标保证金:分别为人民币贰佰元和壹万元整。如中标则自动转为履约保证金,不中标者则于开标结束后按规定退还。

9. 本工程提供详细的实物工程清单。

五、投标文件密封要求

1. 投标书一式6份,正1份、副5份,注明正、副本,装袋密封,加盖法人章、单位公章。

2. 统一使用××区招标办印制的投标袋及密封笺,并按要求 3 侧密封并加盖公章及法人代表骑缝章。

3. 不符合以上要求的投标文件视为废标。

六、评标与定标

本工程施工招标采用综合评估法,分值分布为:综合评估法总分 100 分。分值分布为质量 3 分,工期 3 分,施工组织设计 20 分,项目负责人答辩 2 分,投标项目经理业绩 2 分,投标报价 70 分。

1. 工程质量(满分 3 分):投标人在投标文件中对质量的承诺不满足招标文件的要求时作为废标处理。投标人在投标文件中对质量的承诺满足招标文件的要求得 3 分。

2. 施工工期(满分 3 分):投标人在投标文件中所报工期不满足招标文件要求的将被视为无效投标文件;满足招标文件要求得 3 分。

3. 施工组织设计(满分 20 分):施工组织设计得分必须达到应得分的 60%(含本数)以上,否则该施工组织设计被视为不可行。当施工组织设计与发包情况不符,或违反强制性国家标准,或按照该技术文件的措施和方法进入施工后预计会出现质量或安全事故的,该施工组织设计也将被视为不可行。

按以下项目及分值对投标人的施工组织设计进行评分:

①施工总体部署 3 分。

②结合本工程特点的针对性措施 4 分。

③主要施工方法 4 分。

④质量安全保证体系及措施 3 分。

⑤施工进度计划及工期保证措施 2 分。

⑥施工平面布置图 2 分。

⑦为完成本招标工程需制订的其他措施或方案等 2 分。

此处计分方法技术评委评分得分:去掉一个最高分,去掉一个最低分,汇总平均后的得分为其技术标得分。

4. 项目负责人答辩(2 分)。

答辩题在评标委员会详细评审后、答辩前拟订,由评标专家现场出题,招标人书面分发给投标人,项目经理答辩时限由评委会根据答辩题难度现场确定。答辩应由携带身份证明的项目经理独立完成,不得携带投标文件等相关参考资料和使用通信工具,投标项目经理书面解答后由招标人提交评标委员会评审。

项目经理答辩采用书面答辩形式,同一标段答辩题目一致。答辩具体内容由评标委员会根据招标文件和投标文件、工程的专业特性及其他因素,现场确定项目经理应答辩的问题,主要包括:所投标段工程概况、特点、控制、重难点、节点及因素分析,采用的技术标准,工期、安全、质量目标,施工组织网络关键线路,工程进度计划,主要施工方案,针对性措施,以及实现工期、质量、安全、环保、水保目标和投资控制等方面的措施。

5. 投标人项目经理业绩(2 分)。

对于投标项目负责人承担的类似工程获得省辖市级市优、省优、鲁班奖奖项的给予加分,其中:省辖市级市优最高加 0.3 分,有效期 1 年;省优最高加 1 分,有效期两年;鲁班奖最高加 1.5 分,有效期 3 年。加分时只针对上述奖项中的一个最高奖项计分。

类似工程的认定:工程造价 2 000 万元及以上景观绿化工程。

对于投标项目负责人承担的工程获得省辖市及以上建设行政主管部门评定的"文明工地"奖项的给予加分,其中:省辖市级最高加 0.1 分,省级最高加 0.3 分,国家级最高加 0.5 分,有效期均为 1 年。加分时只针对上述奖项中的一个最高奖项计分。安全文明工地奖项项目业绩,无须类似工程的认定。

项目业绩的认定应同时具备以下几项条件:①中标通知书或直接发包通知书(未注明中标项目经理、未经招投标监管部门盖章备案的须提供项目所在地招投标监管部门出具的核验证明);②施工合同;③由建设单位、设计单位、监理单位、施工单位共同盖章认可的竣工验收报告(安全文明工地奖项不需提供本项材料);④各级建设行政主管部门颁发的优质工程获奖证书或按照规定在招标文件中列明的有关获奖证书。以上资料须提供原件证明材料,且中标通知书或直接发包通知书、施工合同、竣工验收报告中所注明的项目经理名称应与拟加分项目经理名称一致,如有变更,则应附项目经理变更备案手续,否则该项目业绩不予认可。有关证书、业绩有效期从其所提供证明材料中最近的日期开始推算(以本次开标日期为准对年对月)。提供的材料中涉及评标的相关数据不一致的,以数额较小的为准。上述奖项不是投标人承接的工程,不予计分。其他奖项也不予计分。

6. 投标报价 70 分。

(1)已经评审的不低于成本的最低投标价格得最高分 70 分,并以此为基准确定其他投标人的价格得分,投标价格高于该基准价格的,每高出 1% 扣 0.5 分。

(2)是否低于成本的判定。在详细评审阶段,对投标报价的评审应当以初步评审后得出的价格为依据。投标报价低于成本评审的方法如下:

设低于招标控制价的所有投标人投标报价的算术平均值为 A,若投标报价低于招标控制价的投标人为 7 家或 7 家以上时,去掉其中的一个最高投标报价和一个最低投标报价后取算术平均值为 A,则:

招标最低控制价 $C = A \times K$

K 值在开标前由投标人推选的代表随机抽取确定,K 值的取值范围为 95% ~ 98%。

C 值一经确定,在后续的评审中出现的任何情形都将不改变 C 值的结果。投标报价低于招标最低控制价的,按废标处理,可以防止投标企业低于成本恶意竞标。

七、付款方式

完成种植,经验收合格后支付总价 95%,余下 5% 作为质量保证金,1 年养护期满后,按实际成活量及种植面积结清余款。

八、合同签订

中标单位于中标之日起两个工作日内必须与招标人签订施工合同。如施工中违反招标文件合同有关约定,招标人有权终止合同,并没收其保证金。

九、投标资料内容

1. 授权委托书原件。

2. 施工方案。

3. 投标报价表。

4. 投标人认为有必要的其他资料。

十、本次招投标最终解释权属××区招投标中心所有

2.3　园林工程投标

园林工程投标就是指投标人(承包商)愿意按照招标人规定的条件承包工程、编制投标书，提出工程造价、工期、施工方案和保证工程质量的措施，在规定的期限内向招标人投函，请求承包工程建设任务的活动。

2.3.1　投标程序

园林工程投标的一般程序如图2.2所示。

2.3.2　递交投标申请书，投标资格审查

投标申请书应按下列要求编制和填写：

①按招标公告或招标邀请书的要求填写。

②报送的有关内容应完全符合资格预审文件所要求的标准。

③报送资格预审的所有内容中应有证明文件。

④对施工设备要有详细的性能说明。

⑤报送的预审资料应有一份原件及数份复印件，并按指定时间、地点报送。

根据《中华人民共和国招标投标法》第十八条规定，招标人可以对投标人进行资格预审。招标方式不同，招标人对投标人资格审查的方式、时间和要求不一样。如在国际工程无限竞争性招标中，在投标前进行资格审查，称作资格预审，只有资格预审通过的承包商才可以参加投标；也有些国际工程无限竞争性招标不在投标前审查，而是在开标后进行资格审查，称作资格后审。在国际工程有限竞争招标中，通常是在开标后进行资格审查，并且将资格审查作为评标的一项内容，与评标结合起来。

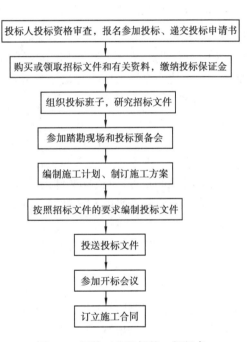

图2.2　园林工程投标的一般程序

我国建设工程招标中，一般要求先进行资格审查，审查通过后才有资格参加工程项目投标，但资格审查的具体内容和要求会视具体情况有所区别。工程项目招标基本要求按招标人编制的资格预审文件进行资格审查。报名参加公开投标的单位，应向招标人提供以下材料(如是联合体投标应填报联合体每一成员的资料)：

①具有招标条件要求的企业营业执照和资质等级证书。

②企业简历。包括承担过类似项目的相关工作，并有良好的工作业绩与履约记录。

③自有资金情况。

④全员职工人数和施工机械设备情况。包括技术人员、技术工作数量及平均技术等级等，企业自有主要施工机械设备一览表。

⑤在最近3年承建的主要工程及其质量情况。投标当年没有发生重大质量和特大安全事故。

⑥现有主要施工任务，包括在建和尚未开工工程一览表。

为了顺利通过资格预审，投标人应在平时就准备齐全与一般资格预审相关的资料，例如财务状况、施工经验、人员机械、工程业绩奖惩等通用审查内容。在决策是否投标时，就收集信息，如有合适项目，要及早动手准备资格审查工作，找出差距，如公司存在自己解决不了的问题，则应考虑寻找适宜的合作伙伴组成联合体来参加投标。

2.3.3　投标准备工作

进入建设工程市场进行投标，必须做好一系列的准备工作，准备工作充分与否对中标率和中标后的工程赢利水平都有很大影响。投标准备包括投标经营阶段和报价准备阶段。

1）投标经营

（1）组成投标班子　在企业决定要参加某园林工程项目投标之后，就必须着手挑选经验丰富的人员组建一个高效的投标班子。挑选的人员最好由多方面的人才组成，以满足以下条件。

①熟悉了解招标文件（包括合同条款），会拟订合同文稿，对投标、合同谈判和合同签订有丰富经验。

②对《招标投标法》《合同法》《建筑法》等法律法规有一定了解。

③不仅需要熟悉工程施工和工程估价的工程师，还要有具有设计经验的设计师参加，以便从设计或施工的角度，对招标文件的设计图纸提出改进方案，以节省投资和加快施工进度。

④要有熟悉物资采购和园林植物的人员参加，因为工程的材料、设备往往占工程造价的一半以上。

⑤有精通工程报价的经济师参加。

一个企业应该有一个按专业分组的稳定的投标班子，但应避免把投标人员和工程施工人员完全分开。因投标人员参与了项目的前期准备工作、投标书的编制、施工合同的签订、施工方案的制订，对拟建工程项目已有一个总体的认识，部分投标人员必须参加所投标项目的实施，这样才能减少工程失误的出现，不断总结经验，提高投标人员的水平。

（2）联合体　我国《招标投标法》第三十条规定，两个以上法人或者其他组织可以组成一个联合体，以一个投标人的身份共同投标。

①联合体各方面应具备的条件。我国《招标投标法》规定，联合体各方面均应具备承担招标项目的能力。所谓国家规定包括3个方面：一是《招标投标法》和其他有关法律的规定；二是行政法规的规定；三是国务院有关行政主管部门按国务院确定的职责范围所做的规定。《招标投标法》除对招标人的资格条件做出具体规定外，又专门对联合体做出要求，目的是明确不是因为是联合体就该降低对投标人的要求，这一规定对投标人和招标人都具有约束力。

②联合体内部各方内部关系和其对外关系。中标的联合体各方应当共同与招标人签订合同，并应在合同书上签字或盖章。在同一类型的债权债务关系中，联合体任何一方均有义务履行招标人提出的要求。招标人可以要求联合体的任何一方履行全部义务，被要求的一方不得以

"内部订立的权利义务关系"为由而拒绝履行义务。

③联合体的优缺点。

a.可增大融资能力。大型建设企业项目需要有巨额的履约保证金和周转资金,资金不足无法承担这类项目,即使资金雄厚,承担这一项目后就无法再承担其他项目了。采用联合体可以增大融资能力,减轻每一家公司的资金负担,实现以较少资金参加大型建设项目的目的,其余资金可以再承包其他项目。

b.分散风险。大型工程风险因素很多,如果由一家公司承担全部风险是很危险的,所以有必要依靠联合体来分散风险。

c.弥补技术力量的不足。大型项目需要使用很多专门的技术,而技术力量薄弱和经验少的企业是不能承担的,即使承担了也要冒很大的风险,同技术力量雄厚、经验丰富的企业成立联合体,使各个公司相互取长补短,就可以解决这类问题。

d.报价可相互检查。有的联合体报价是每个合伙人单独制订的,要想算出正确和适当的价格,必须互查报价,以免漏报和错报。有的联合体报价是合伙人之间相互交流和检查制订的,这样可以提高报价的可靠性,提高竞争力。

e.确保项目按期完工。通过对联合体合同的共同承担,提高项目完工的可靠性,同时对业主来说也提高了对项目合同、各项保证、融资贷款等的安全性和可靠性。

但也要看到,由于联合体是几个公司的临时合伙,所以有时在工作中难以迅速做出判断,如协作不好则会影响项目的实施,这就需要在制订联合体时明确权利和义务,组成一个强有力的领导班子。

联合体一般是在资格预审前即开始制订内部合同与规划,如果投标成功,则在项目实施全过程中予以执行,如果投标失败,则联合体立即解散。

2)报价准备

(1)对是否参加投标的决策　参加园林工程投标的首要任务,是在获取招标信息后,对是否参加投标竞争进行分析、讨论,并做出决策,承包商关于是否参加投标的决策是其他投标步骤产生的前提。承包商在进行是否参加投标的决策时,应考虑到以下几个方面的问题:

①承包招标项目的可行性与可能性。如企业各项自身的业务能力(包括技术力量、设备机械等)是否可以承包该项目,能否抽调出管理力量、技术力量参加承包,竞争对手是否有明显的优势等。

②招标项目的可靠性。如项目的审批程序是否已经完成,资金是否已经落实等。

③招标项目的承包条件。如果承包条件苛刻,自己无力完成施工,一可放弃投标,二可提高标价让其自然淘汰。

对于是否参加投标的决策,承包商的考虑务求全面,有时一个很小的条件未能满足都可能导致投标的失败。一般来讲,有下列情形之一的招标项目,承包商不宜决定参加投标:

①工程资质要求超过本企业资质等级的项目。

②本企业业务范围和经验能力之外的项目。

③本企业在手承包任务比较饱满,而招标工程的风险较大或盈利水平较低的项目。

④本企业投标资源投入量过大时面临的项目。

⑤有在技术、信誉、水平和实力等方面具有明显优势的潜在竞争对手参加的项目。

(2)熟悉招标文件　经招标人对报名参加投标的施工企业的资格审查,合格者可领到或购

买招标人发送的招标文件,认真研究工程条件,包括工程施工范围、工程量、工期、质量要求及合同主要条件等,弄清承包责任和报价范围。模糊不清或把握不准之处,应做好记录,拟在招标交底或答疑会上给予澄清。在此过程中应特别注意对标价计算可能产生的重大影响的问题。包括:

①关于合同方面。诸如工期、延期罚款、保函要求、保险、付款条件、税收、货币、提前竣工奖励、争议、仲裁、诉讼法律等。

②材料、设备和施工技术要求方面。如采用哪种规范、特殊施工和特殊材料的技术要求等。

③工程范围和报价要求方面。如承包商可能获得补偿的权利。

④熟悉图纸和设计说明,为投标报价做准备。熟悉招标文件,还应理出招标文件中含糊不清的问题,及时提请业主澄清。

(3)招标前的调查与现场考察　这是投标前的重要一步,如果在招标决策阶段已对拟招标地区做了较深入的调查研究,则拿到招标文件后只需要做针对性的补充调查即可。

现场考察主要是指去工地进行考察。招标单位一般在招标文件中注明现场考察的时间和地点,在文件发出后就要安排投标者进行现场考察,全面、仔细地调查了解工地及其周围的政治、经济、地理等情况。

现场考察应从下述 5 个方面调查了解:

①工程的性质以及与其他工程之间的关系。

②投标者投标的工程项目标段与其他承包商或分承包商标段之间的关系。

③现场地质条件、气候、交通情况、临时供电、供水、通信等情况,有无障碍物等。

④工地附近有无住宿条件、料场开采条件、其他加工条件、设备维修条件等。

⑤当地劳动力资源和材料资源,地方材料价格等。

(4)通过分析招标文件,校核工程量、编制施工规划

①全面分析招标文件。招标文件是招标的主要依据,应仔细地分析研究招标文件,主要应放在招标者须知、专用条款、设计图纸、工程范围以及工程量表上,是承包商制订投标书的依据,最好有专人或小组研究技术规范和设计图纸,明确特殊要求。如果忽略招标文件的部分内容,或者对招标文件理解错误,都将招致招标决策的失误。

对于招标文件已确定不可变更的,应侧重分析有无实现的可能,以及实现的途径、成本等。对于某些要求承包商与其他单位有无配合的可能。另外,还应该特别注意招标文件中存在的问题,如文件内容是否有不确定、不详细、不清楚的地方;是否还缺少其他文件、资料或条件。

最后,还应该对合同签订和履行中可能遇到的风险做出分析。

②校核工程量。对于招标文件中的工程量清单,投标者一定要进行校核,因为这直接影响中标机会和投标报价。对于无工程量清单的招标工程,应当计算工程量,其项目一般可以单价项目划分为依据。在校核中如发现相差较大,投标者不能随便改变工程量,而应致函或直接找业主澄清。尤其对于总价合同要特别注意,如果业主投标前不给予更正,而且是对投标者不利的情况,投标者应在投标时附上说明。投标人在核算工程量时,应结合招标文件中的技术规范弄清工程量中每一细目的具体内容,才不至于在计算单位工程量价格时出错。如果招标的工程是一个大项目,而且招标时间又比较短,则投标人至少要对工程量大而且造价高的项目进行核实。必要时,可以采取不平衡报价的方法来避免由业主提供工程量的错误而带来的损失。

③编制项目实施方案。承包商应确定合理的实施方案和项目进度安排,这是承包商工程预

算的依据,也算是业主选择承包商的重要因素。因此,承包商确定的实施方案应务求合理、规范、可行。

实施方案应以施工方案为主。施工方案包括具体方案、工程进度计划、现场平面布置方案等内容。制订方案时应尽可能多地考虑几个途径,以便于比较。

2.3.4　投标报价、投标策略和作价技巧

投标报价是指承包企业根据招标文件及有关计算工程造价的资料,分别计算单项工程价格,分部工程造价及工程总造价。在工程造价的基础上,再考虑投标策略以及各种影响工程造价的因素,然后提出投标报价。因此,报价是工程施工投标的关键。

园林工程投标策略是园林工程承包经营决策的重要组成部分,它直接关系到能否中标和中标后的效益。承包商既要想在投标中获胜,即中标拟承包工程,然后又要从承包工程中赢利,就需要高度重视投标策略,即研究"投标策略"和"作价技巧"。而"策略"和"技巧"来自承包商的经验积累,对客观规律的认识和对实际情况的了解,同时也少不了决策的能力和魄力。

1)投标标价的编制

(1)计价依据

①工程计价类别。

②执行的园林绿化工程预算定额标准及取费标准。

③执行的人工、材料、机械设备、政策性调整文件等。

④企业内部制订的有关取费、价格等的规定、标准。

⑤招标工程的设计图纸和有关说明或工程量清单。

⑥经过招标管理部门批准的招标文件。

⑦施工现场的实际条件等。

⑧施工组织设计或施工方案。

⑨企业自行确定的各项收费及费率,包括利润率;

另外,在标价的计算过程中,对不可预见费用的计算必须慎重考虑,不要遗漏。

(2)计算程序

①熟悉施工图纸和招标文件,了解设计意图和工程概况。

②了解并掌握施工现场的情况。

③对招标单位提供的工程量清单进行审核。工程量的审核,视招标文件是否允许对工程量清单内所列工程量的误差进行调整来决定审核办法。

允许调整,就要详细审查工程量清单内所列各工程的工程量,对有较大误差的,通过招标单位答疑会提出调整意见,取得招标单位同意后进行调整。

不允许调整工程量的,无需对工程量进行详细的审查,只对主要项目或工程量大的项目进行审核,发现这些项目有较大误差时,可以利用调整这些项目单价的办法解决。

④工程量确定后进行工程造价的计算。

(3)计算方法

①标价可以按工料单价法计算。即按已审定的工程量,按照执行定额或市场的单价,逐项计算每个项目的合价,分别填入招标单位提供的工程量清单内,计算出全部工程直接费。再根

据企业自定的各项费率及法定税率,依次计算出间接费、计划利润及税金,得出工程总造价。

②标价也可按综合单价法计算。即填入工程量清单中的单价,应包含人工费、材料费、机械费、措施费、间接费、利润、税金以及材料差价等全部费用。将全部单价汇总后,即得出工程总造价。

计算标价时,可以在某些项目的工效、材料消耗或摊销量(如模板、脚手架等)、材料的询价、半成品的加工订货等方面,结合本企业实力及工程具体措施进行浮动,可以上浮,但主要应下浮,这样才有竞争力。另外,在取费、包干系数以及工程施工特殊技术措施等方面,其浮动的余地更多,也是投标报价水平的主要体现。因此,应多下工夫,精打细算,报出有竞争力的报价来。

2)园林工程投标策略

当经过了是否参加投标、全面分析招标文件、综合分析项目所处的内部外部环境、确定项目的实施方案并进行工程预算等步骤后,决定对某一工程进行投标时,这就需要确定采取一定的投标策略,达到有中标的机会,又有赢利的目的。常见的投标策略有以下几种:

①靠经营管理水平取胜。这主要靠做好施工组织设计,采取合理的施工技术和施工机械,精心采购材料、设备,选择可靠的分包单位,安排紧凑的施工进度,力求节省管理费用等,从而有效地降低工程成本而获得较大的利润。

②靠改进设计和缩短工期取胜。认真研究原设计图纸,发现有不够合理之处,提出能降低造价的修改设计建议,以提高对业主的吸引力。另外,靠缩短工期取胜,如比规定的工期有所缩短,达到早投产、早收益,有时甚至标价稍高,对业主也是很有吸引力的。

③低利政策。主要适用于承包任务不足时,与其坐吃山空,不如以低利承包到一些工程,也还是有利的。此外,承包商初到一个新的地区,为了打入这个地区的承包市场,建立信誉,也往往采用这种策略。

④报价虽低,却着眼于施工索赔。报价甚至可低于成本,但千方百计地从设计图纸、标书、合同中寻找索赔机会,有时亦可盈利甚至获得较高的利润。

⑤着眼于发展,为争取将来的优势,而宁愿目前少盈利。承包商为了掌握某种有发展前途的工程施工技术(如海洋工程等),就可能采用这些策略。这是一种较有远见的策略。

3)园林工程作价技巧

投标策略一经确定,就要具体反映到作价上。园林工程投标活动的核心和关键是作价问题,而作价需有一定的操作技能和诀窍,策略和技巧两者必须相辅相成,才能达到既中标又盈利的目的。常见的投标报价技巧主要有:

(1)扩大标价法　这是指除按正常的已知条件编制标价外,对工程中变化较大或没有把握的工作项目,采用增加不可预见费的方法,扩大标价,减少风险。这种做法的优点是中标价即为结算价,减少了价格调整等麻烦,缺点是总价过高。

(2)不平衡报价法　不平衡报价法又叫前重后轻法,是指一个工程项目的投标报价,在总价基本确定后,可调整内部各个项目的报价,以使其既不提高总价、不影响中标,在中标后满足资金周转的需要,又能在结算时得到更理想的经济效益。不平衡报价的通常做法是:

①能早日结算收回工程款的土方、基础等前期工程项目,单价可适当报高些,以利于资金周转。对水电设备安装、装饰等后期工程项目,单价可适当降低。

②经过工程量核算,预计今后工程量会增加的项目,单价适当提高,这样在最终结算时可多赚取利润,而将工程量完不成的项目单价降低,工程结算时损失不大。

③对设计图纸内容不明确或有错误,估计修改后工程量要增加的项目,单价可适当报高些,而对工程项目明确的项目,单价可适当报低些。

④对没有工程量只填单价的项目(如土方中的挖淤泥、岩石等),或招标人要求采用包干报价的项目,单价宜报高些,因为它不在投标总价之内,不影响投标总价,以后发生时又可获利。工程内容说不清楚的,则可降低一些单价,待澄清后再要求提价。

⑤对暂定项目(任意项目或选择项目)中实施可能性大的项目,单价可报高些,预计不一定实施的项目,单价可适当报低些。

(3)多方案报价法　这是指对同一招标项目出来按招标文件的要求编制了一个投标报价方案以外,还编制了一个或几个建议方案。多方案报价法有时是招标文件中规定采用的,有时是承包商根据需要决定采用的。承包商决定采用多方案报价法,通常主要有以下两种情况:

①对于一些招标文件,如果发现工程范围不很明确、条款不清楚或很不公平,技术规范要求过于苛刻时,则要在充分估计投标风险的基础上,先按招标文件报一个价,然后再提出"如某条款做某些变动,报价可降低多少",以引起业主对本企业感兴趣。

②如发现设计图纸中存在某些不合理并可以改进的地方或可以利用某项新技术、新工艺、新材料替代的地方,或者发现自己的技术和设备满足不了招标文件中设计图纸的要求,可以先按设计图纸的要求报一个价,然后再另附上一个修改设计的比较方案,或说明在修改设计的情况下,报价可降低多少。这种情况,通常也称作修改设计法。

(4)突然降价法　报价是一项保密的工作,但是对手往往通过各种渠道、手段来刺探情况,因而在报价时可以采取迷惑对方的手法,即先按一般情况报价或表现出自己对该工程兴趣不大,但到临近投标截止日期时,再突然降低报价。

采用这种方法时,一定在准备投标报价的过程中考虑好降低的幅度,在临近投标截止日期时,根据情报信息与分析判断,做出最后决策。

2.3.5　制订工程项目实施方案

项目实施方案是承包商工程预算的依据,也算是业主选择承包商的重要因素。

实施方案以施工方案为主,施工方案内容一般包括具体方案、施工方法、施工进度计划、施工机械和材料、设备和劳动力计划、临时生产和生活设施。制订施工方案的依据是设计图样,经复核的工程量,招标文件要求的开工、竣工日期以及市场材料、机械设备、劳力价格的调查。施工方案编制的原则是在保证工期和工程质量的前提下,尽量使成本最低,利润最大。

1)选择和确定施工方法

根据工程类型,研究可以采用的施工方法。对于一般的土方工程、混凝土工程、园林建筑小品工程、灌溉工程等比较简单的工程,可结合已有施工机械及人工技术水平来选定施工方法,努力做到节省开支,加快速度;对于大型复杂工程则要考虑几种施工方案,进行综合比较。

2)选择施工设备和施工设施

一般与选择施工方法同时进行,在工程评估过程中还要不断进行施工设备和设施的比较,决定是利用旧设备还是采购新设备,其中需要对设备的型号、配套、数量(包括使用数量和备用数量)进行比较。还应研究哪些类型的机械可以采用租赁方法,对于特殊、专用设备的折旧率需进行单独考虑,在确定订货设备清单时还应考虑辅助和修配用机械以及备用零件。

3)编制施工进度计划

编制施工进度计划应紧密结合施工方法和施工设备的选定进行。施工进度计划中应提出各时间段内应完成的工程量及限定日期。施工进度计划是采用网络进度计划还是线条进度计划,应根据招标文件要求而定。在投标阶段,一般用线条进度计划即可满足要求。

2.3.6　标书的编制

标书一般包括商务标和技术标两块,商务标主要指投标报价,也包括公司的资质、执照、获奖证书等方面;技术标主要包括施工组织设计方面的内容。因此,标书的主要内容主要包括标价、工期、施工组织设计或施工方案等方面。编制标书时,不能全部套用定额及其单价、法定的取费标准以及工期定额等依据,而是应结合本企业的实际水平,同时还应考虑投标企业内外部各种因素,进行适当的浮动,才具有一定的竞争能力。

投标文件的组成应根据工程所在地建设市场的常用文本内容确定,招标人应在招标文件中做出明确的规定。

1)商务标编制内容

商务标的文本格式较多,各地都有自己的文本格式,我国建设工程工程量清单计价规范规定商务标应包括:

①投标总价及工程项目总价表。
②单项工程费汇总表。
③单位工程费汇总表。
④分部分项工程量清单计价表。
⑤措施项目清单计价表。
⑥其他项目清单计价表。
⑦零星工程项目计价表。
⑧分部分项工程量清单综合单价分析表。
⑨项目措施费分析表和主要材料价格表。

2)技术标编制内容

技术标通常由施工组织设计、项目管理班子配备情况、项目拟分包情况、替代方案及报价4部分组成。具体内容如下:

(1)施工组织设计　投标前施工组织设计的内容有:主要施工方法、拟在该工程投入的施工机械设备情况、主要施工机械配备计划、劳动力安排计划、确保工程质量的技术组织措施、确保安全生产的技术组织措施、确保工期的技术组织措施、确保文明施工的技术组织措施等,并应包括以下附表:

①拟投入的主要施工机械设备表。
②劳动力计划表。

③计划开、竣工日期和施工进度网络图。

④施工总平面布置图及临时用地表。

(2)项目管理班子配备情况　项目管理班子配备情况主要包括项目管理班子配备情况表、项目经理简历表、项目技术负责人简历表和项目管理班子配备情况辅助说明等资料。

(3)项目拟分包情况　技术标投标文件中必须包括项目拟分包情况者。

(4)替代方案及其报价　投标文件中还应列明替代方案及其报价。

2.3.7　标书的投送

标书编制后,应将正本和副本(两份)装入投标书袋内,在投标书袋上口加贴密封条,并加盖两枚单位公章和法人代表印鉴,在规定的时间内送达交易中心。招标人接到投标书经检查确认密封无误后,应登记并签发收据,装入专用标箱内。

标书发出后,如发现有遗漏和错误,允许进行补充修正,但必须在投标截止日期以正式函件送达招标人,否则无效。投标人的补充、修改或撤回通知,应按招标文件中投标须知的规定编制、密封、加写标志和递交,并在内层包封标明"补充""修改"或"撤回"字样。补充、修改的内容,应视为标书附件,招标人应予承认,并作为评标、决标的依据之一。根据投标须知的规定,在投标截止时间与招标文件中规定的投标有效期终止日之间的这段时间内,投标人不能撤回投标文件,否则其投标保证金将不予退回。

标书中单项(位)工程总价不等于投标报价总金额或不等于单项工程总价构成之和时,一律以报价总金额为准,无论属于计算错误或笔误均不做调整。

复习思考题

1.简述招标文件的主要内容。

2.简述园林工程招标的程序。

3.简述招标的方式。

4.简述招标文件的主要内容。

5.常用的园林工程投标技巧有哪些?

6.园林工程投标标书的主要内容有哪些?

7.简述园林工程施工合同的内容。

实验实训

园林工程招标投标模拟训练

1.目的要求

以××职业学院现代农业科技园园林建设项目为模拟对象,通过组织学生参加园林建设工程模拟招标会熟悉邀请招标和投标的程序,掌握招投标文件的编制。

2.实训用具、用品

有关园林工程招标文件案例、招标公告案例、水笔、A3 白纸、计算器、园林建设工程图纸等。

3.内容与方法

1)角色定位

(1)组织学生按角色定位组建团队

①招标人:××职业学院现代农业科技园工程建设指挥部。

②招标代理人:广东招标代理有限公司。

③投标人:

a.广州白云园林工程有限公司;

b.深圳园林装饰工程有限公司;

c.广东电白建筑工程有限公司;

d.中国海外建设集团有限公司;

e.广州建筑集团。

④评审专家库。

(2)岗位描述

各小组学生分别担任不同工作职位,并指定一个负责人。各团队讨论,给自己团队起口号,并设计队徽(用水笔在 A3 白纸上绘出),以及构思计划如何成功中标。

2)实训准备内容

(1)招标文件方案设计

①搜集工程施工招标投标人资质要求相关政策、法规文件;

②搜集工程施工招标投标人资质要求设置相关案例;

③根据相关资料,拟订一份本项目投标人资质要求;

④根据相关资料,拟订一份本项目投标人业绩要求;

⑤根据相关资料,拟订一份本项目投标人在人员、设备、资金等方面具有承担本标段施工的能力要求。

(2)资格预审文件

①搜集工程施工招标资格预审相关政策、法规文件;

②搜集工程施工招标资格预审相关案例;

③搜集工程施工招标资格预审标准范本;

④根据项目背景资料,形成本项目工程施工招标资格预审文件模板。

(3)资格证明文件

①搜集工程施工资格证明文件相关政策、法规文件;

②搜集工程施工资格证明文件相关案例;

③搜集工程施工资格证明文件标准范本;

④根据项目背景资料,形成本项目工程施工招标资格证明文件模板。

3)具体步骤

(1)邀请招标

①结合园林工程课程,各团队同学单独绘制拟建园林工程的图纸,并交任课教师初步审阅。

②招标人、招标代理人根据任课教师初步审阅的图纸编制招标文件,并向投标方发布投标邀请函。

③招标人、招标代理人编制标底并交任课教师审定。

④招标人、招标代理人对投标单位进行资格预审。

⑤招标人、招标代理人在任课教师的指导下组织投标单位现场答疑。

⑥招标人、招标代理人接受投标单位递交的标书。

(2)投标

①投标人接到招标人发布的投标邀请函后,向招标人取得招标文件。

②招标人向招标人办理园林工程投标资格预审,向招标人提交有关资料。

③投标人单独研究招标文件,熟悉投标环境。

④投标人分别确定投标策略。

⑤投标人单独编制投标书,根据招标文件的要求,在指定的时间前一天将投标书密封好交给招标代理人。

(3)开标、评标和决标

①开标应按招标文件确定的提交投标文件截止日期的同一时间公开进行,开标地点为招投标一体化教室。

②招标人为开标主持人,负责宣布评标方法,当场公开标底,当众检查启封各投标单位的投标书,如发现无效标书,经半数以上评委确认,当场宣布无效。

③评标时一般对各投标单位的报价、工期、主要材料用量、施工方案、工程质量标准和工程产品保修养护的承诺进行综合评价,为优选确定中标单位提供依据。

④常用评标方法有:加权综合评分法、接近标底法、加减综合评分法、定性评议法。甲组同学最好选择第一种评标方法进行评议。

⑤招标人按评标方法对投标书进行评审后,应提出评标报告,推荐中标单位,经任课教师认定批准后,由招标方按规定在有效期内发出中标和未中标通知书。

⑥中标通知书发出后一星期内由招标人与中标单位签订模拟园林工程施工承包合同。

4.实训报告

(1)招标人编制招标公告资格预审文件(重点是资格预审办法)。

(2)投标人资格证明材料文件。

(3)投标人编制资格证明文件。

实训项目背景

××职业学院现代农业科技园规划建设园林工程项目 5 000 m^2,投资估算约 600 万元,是今年该学院招标的第一个项目。学院指示现代农业科技园建设指挥部委托招标代理组织实施公开招投标工作,要求在 2013 年 9 月开工,工期 60 个日历日,最迟完工日为 2013 年 11 月 20 日。对投标单位指挥部要求如下:

(1)具有独立订立合同的能力。

(2)通过质量管理体系认证。

(3)企业未被处于责令停业、投标资格被取消或者财产被接管、冻结和破产状态。

(4)企业没有因骗取中标或者严重违约以及发生重大工程质量、安全生产事故等问题,被有关部门暂停投标资格并在暂停期内的。

（5）申请人资质类别和等级：园林绿化三级资质及以上。

（6）拟选派项目负责人资质等级：获得国家级园林绿化及相关专业中级及以上职称的技术人员；或具有中专以上（含中专）学历、获得园林绿化及相关专业初级职称3年以上的技术人员；或获得园林绿化及相关专业初级职称且从事园林绿化工作8年以上的技术人员。

（7）企业业绩、信誉：良好，近3年内（以2010年5月1日以后竣工验收的为准）承担过类似（审定价≥400万元的绿化景观）工程业绩。

（8）项目负责人业绩、信誉：与企业业绩要求相同。

（9）资格预审申请书中的重要内容没有失实或者弄虚作假。

（10）项目负责人无在建工程，或者虽有在建工程，但合同约定范围内的全部施工任务已临近竣工阶段，并已经向原发包人提出竣工验收申请，原发包人同意其参加其他工程项目的投标竞争，且开标前该在建工程必须竣工（以竣工验收报告为准）。

（11）投标申请人办理投标报名、资格审查、领取招标文件、开标事宜必须由企业法定代表人（或法定代表人委托代理人）办理，委托代理人必须为本企业在职职工（必须提供近期社保证明，社保证明必须有政府相关部门盖章，否则不予报名）。

（12）招标人不接受联合体投标。

（13）招标人可以拒绝××市规划建设部门认定的其他不良信用的申请人投标。

（14）符合法律法规规定的其他条件。

指挥部计划2013年4月25日到5月15日，每天上午9:30至11:30，下午2:00至4:00（公休日、节假日除外）组织报名，报名经办人须携带本人身份证件，购买资格预审文件，费用100元。

报名经办人及项目负责人本人须携带的原件资料：①报名经办人本人身份证件、法人代表授权委托书原件、单位职工至今的社保证明原件；②项目负责人本人到场及其资质、职称证书；项目负责人至今的社保证明原件；③企业营业执照原件、资质证书副本、安全生产许可证、质量价格体系认证原件；④企业近两年经会计师事务所审计的完整的财务审计报表（资产负债表、现金流量表、利润表等）原件；⑤企业近3年类似的已建工程的中标通知书（如有）、合同原件、竣工验收报告原件、审计报告原件；⑥项目负责人近3年类似的已建工程的中标通知书（如有）、合同原件、竣工验收报告原件、审计报告原件（注：项目负责人和报名经办人可为同一人）。

资格预审证明文件按以下顺序简装成册：①报名经办人身份证件、法人代表授权委托书、单位职工至今的社保证明复印件；②项目负责人的资质、职称、学历证书复印件；项目负责人至今的社保证明复印件；③企业营业执照、资质证书副本、安全生产许可证、质量管理体系认证证书复印件；④企业近两年度经会计师事务所审计的完整的财务审计报表（资产负债表、现金流量表、利润表等）复印件；⑤企业近3年类似的已建及在建工程一览表，包括时间、地点、业主、造价、规模、质量等要素；⑥企业近3年类似的已建工程的中标通知书（如有）、合同复印件、竣工验收报告复印件；⑦项目负责人近3年类似的已建及在建工程一览表，包括时间、地点、业主、造价、规模、质量等要素；⑧项目负责人近3年类似的已建工程的中标通知书（如有）、合同复印件、竣工验收报告复印件；⑨投标确认函（本条所列资料须单独提交）。

指挥部决定2013年5月25日上午8:30组织资格预审，资格预审地点安排在××职业学院天河校区现代农业科技园工程建设指挥部208室。资格预审办法：采用打分法，按从高分到低分排序，前9家参加投标（不足9家按不少于5家处理）。

3 园林工程概预算概论

【知识目标】

理解园林工程概预算的概念、作用和分类，了解园林工程概预算编制的依据和程序，使学生能够系统掌握园林工程概预算方面的基本知识。

【技能目标】

能进行园林工程的设计概算、施工图预算和竣工决算的准确分类。

园林建设工程作为基本建设项目之一，将一定数量的土地资源、建筑材料、绿化材料、机械设备等，通过设计、建造、安装、种植等活动转化成供人们休憩、游赏、健身、娱乐、休闲的景观建设过程，它是应用工程技术来表现园林艺术，建设风景园林绿地的工程。对于任何一项园林工程，我们都可以根据设计图纸在施工前确定工程所需的人工、机械、材料的数量、规格及费用，预先计算出工程造价。园林工程概预算涉及很多方面的知识，如图纸识读、了解施工工艺，熟悉预算定额和材料价格，掌握工程量计算方法和取费标准等。

3.1 概 述

园林工程概预算作为指导工程建设的技术经济文件，建设单位、设计单位和施工单位必须严格执行预算结果，以确保资金的合理使用及工程的顺利进展。

3.1.1 园林工程概预算的概念、意义及作用

1)园林工程概预算的概念

园林工程概预算是确定园林工程项目造价的依据，贯穿于工程项目全程，是园林工程建设中不可缺少的工作。所谓的园林工程概预算是指在工程建设过程中，根据不同设计阶段的设计文件的具体内容和有关定额、指标及取费标准，预先计算和确定建设项目的全部工程费用的技术经济文件。

2)园林工程概预算的意义

园林工程不同于一般的工业、民用建筑等工程，具有一定的艺术性，由于每项工程各具特

色,风格各异,工艺要求不尽相同,而且项目零星,地点分散,工程量小,工作面大,又受气候条件的影响较大,因此不可能用简单、统一的价格对园林产品进行精确的核算,必须根据设计文件的要求、园林产品的特点,对园林工程先从经济上加以计算,以便获得合理的工程造价,保证工程质量。

3)园林工程概预算的作用

园林工程概预算贯穿于园林建设项目的全过程,包括从筹建到竣工验收的全部费用,认真做好概预算是关系到合理组织施工、按时按质量完成建设任务的重要环节,同时又是对园林工程建设进行财政监督、审计的重要依据,因此做好园林工程概预算工作有着深远意义。

①园林工程概预算是确定园林建设工程造价的依据。

②园林工程概预算为实施工程招标、投标和双方签订施工合同提供依据和保证。

③园林工程概预算是掌握园林建设投资金额,办理拨付工程款、办理贷款的依据。

④园林工程概预算是园林施工企业生产管理、编制施工组织计划、统计工程量的依据。

⑤园林工程概预算是施工企业核算工程成本的依据。

⑥园林工程概预算是设计单位对设计方案进行技术经济分析比较的依据。

⑦园林工程概预算是办理工程竣工结算的依据。

3.1.2　园林工程概预算的分类

园林工程概预算按不同的设计阶段和所起的作用及编制依据的不同一般可分为投资估算、设计概算、施工图预算、施工预算、工程结算及竣工决算等多种。

1)设计概算

设计概算是初步设计文件的重要组成部分,它是由设计单位在初步设计阶段,由设计单位编制的建设项目费用概算总造价,它是初步设计文件的重要组成部分。其编制依据主要是初步设计图纸、概算定额、概算指标和取费标准等有关资料。主要作用如下:

①作为编制园林工程建设计划的依据。

②控制工程建设投资的依据。

③是对设计方案进行技术、经济分析的依据。

④控制工程建设拨款或贷款的依据。

⑤进行工程建设投资包干的依据。

2)施工图预算

施工图预算是指在施工图设计阶段,当施工图设计和施工方案完成后,在施工前,由施工单位(或投标单位),依据预算定额、已批准的施工图、施工组织设计及国家颁布的相关文件进行编制。其主要作用如下:

①是确定园林工程造价的依据。

②是办理工程竣工结算及工程招投标的依据。

③是建设单位和施工单位签订施工合同的依据。

④是建设银行拨付工程款或贷款的依据。

⑤是施工企业考核工程成本的依据。

⑥是设计单位对设计方案进行技术经济分析比较的依据。

⑦是施工企业组织生产、编制计划、统计工作量和实物指标的依据。

3）施工预算

施工预算是指在施工阶段,施工企业内部自行编制的预算。其主要编制依据是:施工图计算的工程量、施工定额、单位工程施工组织设计及相应的费用取费表。施工预算结果不应超过施工图预算。其作用如下:

①是施工企业编制施工作业计划的依据。

②是施工企业安排施工任务、限额领料、掌握施工进度的依据。

③是开展定额经济包干、实行按劳分配的依据。

④是劳动力、材料和机械调度管理的依据。

⑤是施工企业进行施工预算与施工图预算对比的依据。

⑥是施工企业控制成本的依据。

4）竣工决算

工程竣工决算分为施工单位竣工决算和建设单位竣工结算两种。

施工企业内部的单位工程竣工决算,是以单位工程为对象,以单位工程竣工结算为依据,核算一个单位工程的预算成本、实际成本和成本降低额,所以又称为单位工程竣工成本决算。它是由施工企业的财务部门进行编制的。通过决算,施工企业内部可以进行实际成本分析,反映经营效果,总结经验教训,以利于提高企业经营管理水平。

建设单位竣工结算,是在新建、改建和扩建工程项目竣工移交后,由建设单位组织有关部门,以竣工结算等资料为基础编制的,一般是建设单位的财务支出情况,是整个建设项目从筹建到全部竣工的建设费用的文件,它包括建筑工程费用、安装工程费用、设备购置费用和其他费用等。

竣工决算的主要作用为:

①确定新增固定资产和流动资产价值,办理交付使用、考核和分析投资效果的依据。

②及时办理竣工决算,能够准确反映基本建设项目实际造价和投资效果。

③通过编制竣工决算与概预算的对比分析,考核建设成本,经验总结,积累技术资料,提高投资效果。

设计概算、施工图预算和竣工决算简称"三算"。设计概算是在设计初步阶段由设计单位主编的。单位工程开工前,由施工单位编制施工图预算。建设项目或单项工程竣工后,由建设单位(施工单位内部也编制)编制竣工决算。它们之间的关系是:概算金额不得超过计划任务书的投资额,施工图预算和竣工决算不得超过概算金额。三者都有独立的功能,在工程建设的不同阶段发挥各自的作用。

3.2 园林工程概预算编制的依据和程序

园林工程概预算是一项十分严肃、重要的工作,同时也是一项非常细致和复杂的工作。概预算是确定工程造价的文件,对指导园林绿化工作有着重要的作用。

3.2.1 园林工程概预算编制的依据

为了提高预算的准确性,保证预算质量,在编制预算时,主要依据下列技术资料和有关规定。

1)施工图纸

施工图纸是指经过会审的施工图,包括设计说明书、选用的通用图集和标准图集或施工手册、设计变更文件等,它们是确定尺寸规格、计算工程量的主要依据,是编制预算的基本资料。

园林施工图设计图纸所含内容一般有:园林建筑及小品、山石水体、园林绿化、道路桥梁等工程项目的平、立、剖面图。

①园林建筑及小品工程包括园林建筑及小品的平、立、剖面及局部构造图。

②山石水体工程包括假山、置石、小溪、湖、瀑布等的平、剖面及局部构造图。

③园林绿化工程包括绿地的地形整理及平整,花坛、草坪和树木的栽植等的平面规划布置图。

④道路桥梁工程包括园林建设中的各种道路,园桥的平、立、剖面及局部构造图。

⑤门架围栏工程包括门楼、门坊、栏杆、花架、围墙、挡墙和有关构筑物等的平、立、剖面及局部构造图。

以上是一般园林工程项目所常用的各类图纸,由于园林工程所处的建设环境各异,还会有一些其他特殊的工程项目图纸。另外,园林水电安装工程应另行处理。

2)施工组织设计

施工组织设计又称施工方案,是确定单位工程进度计划、施工方法、主要技术措施、施工现场平面布局和其他有关准备工作的技术文件,是有序进行施工管理的开始和基础,也是园林工程建设单位在组织施工前必须完成的一项法定的技术性工作。在编制工程预算时,某些分部工程应该套用哪些工程项目(子项)的定额,以及相应的工程量是多少,要以施工方案为依据。

园林工程施工组织设计是以园林工程(整个工程或若干个单项工程)为对象编写的用来指导工程施工的技术性文件。其核心内容是如何合理地安排好劳动力、材料、资金、设备和施工方法这5个主要的施工因素。根据园林工程的特点和要求,以先进的、科学的施工方法与组织手段使人力和物力、时间和空间、技术和经济、计划和组织等诸多因素合理优化配置,从而保证施工任务依质量要求按时完成。因此,编制科学、实际、可操作的园林工程施工组织设计,对指导现场施工、确保施工进度和工程质量、降低成本等都有着重要的意义。

园林工程施工组织设计首先要符合园林工程的设计要求,体现园林工程的特点,对现场施工具有指导性。在此基础上,要充分考虑施工的具体情况,并完成以下内容:

①依据施工条件,拟定合理的施工方案,确定施工顺序、施工方法、劳动组织和技术措施等。

②按施工进度搞好材料、机具、劳动力等资源配置。

③根据实际情况布置临时设施、材料堆置及现场实施。

④协调好各方面的关系,统筹安排个施工环节,做好必要的准备和及时采取相应的措施确保工程顺利进行。

3)工程预算定额

工程预算定额是确定工程造价的主要依据,它是由国家或被授权单位统一组织编制和颁发的一种指令性指标,具有极大的权威性。

我国目前由原建设部统编和颁发的《全国统一仿古建筑及园林工程预算定额》共 4 册,其中第一册为《通用项目》,适用于采用现代建筑工程施工方法进行施工的仿古建筑及园林工程的有关项目;第二册为《营造法原作法项目》,适用于按《营造法原》要求进行设计建筑的仿古建筑工程和其他建筑工程中的仿古部分;第三册为《营造则例做法项目》,适用于按《工部工程作法则例》风格进行设计而施工的仿古建筑工程及绿化工程、假山叠石和其他园林小品等有关项目;第四册为《园林绿化及小品项目》,适用于园林绿化工程、堆砌假山工程、园路园桥工程和园林小品工程等项目。以上 4 册中,第一册应与二、三、四册配套使用,属于一般建筑工程的不能套用本定额,需要按《建筑安装工程基础定额》执行。

由于我国幅员辽阔,各种材料价格差异很大,因此各地均将统一定额经过换算后颁发执行。

4) 材料预算价格、人工工资标准、施工机械台班费用定额

材料预算价格、人工工资标准和施工机械台班费用因各地区市场情况不同和施工企业不同,其价格标准也不同,各省、市地区及企业都有各自的定额标准。

5) 园林工程建设管理费用及其他费用取费定额

园林工程建设管理费用和其他费用,因地区和施工企业不同,其收费标准也不同,各省、市地区及企业都有各自的取费定额。

6) 建设单位和施工单位签订的合同或协议

合同或协议中双方约定的标准也可称为编制工程预算的依据。

7) 国家及地区颁布的有关文件

国家或地区各有关主管部门制定颁布的有关编制工程预算的各种文件和规定,如某些材料调价、新增各种取费项目的文件等,都是编制工程预算时必须遵照执行的依据。

8) 工具书及其他有关手册

以上依据都是编制概预算所不能缺少的基本内容,但其中使用时间最长、使用次数最多的是工程预算定额和施工设计图纸,它们也是编制工程概预算中应用难度最大的两项内容。

3.2.2   园林工程概预算编制的方式

常用的计价方式有定额计价编制法和清单计价编制法两种,园林工程概预算的编制因方法不同内容也不尽相同。

1) 定额计价编制

采用定额计价法编制工程概预算的内容有以下几点:

(1)编制说明书   编制说明书一般包括:①工程概况;②编制依据;③编制方法;④经济技术指标分析;⑤有关问题说明。

(2)工程概预算书   工程概预算书一般包括:①单位(单项)工程概预算书,如建筑工程和安装工程概预算书;②其他工程和费用概预算书;③综合概预算书;④总概预算书。

2) 清单计价编制

工程量清单是由招标人或委托有工程造价咨询资质的单位编制的,清单计价法编制工程量

清单的内容有以下几点：

（1）工程量清单（由招标人编制）　工程量清单的组成为：

①工程量清单总说明（包括工程概况、现场条件、编制工程量清单的依据及有关资料、对施工工艺材料的特殊要求等）；

②分部分项工程量清单；

③措施项目清单；

④其他项目清单；

⑤主要材料价格表。

（2）工程量清单计价表（由投标人编制）　工程量清单计价表的组成为：

①投标总价；

②工程项目费汇总表；

③单价工程费汇总表；

④分项工程量清单计价表、分部分项工程量清单；

⑤其他项目清单计价表；

⑥零星工作项目计价表；

⑦分部分项工程量清单综合单价分析表；

⑧主要材料价格表。

3.2.3　园林工程概预算编制的程序

编制园林工程概预算的一般步骤和顺序，概括起来是：熟悉并掌握预算定额的使用范围、具体内容、工程量计算规则和计算方法、应取费用项目、费用标准和计算公式；熟悉施工图及其文字说明；参加技术交底，彻底解决施工图中的疑难问题；了解施工方案中的有关内容；确定并准备有关预算定额；确定分部工程项目；列出工程细目；计算工程量；套用预算定额；编制补充单价；计算合计和小计；进行工料分析；计算应取费用；复核、计算单位工程总造价及单位造价；填写编制说明书并装订签章。

以上工作步骤，前几项可以看作是编制工程概预算的准备工作，是编制工程预算的基础。只有准备工作做好了，有了可靠的基础，才能把工程预算编好。否则，不是影响预算的质量，就是要拖延编制预算的时间。因此，为了准确、及时地编制出工程预算，一定要做好上述每个步骤的工作，特别是各项准备工作。

1）准备工作

（1）搜集各种编制预算所需的依据资料　编制预算之前，要搜集齐下列资料：施工图设计图纸、施工组织设计、预算定额、施工管理费和各项取费定额、材料预算价格表、地方预决算材料、预算调整文件和地方有关技术经济资料等。

（2）熟悉施工图纸和施工说明书，参加技术交底，解决疑难问题　设计图纸和施工说明书是编制工程预算的重要基础资料。它为选择套用定额项目，取定尺寸和计算各项工程量提供重要的依据。因此，在编制预算之前，必须对设计图纸和施工说明书进行全面细致的熟悉和审查，并要参加技术交底，共同解决施工图中的疑难问题，从而掌握及了解设计意图和工程全貌，以免在选用定额子目和工程量计算上发生错误。

（3）熟悉施工组织设计和了解现场情况　施工组织设计是由施工单位根据工程特点、施工现场的实际情况等各种有关条件编制的，它是编制预算的依据。因此，必须完全熟悉施工组织设计的全部内容，并深入现场，了解现场实际情况是否与设计一致才能准确编制预算。

（4）学习并掌握好工程预算定额及其有关规定　为了提高工程预算的编制水平，正确地运用预算定额及其有关规定，必须熟悉现行预算定额的全部内容，了解和掌握定额项目的工程内容、施工方法、材料规格、质量要求、计量单位、工程量计算规则等，以便能熟练地查找和正确地运用。

2）编制工作

（1）确定工程项目、计算工程量

工程项目的划分及工程量计算，必须根据设计图纸和施工方案说明书提供的工程构造、设计尺寸和做法要求，结合施工现场的施工条件，按照预算定额的项目划分，工程量的计算规则和计量单位的规定，对每个分项工程的工程量进行具体计算。它是工程预算编制工作中最繁重、细致的重要环节，工程量计算的正确与否将直接影响预算的编制质量和速度。

①确定工程项目。在熟悉施工图纸及施工组织设计的基础上要严格按定额的项目确定工程项目，这是计算工程量的关键。为了防止丢项、漏项现象的发生，在编排项目时应首先将工程分为若干分部工程，如基础工程、主体工程、门窗工程、园林建筑小品工程、绿化工程、水景工程等。

②计算工程量。正确地计算工程量，对基本建设计划、统计施工作业计划工作、合理安排施工进度、组织劳动力和物质的供应都是不可缺少的，同时也是进行基础建设财务管理与会计核算的重要依据，所以工程量计算不单纯是技术计算工作，它对工程建设效益分析具有重要作用。在计算工程量时应注意以下几点：

a. 在根据施工图纸和预算定额确定工程项目的基础上，必须严格按照定额规定和工程量计算规则，以施工图所注位置与尺寸为依据进行计算，不能人为地加大或缩小构件尺寸。

b. 计算单位必须与定额中的计算单位相一致，才能准确地套用预算定额中的预算单价。

c. 取定的建筑尺寸和苗木规格要准确，而且要便于核对。

d. 计算底稿要整齐，数字要清楚，数值要准确，切忌草率凌乱、辨认不清。对数字精确度的要求，工程量要算至小数点后两位，钢材、木材及使用贵重材料的项目可算至小数点后三位，余数四舍五入。

e. 要按照一定的计算顺序，为了便于计算和审核工程量，防止遗漏和重复计算，计算工程量时除了按照定额项目的顺序进行计算外，也可以采用先外后内或先横后竖等不同的计算顺序。

f. 利用基数，连续计算。有些"线"和"面"是计算许多分项工程的基数，在整个工程量计算中要反复多次地进行计算，在运算中找出共性因素，再根据预算定额分项工程量的有关规定，找出计算工程中各项工程量的内在联系，就可以把烦琐工程进行简化，从而迅速准确地完成大量的工程量计算工作。

（2）编制工程预算书

①确定单位预算价值。填写预算单价时要严格按照预算定额中的项目及有关规定进行，使用单价要正确，每一分项工程项目的定额编号、工程项目名称、规格、计量单位、单价均应与定额要求相符，要防止错套，以免影响预算的质量。

②计算工程直接费。按照定额中的子目及有关规定，套用定额并计算每一分项工程的直接费用，要防止错套、漏套、错算等现象。单位工程直接费是各个分部分项工程直接费的总和，分

项工程直接费则是用分项工程量乘以预算定额工程预算单价而求得的。

③计算其他各项费用。单位工程直接费计算完毕,即可计算其他直接费、间接费、计划利润、税金等费用。

④计算工程预算总造价。汇总工程直接费、其他直接费、间接费、计划利润、税金等费用,最后即可求得工程预算总造价。

⑤校核。工程预算编制完毕后,应由有关人员对预算的各项内容进行全面的校核,保证工程预算的准确性。

⑥编写工程预算书的"编制说明",填写工程预算书的封面,装订成册。工程预算书封面通常需填写的内容有:工程编号、工程名称、建设单位名称、施工单位名称、假设规模、工程预算造价、编制单位及日期等。

编写预算说明书一般包括以下内容:

a.工程概况:通常要写明工程编号、工程名称、建设规模等。

b.编制依据:编制预算时采取的图纸名称、标准图集、材料做法以及设计变更文件;采用的预算定额、材料预算价格及各种费用定额等资料。

c.其他有关说明:指在预算表中无法表示且需要用文字做补充说明的内容。

(3)工料分析　工料分析是在编写预算时,根据分部分项工程项目的数量和相应定额中的项目所列的用工及用料数量,算出各项工程所需要的人工及用料数量,然后进行统计汇总,计算出整个工程的工料所需数量。

(4)复核、签章及审批　工程预算编制出来后,由本企业的有关人员对所编制预算的主要内容及计算情况进行一次全面的检查审核,以便及时发现可能出现的差错并及时纠正,提高工程预算准确性,审核无误并经上级机关批准后再送交建设单位和建设银行审批。

复习思考题

1. 名词解释:园林工程概预算、设计概算、施工图预算、竣工决算。
2. 简述园林工程概预算的作用及类型。
3. 简述工程中常用的"三算"的区别。
4. 园林工程概预算编制的依据和程序分别是什么?

实验实训

模拟编制园林工程概预算

1. 目的要求

了解园林工程概预算的分类、编制依据和园林建设工程概预算的编制过程,学会收集、整理不同阶段的园林工程概预算的资料。

2. 实训工具、用品

招投标文件、××园林工程施工合同、园林工程施工组织设计案例、规范和其他有关资料、

工程量计算表、施工图设计图纸、预算定额等。

3. 内容与方法

将全班同学按人数分为若干个小组,按照下列内容分组进行模拟实训,按步骤模拟园林工程概预算编制过程。

(1)搜集各种编制预算所需的依据资料

根据老师提供的资料,确认编制工程概预算所需的文件资料。

(2)熟悉施工图纸和施工说明书,参加技术交底,解决疑难问题

查看平、立、剖面和局部构造图的尺寸标注、材料标注是否清晰齐全。

(3)熟悉施工组织设计和了解现场情况

查看施工方案中涉及工程量计算的内容。

(4)学习并掌握好工程预算定额及其有关规定

查看园林绿化工程定额介绍。

(5)确定工程项目、计量工程量

根据施工图,查看工程项目的划分及工程量的计算结果。

(6)编制工程预算书

查看工程直接费、其他直接费、间接费、计划利润、税金等费用。

(7)工料分析

查看工料分析表,查看市场价、定额价的区别。

(8)复核、签章及审批

查看概预算的封面、编制说明。

4. 实训报告

简述园林工程概预算的编制程序。

4 园林工程概预算定额

【知识目标】

理解工程定额的概念和特性;掌握园林预算定额的组成内容;熟练运用定额表套用预算定额;了解园林工程概算定额和概算指标,掌握运用概算定额和概算指标进行工程概算和设计概算的基本方法。

【技能目标】

能正确套用园林工程预算定额表进行分部分项工程预算;能熟练运用概算定额和概算指标编制设计概算和工程概算。

园林工程的主要任务是通过施工创造出园林建设产品,包括园林建筑、园林小品、仿古建筑、绿化工程等。这些园林建设产品的形式、结构、尺寸、规格、标准千变万化,所需的人力、物力的消耗也不相同,不可能用简单、统一的价格对这些园林建设产品进行精确核算。但是,园林建设产品经过层层分解后,具有许多共同的特征。例如一般园林建筑都由基础、墙体、门窗、屋面、地面等组成;仿古建筑一般也都是由台基、屋身、屋顶构成,使用的材料不外乎砖、木、石、钢材、混凝土等。工程做法虽不尽相同,但有统一的常用模式及方法;设备安装也可按专业及设备品种、型号、规格等加以区分。因而,可以按照同等或相近的条件确定单位分项工程的人工、材料、施工机械台班等消耗指标,再根据具体工程实际情况按规定逐项计算,求其产品的价值。

园林建设是国家基本建设项目之一。建设单位、设计单位和施工单位都必须严格执行预算制度,加强"三算"(即设计概算、施工图预算、竣工决算),合理使用资金,充分发挥投资效益,是园林建设的一个重要的环节。

园林工程总预(概)算是指建设项目从筹建到竣工验收的全部建设费用,认真做好总预(概)算是关系到贯彻基本建设程序,合理组织施工,按时按质按量完成建设任务的重要环节,同时又是对建设工程进行财政监督、审计的重要依据,因此,做好预(概)算工作有着重要的意义。

4.1 工程定额的性质和分类

4.1.1 工程定额的概念

所谓定,就是规定;所谓额,就是额度或限额。从广义上理解,定额就是规定的额度或限额,即园林工程施工中的标准或尺度。定额随生产力水平的提高自然地发生、发展、变化,是反映社会平均生产力水平的标准,它能较准确地反映出生产技术及劳动组织的先进合理程度。具体来讲,定额是指在正常施工条件下,完成某一单位合格产品(工程)所消耗的人工、材料、机械台班及财力的数量标准(或额度)。

这种标准的"数量"额度所反映的是,在一定的社会生产力发展水平的条件下,完成建设工程施工中的某一分项工程单位产品与各种生产消费之间特定的数量关系。例如,浇捣 1 m³ 混凝土亭面板,需用 1.015 m³ 强度等级为 C20 的混凝土、混凝土平板振捣器 0.125 台班、人工工日 2.14 个工。在这里,产品(混凝土亭面板)和材料(C20 混凝土)、机械(混凝土平板振捣器)及人工之间的关系是客观的,也是特定的。定额中关于生产 1 m³ 混凝土亭面板,消耗混凝土 1.015 m³,消耗混凝土平板振捣器 0.125 台班,消耗人工 2.14 个工日等的规定,则是一种数量关系的规定。

工程定额是调动企业和职工积极性,加速经济建设,增加社会物质财富的有力工具。实行定额的目的,就是为了不断提高劳动生产率,促进国家经济建设的高速发展,增加社会物质财富,满足整个社会不断增长的物质和文化生活的需要,也是维护劳动者劳动权益的需要。

4.1.2 工程定额的性质

不同社会制度下的工程定额的性质不同,在我国其性质表现在以下几个方面:

1)法令性

我国的各类定额,都是由授权部门根据所在地域内的当时生产力水平而制定并颁发的,凡是在定额规定范围内的所有建设工程,都必须无条件地遵照执行,不得随意调整和改变定额的内容,不得任意降低定额的水平。如需要进行调整、修改和补充,必须经授权部门批准。因此,定额具有经济法规的性质,是一种具有法令性的指标。工程定额具有法令性,就意味着在规定的范围内,对定额的使用者和执行者来说,不论主观上愿意不愿意,都必须按照定额规定执行。

2)科学性与群众性

各类定额的制定基础是所在地域的当时实际的生产力水平,是在认真分析研究并总结广大工人生产实践经验的基础上,实事求是地广泛收集资料,大量测定、综合实际生产中的成千上万个数据,经科学的方法制定出来的。当定额一旦颁发执行,少不了群众的参与和使用。因此,定额具有广泛的群众基础。

工程定额的科学性包括两重含义:一重含义是指工程定额必须和社会生产力发展水平相适应,反映出工程建设中生产耗费的客观规律;另一重含义是指工程建设定额管理在理论、方法和手段上适应现代科学技术和信息社会发展的需要。

3) 相对稳定性与时效性

定额中所规定的各项指标的多少,是由一定时期的社会生产力水平所决定的。随着科技水平的提高,社会生产力水平必然会有所增长。但社会生产力的发展有一个由量变到质变的过程,即应有一个周期,而且定额的执行也有个实践过程。只有当生产条件发生变化,技术水平有较大的提高,原有定额不能适应生产需要时,授权部门才会根据新的情况制定出新的定额或补充定额。所以每一次制定的定额必须具有相对稳定性,绝不可朝定夕改,否则会伤害群众的积极性。但也不可一定而不改,长期使用,以防定额脱离实际而失去意义。

一定时期内的定额,反映一定时期的社会生产力水平、劳动价值消耗和工程技术发展水平。随着社会经济的发展,新工艺、新材料的采用,技术水平的不断提高,各种资源的消耗量逐渐降低,往往会突破原有的定额水平,从而导致定额水平的提高,原来相对稳定的统一定额不再对工程造价的统一和调控发挥作用,在这种情况下,授权部门必须依据新的形势要求,重新编制或修订原有定额,制定出符合新的生产条件的新定额或补充定额,以满足管理和指导生产的需要,这就是时效性。我国自从开始制定各种定额以来,已经进行过多次修订重编。例如,1986 年颁发的《全国统一安装工程预算定额》执行了 10 多年,到 2000 年已有许多子目不适应了,为此建设部组织修订的《全国统一安装工程基础定额》[(第一～十一册)(GYD 201—2000)至(GDY 211—2000)]于 2000 年 3 月 17 日颁布施行,取代了 1986 年的《全国统一安装工程预算定额》。而随着生产力、工程建设经济管理等的进一步发展,2000 年的《全国统一安装工程基础定额》中的很多内容又已不适应当前社会,于是建设部公告第 431 号文批准发布,并于 2006 年 9 月 1 日起正式实施新的《全国统一安装工程基础定额》[(第一～九册)(GJD 201—2006)至(GJY 209—2006)]。

综上所述,工程建设定额,从一段时期看,它是稳定的;从长时期看,它是变动的。定额的稳定与变动,在一定时期内都是相对的。

4) 针对性与地域性

生产领域中,由于所生产的产品形形色色,成千上万,并且每种产品的质量标准、安全要求、操作方法及完成该产品的工作内容各不相同,因此,针对每种不同产品(或工序)为对象的资源消耗量的标准,一般来说是不能互相袭用的,在园林工程中这一点尤为突出。我国幅员辽阔,地域复杂,各地的自然资源条件、社会经济条件和社会生产力水平差异悬殊,因此必须采用不同的定额。

5) 统一性

工程建设定额的统一性,主要是由国家对经济发展的有计划的宏观调控职能决定的。为了使国民经济按照既定的目标发展,就需要借助某些标准、定额、参数等,对工程建设进行规划、组织、调节、控制。而这些标准、定额、参数必须在一定范围内是一种统一的尺度,才能利用它对项目的决策、设计方案、投标报价、成本控制进行比选和评价。

工程建设定额的统一性按照其影响力和执行范围来看,有全国统一定额、部门统一定额和地区统一定额等;按照定额的制定、颁布和贯彻使用来看,有统一的程序、统一的原则、统一的方法和统一的要求。

4.1.3 工程定额的作用

1)定额是编制计划的基本依据

定额工作,是计划管理的基础工作之一。无论是国家还是企业的计划,都直接或间接地以各种定额作为计算人力、物力、财力等各种资源需要量的依据。

建筑企业在贯彻执行定额的过程中,可以提高企业的计划管理水平。无论在编制施工进度计划,还是编制施工作业计划,都要按照定额,合理地计划和调配人力、财力、物力等各项资源,以保证提高经济效益,把计划落到实处。

2)定额是确定工程造价的依据

建筑工程的造价,是由它所需要的劳动力、材料、能源、机械设备等的消耗来决定的。这里的劳动力、材料和机械设备等,都是根据定额计算出来的。因此,定额是确定基本建设投资和建筑工程造价的依据。

3)定额是衡量技术方案和劳动生产率的尺度

为了实现一个建筑项目的功能,可以有几个不同的设计方案,造价也会有高有低。我们可以用定额标定的方法为手段,对同一产品在同一操作条件下的不同的生产方法进行分析和研究,从而总结出比较完善的生产方法。因此,定额又是比较设计方案经济合理性的尺度。

当前,活劳动消耗量与物化劳动消耗量的比值较大(> 1),所以劳动定额,又可以用来分析活劳动消耗中存在的问题,并加以解决,从而降低单位产品中的人工工资含量。因此,定额又可看成是衡量劳动生产率的尺度。

4)定额是贯彻按劳分配原则的依据

目前,建筑企业实行的计件工资,是以劳动定额为依据的。可用定额来对每个工人所完成的工作进行考核,确定他们所完成的劳动量,多劳多得,少劳少得,体现了社会主义按劳分配的基本原则。

5)定额是企业实行经济核算的依据

经济核算制是管理社会主义企业的重要经济制度。它可以促使企业,以尽可能少的资源消耗,取得最大的经济效益。定额是考核资源消耗的主要标准。如对资源消耗和生产成果进行记录、计算、对比和分析,就可以发现改进的途径,从而达到提高劳动生产率、降低成本的目的。

4.1.4 工程定额的分类

工程定额是由劳动定额、材料消耗定额和机械台班定额综合扩大而成。在工程建设中,由于使用对象和目的不同,工程定额的种类很多,根据内容、用途和使用范围等进行分类,可分为以下几类:

1)按生产要素分类

进行物质生产所必须具备的三要素是劳动者、劳动对象和劳动手段。劳动者是指生产工人;劳动对象是指材料和各种半成品等;劳动手段是指生产机具和设备。为了适应建设工程施

工需要,定额可按生产要素编制,即劳动定额、材料消耗定额、机械台班使用定额。其中,劳动定额分为时间定额和产量定额;机械台班使用定额分为机械时间定额和机械产量定额。

2)按编制单位和执行范围分类

按编制单位和执行范围分类,可分为全国统一定额、地方统一定额、企业定额和一次性定额。

3)按编制程序和用途分类

根据不同的工程阶段,按编制程序和用途可分为施工定额、预算定额、概算定额、概算指标。它们之间的关系及特征见表4.1。

表4.1　常用定额的关系及特征

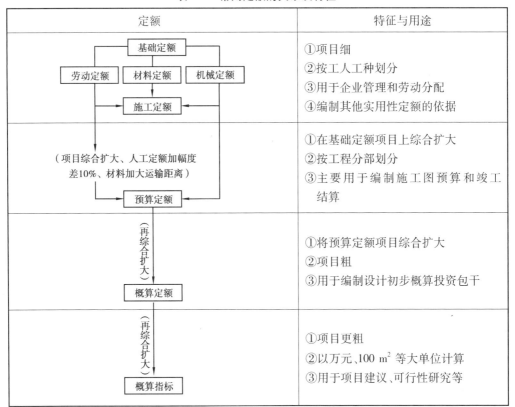

定额	特征与用途
基础定额 → 劳动定额　材料定额　机械定额 → 施工定额	①项目细 ②按工人工种划分 ③用于企业管理和劳动分配 ④编制其他实用性定额的依据
(项目综合扩大、人工定额加幅度差10%、材料加大运输距离) → 预算定额	①在基础定额项目上综合扩大 ②按工程分部划分 ③主要用于编制施工图预算和竣工结算
(再综合扩大) → 概算定额	①将预算定额项目综合扩大 ②项目粗 ③用于编制设计初步概算投资包干
(再综合扩大) → 概算指标	①项目更粗 ②以万元、100 m² 等大单位计算 ③用于项目建议、可行性研究等

4)按专业不同分类

按专业不同划分,可分为建筑工程定额(也称土建工程定额)、设备安装工程定额、仿古建筑及园林工程定额、市政工程定额、装饰工程定额等。

以图的形式将以上工程定额的分类加以总结,如图4.1所示。

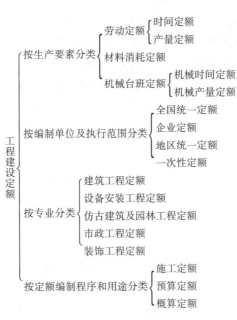

图 4.1　工程定额的分类

4.2　工程概算定额和概算指标

　　工程概算是建设项目实施开始阶段,由设计单位根据初步设计的内容和范围执行概算定额或概算指标、各项费用取费标准进行编制的概略地计算和确定工程全部建设费用的经济文件。只有及时调整和修订概算定额,才能确保概算的准确编制。

　　我国预算制度规定,当初步设计或扩大初步设计具有一定深度,建筑和结构的设计又比较明确,有关的工程量数据基本上能满足执行概算定额编制概算的要求时,可以根据概算定额结合有关的取费标准及规定编制设计概算。当设计深度不够,编制依据不齐全时,可以用概算指标编制概算。

　　概算的工程量,很大一部分是通过想象和推断罗列的,按照概算定额或概算指标的规定,依据初步设计确定的。需要概算人员丰富的实践经验,还需要概算人员熟练地掌握概算定额和概算指标。而分部工程的价格以及构成项目三要素的人工、材料、机械台班的价格,都是不能凭想象和推断得出的。因为价格不是哪个人可以主观制定的,它受到劳动力价格和设备、材料市场价格的影响,随着时间的推移而在不断变化。因此,概算人员要了解市场、熟悉市场,并根据当地当期的生产要素指导价格,合理确定工程总概算。

4.2.1　工程概算定额

1)工程概算定额的概念

　　概算定额是概算编制的计算基础,是设计单位在初步设计阶段或扩大初步设计阶段确定工程造价、编制设计概算时的依据,是在预算定额的基础上进行项目归并,将计量单位扩大制定而成的一种定额,即确定完成合格的单位扩大分项工程或单位扩大结构构件所需要消耗的人工、

材料和机械台班的数量限额。概算定额又称作"扩大结构定额"或"综合预算定额"。

概算定额是预算定额的合并与扩大。它将预算定额中有联系的若干个分项工程项目综合为一个概算定额项目。如砖基础概算定额项目,就是以砖基础为主,综合了平整场地、挖地槽(坑)铺设垫层、砌砖基础、铺设防潮层、回填土及运土等预算定额中分项工程项目。又如砖墙定额,就是以砖墙为主,综合了砌砖、钢筋混凝土过梁制作、运输、安装、勒脚、内外墙面抹灰、内墙面刷白等预算定额的分项工程项目。

2)概算定额的编制依据

概算定额是由国家主管部门或授权部门进行编制的,编制时必须依据:①有关文件;②现行的设计规范和施工文献;③具有代表性的标准设计图纸和其他设计资料;④现行的人工工资标准,材料预算价格,机械台班预算价格及现行的概算定额。

3)概算定额的作用

从1957年我国开始在全国试行统一的《建筑工程扩大结构定额》之后,各省、自治区、直辖市根据本地区的特点,相继编制了本地区的概算定额。为了适应建筑业的改革,国家计划委员会、建设银行总行在计标[1985]352号文件《关于改进工程建设概预算定额管理工作的若干规定》中指出,概算定额和概算指标由省、自治区、直辖市在预算定额基础上组织编制,分别由主管部门审批,报国家计划委员会备案。

概算定额的主要作用如下:

①是编制设计概算的主要依据。

②是编制概算指标的依据。

③是设计人员对所设计项目负责,对设计方案进行技术经济分析与比较的依据。

④是进行施工前准备,控制施工图预算的依据。

⑤是控制工程投资、贷款,进行建设投资包干和编制年度建设计划的依据。

⑥是编制固定资产计划,建设工程主要材料计划,组织主要设计订货的依据。

⑦是签订工程承包合同的依据。

⑧是工程结束后,进行竣工决算的依据。

4)概算定额手册的内容及表现形式

概算定额由文字说明和定额项目表组成,其中文字说明包括总说明和各分部说明。

(1)概算定额的总说明内容

①概算定额的适用范围及包括的内容。

②对各章、节都适用的统一规定。

③概算定额所采用的标准及抽换的统一规定。

④概算定额的材料名称在预算定额的基础上综合情况的说明,以及对应于预算定额材料名称的统一规定。

⑤概算定额中未包括的内容。

⑥概算定额中未包括的项目,须编制补充定额的规定。

(2)章、节说明　包括各章、节的综合工作内容、工作范围、工程项目的统一规定、工程量的计算规则等。

(3)概算定额项目表　项目表是概算定额的核心内容,表现形式见表4.2。

表 4.2　现浇钢筋混凝土柱概算定额示例

工作内容:模板制作、安装、拆除,钢筋制作、安装、混凝土浇捣,抹灰、刷浆。　　计量单位:10 m³

概算定额编号				4-3		4-4	
项目		单位	单价/元	矩形柱			
				周长 1.8 m 以内		周长 1.8 m 以外	
				数量	合价	数量	合价
基准价		元		13 428.76		12 947.26	
其中	人工费	元		2 116.40		1 728.76	
	材料费	元		10 272.03		10 361.83	
	机械费	元		1 040.33		856.67	
合计工		工日	22.00	96.20	2 116.40	78.58	1 728.76
材料	中(粗)砂(天然)	t	35.81	9.494	339.98	8.817	315.74
	碎石 5~20 mm	t	36.18	12.207	441.65	12.207	441.65
	石灰膏	m³	98.89	0.221	20.75	0.155	14.55
	普通木成材	m³	1 000.00	0.302	302.00	0.187	187.00
	…	…		…	…	…	…
机械	垂直运输费				628.00		510.00
	其他机械费				412.33		346.67

(摘自《江苏省建筑工程概算定额》)

项目表主要组成内容:

①工程项目名称及定额单位。

②工程项目包括的工程内容。

③完成定额单位工程的人工消耗量的单位、代号、数量,数量中包括预算定额综合为概算定额项目的人工幅度差。

④完成定额单位工程的材料消耗量的名称、单位、代号、数量。其中主要材料以定额消耗量或周转使用量表示,主要材料中数量很小的材料及次要材料以其他材料费表示,吊装等金属设备的折旧费以设备摊销费表示。

⑤完成定额单位工程的机械消耗量的名称、单位、代号、数量。其中主要机械以台班消耗数量表示,数量中包括预算定额综合为概算定额的机械幅度差。次要机械以小型机械使用费的形式表示。概算定额中还将机械的数量以费用的形式表示为机械使用费,以了解机械费占定额基价的比例。

⑥完成定额单位工程的定额基价。定额基价是人工费、材料费、机械使用费的合计价值。定额基价可作为各项目间技术经济比较的参考,并作为计算其他直接费和现场经费的计算依据。

⑦附注。有些定额项目下还列有章、节说明中未包括的使用本概算定额项目的注解。

4.2.2　概算指标

1)概算指标的概念

概算指标是以整个建筑物或构筑物为单位编制的。它是较概算定额综合性更大的指标。指标以每 100 m² 建筑面积或各构筑物体积为单位而规定人工及主要材料数量和造价指标。

概算指标是初步设计阶段编制概算,进行设计技术经济分析,确定工程造价,考核建设成本的依据,同时也是建设单位申请投资拨款,编制基本建设计划的依据。

从上述概念可以看出,概算指标是比概算定额更综合、扩大性更强的一种定额指标。概算定额与概算指标的主要区别如下:

①确定各种消耗量指标的对象不同。概算定额是以单位扩大分项工程或单位扩大结构构件为对象,而概算指标则是以整个建筑物(如 100 m² 或 1 000 m³ 建筑物)为对象。因此,概算指标比概算定额更加综合。

②确定各种消耗量指标的依据不同。概算定额是以现行预算定额为基础,通过计算之后才综合确定出各种消耗量指标,而概算指标中各种消耗量指标的确定,则主要来自各种预算或结算资料。

③适用于同阶段的深度要求不同。初步设计或扩大初步设计阶段,当设计具有一定深度,可依据概算定额编制设计概算:当设计深度不够,编制依据不齐全时,可用概算指标编制概算。

2)概算指标的作用

①是编制投资估价和控制初步设计概算,工程概算造价的依据。

②是设计单位进行设计方案的技术经济分析、衡量设计水平的标准。

③是建设单位编制基本建设计划、申请投资贷款和主要材料计划的依据。

3)概算指标的表现形式

概算指标的表现形式分为综合概算指标和单项概算指标两种。

(1)综合概算指标　综合概算指标是指按工业或民用建筑及其结构类型而制定的概算指标。综合概算指标的概括性较大,其准确性、针对性不如单项指标。

(2)单项概算指标　单项概算指标是指为某种建筑物或构筑物而编制的概算指标。单项概算指标的针对性较强,故指标中对工程结构形式要做介绍。只要工程项目的结构形式及工程内容与单项指标中的工程概况相吻合,编制出的设计概算就比较准确。

4)概算指标的主要内容

概算指标的主要内容包括总说明、结构示意图、结构特征及经济指标等。

(1)总说明　总说明包括概算指标的编制依据、适用范围、指标的作用、工程量计算规则及其他有关规定。

(2)建筑物结构示意图　建筑物结构示意图表明工程的结构形式。

(3)结构特征　结构特征主要对工程的结构形式、层高、层数和建筑面积等进行说明,可作为套用及不同结构间换算的依据,见表4.3。

表4.3　内浇外砌住宅结构特征

结构类别	内浇外砌	层数	4	层高	2.8 m	檐高	11.2 m	建筑面积	3 000 m²

（4）经济指标　经济指标包括工程造价指标，人工、材料消耗指标，见表4.4至表4.6。

表4.4　内浇外砌住宅经济指标

每100 m² 建筑面积

造价构成 造价分类	合价/元	其中				
		直接费	间接费	计划利润	其他	税金
单方造价	37 745	21 860	5 576	1 893	7 323	1 093
其中　土建	32 424	18 778	4 790	1 626	6 291	939
水暖	3 182	1 843	470	160	617	92
电照	2 139	1 239	316	107	415	62

表4.5　内浇外砌住宅经济指标

每100 m² 建筑面积

序号	构造及内容		工程量		占单方造价/%
			单位	数量	
一	土建				100
1	基础及埋深	毛石基础,深2 m	m³	14.64	13.93
2	外墙	二砖墙,清水墙勾缝,内抹灰刷白	m³	24.32	15.73
3	内墙	混凝土墙、一砖墙、抹灰刷白	m³	22.70	13.92
4	柱	混凝土柱	m³	0.70	0.84
5	梁	现浇	m³	1.8	3.11
6	地面	碎砖垫层、水泥砂浆面层	m²	13	0.67
7	楼面	120 mm预制空心板、水泥砂浆面层	m²	65	16.10
8	门窗	木门窗	m²	62	16.37
9	屋面	预制空心板、水泥珍珠岩保温、三毡四油防水	m²	21.7	8.11
10	脚手架	综合脚手架	m²	100	2.38
二	水暖				
1	采暖方式	集中采暖			
2	给水性质	生活给水明设			
3	排水性质	生活排水			
4	通风方式	自然通风			

续表

序号	构造及内容		工程量		占单方造价/%
			单位	数量	
三	电照				
1	配电方式	塑料管暗配电线			
2	灯具种类	日光灯			
3	电量/(W·m⁻³)				

表 4.6　内浇外砌住宅人工及主要材料消耗指标

每 100 m² 建筑面积

序号	名称及规格	单位	数量	序号	名称及规格	单位	数量
一、土建				二、水暖			
1	人工	工日	506	1	人工	工日	39
2	钢筋	t	3.25	2	钢管	t	0.18
3	型钢	t	0.13	3	暖气片	m²	20
4	水泥	t	18.10	4	卫生器具	套	2.35
5	白灰	t	2.10	5	水表	个	1.84
6	沥青	t	0.29	三、电照			
7	红砖	千块	15.10	1	人工	工日	20
8	木材	m³	4.10	2	电线	m	283
9	砂	m³	41	3	钢(塑)管	t	(0.04)
10	砾(碎)石	m³	30.5	4	灯具	套	8.43
11	玻璃	m²	29.2	5	电表	个	1.84
12	卷材	m²	80.8	6	配电箱	套	6.1
				四、机械使用费		%	7.5
				五、其他材料		%	19.57

5)概算指标的应用

直接套用概算指标时,应注意以下问题:

(1)拟建工程的建设地点与概算指标中的工程地点在同一地区　拟建工程的外形特征和结构特征与概算指标中工程的外形特征、结构特征应基本相同,拟建工程的建筑面积、层数与概算指标中工程的建筑面积、层数相差不大。

(2)概算指标的调整　用概算指标编制工程概算时,往往不容易选到与概算指标中工程结构特征完全相同的概算指标,实际工程与概算指标的内容存在着一定的差异。在这种情况下,需对概算指标进行调整,调整方法如下:

①每 100 m² 造价调整:调整的思路如同定额换算,即从原每 100 m² 概算造价中,减去每 100 m² 建筑面积需换出结构构件的价值,加上每 100 m² 建筑面积需换入结构构件的价值,即得

100 m² 修正造价调整指标,再将每 100 m² 造价调整指标乘以设计对象的建筑面积,即得出拟建工程的概算造价。

计算公式为

每 100 m² 建筑面积造价调整指标 = 所选指标造价 – 每 100 m² 换出结构构件的价值 + 每 100 m² 换入结构构件的价值

上式中:

换出结构构件的价值 = 原指标中结构构件工程量 × 地区概算定额基价

换入结构构件的价值 = 拟建工程中结构构件的工程量 × 地区概算定额基价

【例 4.1】　某拟建工程,建筑面积为 3 580 m²,按图算出一砖外墙为 646.97 m²,木窗 613.72 m²。所选定的概算指标中,每 100 m² 建筑面积有一砖半外墙 25.71 m²,钢窗 15.50 m²,每 100 m² 概算造价为 29 767 元,试求调整后每 100 m² 概算造价及拟建工程的概算造价。

【解】　概算指标调整详见表 4.7,则每 100 m² 建筑面积调整概算造价 = 29 767 元 + 2 272 元 – 3 392 元 = 28 647 元,拟建工程的概算造价为:35.8 × 28 647 元 = 1 025 562 元。

表 4.7　概算指标调整计算表

序号	概算定额编号	结构构件	单位	数量	单价	合计	备注
	换入部分						
1	2-78	一砖外墙	m²	18.07	88.31	1 596	646.97 ÷ 35.8 = 18.07
2	4-68	木窗	m²	17.14	39.45	676	613.72 ÷ 35.8 = 17.14
	小计					2 272	
	换出部分						
3	2-78	一砖半外墙	m²	25.71	87.20	2 242	
4	4-90	钢窗	m²	15.5	74.20	1 150	
	小计					3 392	

②每 100 m² 中工料数量的调整:调整思路是从所选定指标的工料消耗中,换出与拟建工程不同的结构构件的工料消耗量,换入所需结构构件的工料消耗量。

关于换出换入的工料数量,是根据换出换入结构构件的工程量乘以相应的概算定额中工料消耗指标而得出的。

根据调整后的工料消耗量和地区材料预算价格,人工工资标准,机械台班预算单价,计算每 100 m² 概算基价,然后依据有关取费规定,计算每 100 m² 概算造价。

这种方法主要适用于不同地区的同类工程编制概算。

用概算指标编制工程概算,工程量的计算工作量很小,也节省了定额套用和工料分析工作,因此比用概算定额编制工程概算的速度快,但准确性会差一点。

4.3 园林工程预算定额

4.3.1 园林工程预算定额的概念及作用

1)园林工程预算定额的概念

预算定额,是指在正常的施工技术和组织条件下,完成园林工程一定计量单位的分项工程或结构构件所必需的人工(工日)、材料、机械(台班)以及资金合理消耗的量、价合一的计价标准。

园林工程预算定额是由国家主管机关或被授权单位组织编制并颁发的一种法令性指标,它规定了行业平均先进的必要劳动量、工程内容、质量和安全要求,是一项重要的经济法规。目前,园林工程预算定额主要有:全国统一的园林工程定额,如《全国统一仿古建筑及园林工程预算定额》,其中的第四册为园林绿化工程定额;各省、自治区、直辖市地方园林定额,如《广东省园林建筑绿化工程综合定额》。

编制园林工程预算定额的目的在于确定园林工程中每一单位分项工程的预算基价(即价格),力求用最少的人力、物力和财力,生产出符合质量标准的合格园林工程建设产品,取得最好的经济效益。预算定额中的各项指标,应是体现社会平均水平的指标。为了提高园林施工企业的管理水平和生产力水平,定额中的各项指标应是行业平均先进的必要劳动量指标。

园林工程预算定额是一种综合性定额,它不仅考虑了施工定额中未包含的多种因素(如材料在现场内的超运距、人工幅度差的用工等),而且还包括了为完成该分项工程或结构构件的全部工序内容。

2)园林工程预算定额的作用

园林工程预算定额是园林工程建设中的一项重要的技术法规,它规定了施工企业和建设单位在完成施工任务时,所允许消耗的人工、材料和机械台班的数量限额,它确定了国家、建设单位和施工企业之间的一种技术经济关系,它在我国建设工程中占有十分重要的地位和作用。可归纳如下:

①是编制地区单位估价表的依据。

②是编制园林工程施工图预算,合理确定工程造价的依据。

③是施工企业编制人工、材料、机械台班需要量计划,统计完成工程量,考核工程成本,实行经济核算,进行经济活动分析的依据。

④是建设工程招标投标中确定标底和标价的主要依据。

⑤是建设单位和建设银行拨付工程价款、建设资金贷款和竣工结算的依据。

⑥是编制概算定额和概算指标的基础材料。

⑦是对新结构、新材料进行技术分析的依据。

⑧是设计部门对设计方案进行技术经济分析的工具。

⑨是控制投资的有效手段,也是有关部门对投资项目进行审核、审计的依据。

4.3.2　园林工程预算定额的内容和编排形式

1)园林工程预算定额手册的组成内容

要正确地使用园林工程预算定额,首先必须了解园林工程预算定额手册的基本结构。

园林工程预算定额手册主要由文字说明、定额项目表和附录3部分内容所组成。文字说明包括总说明、分部工程说明、分项工程说明等,如图4.2所示。

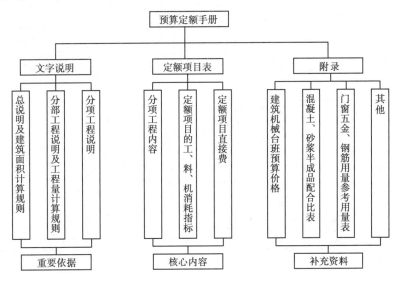

图4.2　预算定额手册组成示意图

(1)文字说明部分

①总说明:列在预算定额最前面,主要阐述预算定额编制原则、指导思想、编制依据、适用范围、使用定额遵循的规则及作用,定额中已考虑的因素和未考虑的因素,使用方法和有关规定等。

②分部工程说明:分部工程说明附在各分部定额项目表前面,它是定额手册的主要组成部分,主要阐述该分部工程所包括的主要项目,编制中有关问题的说明,定额应用时的具体规定和处理方法等。

③分项工程说明:分项工程说明列在定额项目表的表头上方,说明该分项工程主要工序内容及使用说明。

上述文字说明是预算定额正确使用的重要依据和原则,应用前须仔细阅读体会,不然就会造成错套、漏套及重套定额的错误。

(2)定额项目表　定额项目表包括了分项工程名称、计量单位、定额编号、预算单价、分项工程人工费、材料费、机械费及人工、材料机械台班消耗量指标。定额项目表是预算定额手册的核心内容。有些定额项目表下面列有附注,说明设计与定额不符时,如何进行调整及对有关问题的说明,示例见图4.3。

2. 堆砌石假山

工作内容:包括放样、相石、运石、混凝土砂浆调运、调装堆砌、清理养护等过程   计量单位:10 t

清单编号			050202002			
定额编号			2-37	2-38	2-39	2-40
项目名称			叠山			
			湖石		黄(杂)石	
			高 2 m 以内	高 4 m 以内	石重 50 t 以内	石重 50 t 以外
基价/元			2 359.69	3 810.62	4 403.39	2 833.96
其中	人工费/元		1 754.30	3 074.00	3 705.76	2 067.00
	材料费/元		306.91	423.21	321.54	408.78
	机械费/元		298.48	313.41	376.09	358.18
名称	单位	单价	数量			
综合工日	工日	53.00	33.000	58.000	69.920	39.000
材料	北太湖石	t	—	(10.100)	(10.100)		
	黄(杂)石	t	—			(10.100)	(10.100)
	水泥砂浆 1∶2.5	m³	257.61	0.300	0.400	0.300	0.400
	板方材	m³	1 072.72	0.010	0.015	0.010	0.012
	铁件	kg	5.59	32.000	45.000	32.000	45.000
	其他材料费	元	1.00	40.020	52.530	54.650	41.320
机械	汽车式起重机 12 t	台班	746.21	0.400	0.420	0.504	0.480

摘自《黑龙江省园林绿化工程计价定额》2010 版

图 4.3 预算定额项目表实例

(3)定额附录 附录编在定额手册的最后,其主要内容有建筑机械台班预算价格,混凝土、砂浆配合比表,材料名称规格,门窗五金用量表及钢筋用量参考表等。这些资料可供定额换算之用,也可供编制施工计划参考,是定额应用的重要补充资料。

2)预算定额项目的编排形式

预算定额手册根据园林结构及施工程序等按照章、节、项目、子目等顺序排列。

分部工程为章,它是将单位工程中某些性质相近,材料大致相同的施工对象归在一起。如我国 2004 年《仿古建筑及园林工程预算定额》第一册《通用项目》共分 6 章,即第一章土石方、打桩、围堰、基础垫层工程;第二章砌筑工程;第三章混凝土及钢筋混凝土工程;第四章木作工程;第五章楼地面工程;第六章抹灰工程。第四册《园林工程》共分 4 章,即第一章园林工程;第二章堆砌假山及塑假山工程;第三章园路及园桥工程;第四章园林小品工程。

分部工程(章)以下,又按工程性质、工程内容、施工方法及使用材料,分成许多分项工程(节)。如《仿古建筑及园林工程预算定额》第四册第一章园林工程中,又分成整理绿化地及起挖乔木(带土球)、栽植乔木(带土球)、起挖乔木(裸根)、栽植乔木(裸根)、起挖灌木(带土球)、栽植灌木(带土球)、起挖灌木(裸根)、栽植灌木(裸根)、起挖竹类(散生竹)、栽植竹类(散生竹)、起挖竹类(丛生竹)、栽植竹类(丛生竹)、栽植绿篱、露地花卉栽植、草皮铺种等 21 分项。章、节的划分在定额手册的目录中一目了然,如图 4.4 所示。

目　录

第一章　绿化工程（E.1）

图 4.4　预算定额手册组成与编排形式

分项工程以下,再按工程性质、规格、不同材料类别等分成若干项目子目。如第一章园林工程中整理绿化地及起挖乔木（带土球）分项工程分为整理绿化地 100 m²、起挖乔木（带土球）土球直径在 20 cm 以内、起挖乔木（带土球）土球直径在 30 cm 以内、起挖乔木（带土球）土球直径在 40 cm 以内、起挖乔木（带土球）土球直径在 120 cm 以内等 11 个子目。草皮铺种分项工程分为散铺、满铺、植生带和播种 4 个子目。

在项目中还可以按其规格、不同材料等再仔细分许多子项目。

为了查阅方便并正确使用定额,定额的章、分项、子目都应有统一的编号。定额手册通常采用两个符号方法编号。第一个号码表示分部工程编号,第二个号码表示具体工程项目即子目顺序号。如"2-37",第一个号码"2"表示第二分部工程,即园路、园桥、假山工程;第二个号码"37"表示第 37 子目,即堆湖石假山,示例如图 4.5 所示。

清单编号			050202002			
定额编号			2-37	2-38	2-39	2-40
项目名称			叠山			
					黄（杂）石	
			高2 m以内		石重50 t以	石重50 t以外
基价/元			2 359.69		.39	2 833.96
其中	人工费/元		1 754.30	3 074.00	3 705.76	2 067.00
	材料费/元		306.91	423.21	321.54	408.78
	机械费/元		298.48	313.41	376.09	358.18
名称	单位	单价	数量			
综合工日	工日	53.00	33.000	58.000	69.920	39.000

第二章的第37子目

图 4.5　定额手册两个符号编号形式

另外,还有3个符号编号方法,即第一个号码表示分部工程编号,第二个号码表示分项工程顺序号,第三个号码表示子目顺序号。两个符号和3个符号编号方法,如图4.6所示。

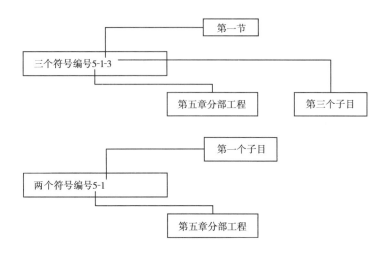

图4.6　定额的编号方法

4.3.3　园林工程预算定额的应用

首先要认真学习预算定额的总说明、分部工程说明和附注内容;掌握定额的编制原则、适用范围、编制依据、分部分项工程内容范围,以及定额中的用语和符号的含义(如定额中凡注有"以内"或"以下"者,均包括其本身在内;而"以外"或"以上"者,均不包括其本身在内等);要正确理解、熟记建筑面积和各分项工程的工程量计算规则,并注意分项工程(或结构构件)的工程量计量单位应与定额单位相一致,做到准确地套用相应的定额项目。

只有在正确理解熟记上述内容的基础上,才能正确运用预算定额做好各项相关工作。

1)直接套用预算定额项目

当施工图纸的分部分项工程内容与所选套的相应定额项目内容相一致时,可直接套用定额项目的预算基价及工料消耗量,计算该分项工程的直接费和工料用量。这是编制施工图预算中的大多数情况。

【例4.2】　黑龙江省某小区建造一座湖石假山,高度2 m,该湖石假山体积5 m³,湖石比重2.2 t/m³,试计算其直接费(不含湖石费用)以及工料需用量。

【解】　计算步骤如下:

(1)计算湖石假山工程量 $=5 \times 2.2 \text{ t} = 11 \text{ t}$

(2)查定额表,确定定额编号3-27,见图4.3。

(3)计算该工程直接费。

工程直接费 $=$ 预算基价 $\times$ 工程量 $= 2 359.69 \times 1.1 \text{ 元} = 2 395.66 \text{ 元}$

(4)计算主要材料消耗量

材料消耗量 $=$ 定额规定的耗用量 $\times$ 工程量

1:2.5 水泥砂浆 $= 0.3 \times 1.1 \text{ m}^3 = 0.33 \text{ m}^3$

木板方材 $= 0.01 \times 1.1 \text{ m}^3 = 0.011 \text{ m}^3$

$$铁件 = 32 \times 1.1 \text{ t} = 35.2 \text{ t}$$

2）预算定额的换算

（1）定额换算的原因　当工程项目的设计要求与定额项目的内容和条件不完全一致时,则不能直接套用,应根据定额的规定进行换算。定额总说明和分部说明中所规定的换算范围和方法,是换算的依据,应严格执行。当采用换算后定额基价时,应在原定额编号右下角注明"换"字,以示区别。

（2）预算定额的换算依据　预算定额的换算主要依据定额手册中说明部分的有关定额换算条件和方法等规定,以确保定额水平保持不变。

（3）预算定额换算的内容　预算定额换算的内容主要涉及人工费和材料费的换算。人工费的换算主要由用工量的增减而引起;材料费的换算则是由材料消耗量的改变及材料代换而引起。

换算的情况可分为砂浆换算、混凝土的换算、木材材积换算、吊装机械换算、塔机综合利用换算、系数换算和其他换算。

3）常用预算定额的换算方法

（1）砂浆的换算

砂浆的品种、标号较多,单价不一,编制预算定额时只将其中一种砂浆和单价列入定额。当设计要求采用其他砂浆标号时,价格可以换算,但用量不得调整。换算步骤如下:

①从附录的砂浆配合比表中,找出设计的分项工程项目与其相应定额规定不相符,并需要进行换算的不同品种、强度等级的两种砂浆每立方米的单价。

②计算两种不同强度等级砂浆单价的价差。

③从定额项目表中查出完成定额计量该分项工程需要换算的砂浆定额消耗量,以及该分项工程的定额基价。

④计算该分项工程换算的定额基价。

换算后的定额基价 = 原定额基价 + 砂浆定额用量 ×（换入砂浆单价 − 换出砂浆单价）

⑤计算分项工程换算后的预算价值。

分项工程或结构构件换算后的预算价值 = 分项工程或结构构件工程量 × 相应换算后的定额基价。

【例4.3】　某地一小区的砌筑空花墙的工程量为 80 m³,设计采用 M7.5 水泥石灰砂浆砌筑,而该省现行建筑工程预算定额相应项目是按 M5 水泥石灰砂浆确定其定额基价的。试计算采用 M7.5 水泥砂浆砌筑空花墙的预算直接费。

【解】　计算步骤如下:

（1）从定额的砌筑砂浆配合比表中,查出 M7.5 水泥石灰砂浆单价为 112.92 元/m³,M5 水泥石灰砂浆的单价为 100.08 元/m³。

（2）计算两种不同强度等级水泥砂浆的单价价差:

$$112.92 \text{ 元/m}^3 - 100.08 \text{ 元/m}^3 = 12.84 \text{ 元/m}^3$$

（3）从定额表中确定定额编号为 E3-18,查出砌筑空花墙每 m³ 的 M5 水泥石灰砂浆消耗量为 0.11,定额基价为 142.37 元/m³。

（4）计算换算后的定额基价:

(E3-18)换 = (142.37 + 0.11 × 12.84)元/m³ = 143.78 元/m³

(5)计算采用 M7.5 水泥石灰砂浆砌筑的空花墙的预算价值:

$$143.78 × 80 元 = 11\ 502.40 元$$

(2)混凝土的换算　当设计使用的混凝土强度等级与定额中的不同时,必须对定额基价进行换算。在换算过程中,混凝土消耗量不变,仅调整不同混凝土的预算价格。因此,混凝土的换算实质就是预算单价的调整。其换算的步骤和方法基本与砂浆的换算相同。

其换算公式为

换算后的定额基价 = 换算前定额基价 + 定额混凝土用量 × (换入混凝土单价 − 换出混凝土单价)

【例4.4】　某花坛基础混凝土,设计采用 C25 混凝土现浇,而该省现行建筑工程预算定额相应项目是按 C20 混凝土确定其定额基价的,试确定该花坛基础混凝土的换算单价。

【解】

(1)查找定额编号 4-127(混凝土 C20):

得知每 10 m³ 混凝土单价为 1 931 元,混凝土用量为 10.15 m³。

(2)确定换入、换出混凝土单价:

查附录表1:C25 混凝土单价为 172.63 元/m³

C20 混凝土单价为 158.96 元/m³

(3)计算换算单价:

(4-127)换 = [1 931 + 10.15 × (172.63 − 158.96)]元/10 m³ = 2 069.75 元/10 m³

(3)系数换算　系数换算是指通过对定额项目的人工、机械乘以规定的系数来调整定额的人工费和机械费,进而调整定额单价适应设计要求和条件的变化,使定额项目满足不同的需要。在使用时要注意:要严格按定额规定的系数换算,要区分定额换算系数和工程量系数,要注意在什么基础上乘以系数。

【例4.5】　某地一小区建造圆亭,亭面铺贴琉璃瓦,亭面坡度50°,铺贴面积 8 m²,试计算该琉璃瓦亭屋面工程的直接预算费用。

【解】　根据《××省园林建筑绿化工程综合定额》上册中屋面工程分部说明,得知定额中的亭面铺瓦坡度超过45°时,按相应项目人工乘以 1.3 系数。

(1)确定定额编号及单价:

定额编号为E7-11,预算单价为1134.34 元/10 m²(其中人工费 193.16 元,材料费 910.87 元,机械费 30.31 元)。

(2)换算定额单价:

(E7-11)换 = (193.16 × 1.3 + 910.87 + 30.31)元/m² = 1 192.29 元/m²

(3)计算该分项工程直接费:

$$1\ 192.29 元/m² × 0.8 m² = 953.83 元$$

(4)其他换算方法　除以上 3 种换算类型外,其他类型的定额换算还有很多。这里仅举一例,来说明其换算原理和过程。

【例4.6】　某墙基防潮层,设计要求用1:2水泥砂浆加8%防水粉施工,与定额中的防水粉用量不一致,试计算该分项工程的预算价格。

【解】

(1)确定定额编号,假设为 5-93,定额单价为 383.67 元/100 m^2。

(2)计算换入换出防水粉的用量

换出量:66.38 kg(定额消耗量)

换入量:1 314.45 kg×8% =105.16 kg

(3)计算换算后定额单价(防水粉单价为 1.01 元/kg)

383.67 元/100 m^2 + 1.01 元/kg × (105.16 − 66.38)kg/100 m^2 =422.84 元/100 m^2

对于其他类型的换算,虽没有固定的换算公式,但换算的方法仍然是在原定额价格的基础上减去换出部分的费用,加上换入部分的费用。

4.4　园林工程预算定额内容简介

《全国统一仿古建筑及园林工程预算定额》共分 4 册,其中第一册为《通用项目》(土建工程),与第二、三册配套使用。第二、三册为仿古建筑,其中第二册主要适用于以《营造法源》为主设计建造的仿古建筑工程及其他建筑工程的仿古部分。第三册适用于以《明清官式作法》为主设计建造的仿古建筑工程及其他建筑工程的仿古部分。第四册为《园林绿化工程》,适用于城市园林和市政绿化,也适用于厂矿、机关、学校、宾馆、居住小区的绿化和小品设施等工程。《全国统一仿古建筑及园林工程预算定额》内容包括:关于发布《仿古建筑及园林工程预算定额》的通知总说明;4 册说明;仿古建筑面积计算规则;目录;一共 4 章的说明、工程量计算规则、270 个分项子目预算定额表。

4 册说明包括以下内容:①本册定额包括工程名称;②本册定额编制依据;③本册定额使用范围;④本册定额中未包括的项目;⑤本册定额所列"其他工"所指的用工;⑥本册定额中材料、成品、半成品所含运输内容;⑦本册定额中所列机械费是包干使用;⑧本册定额中"( )"内容的含义。

各分项工程预算定额表包括:分项工程名称、工作内容、计量单位、各子目名称及编号、基价(人工费、材料费、机械费)、人工(园艺工、其他工、平均等级)、材料名称及数量、机械费等。如在第四册中所列出栽植乔木(带土球)的预算定额表,子目编号为 4-12 至 4-21。从预算定额表中,可以根据土球直径,查出栽植每株乔木所需的基价、人工费、材料费、机械费、园艺工工日数、其他工工日数、合计工日数、平均等级、材料名称及数量、机械费等。

现将应用普遍的第一册《通用项目》和第四册《园林绿化工程》部分的预算定额内容简单介绍如下。

4.4.1　土石方、打桩、围堰、基础垫层工程

1)人工挖槽、地沟、地坑、土方

挖地槽底宽在 3 m 以上,地坑底面积在 20 m^2 以上,平整场地厚度在 0.3 m 以上者,均按挖土方计算。

（1）工作内容　土方开挖、维护、支撑，场内运输、平整、夯实，挖土并抛土于槽边1m以外，修正槽坑壁底，排除槽坑内积水。

（2）分项内容　按土壤类别、挖土深度分别列项。

2）山坡切土、挖淤土、流沙、支挡土板

土石方的体积，按自然密实体积计算，填方按夯实后的体积计算。淤泥、流沙按实际计算，运土石方，按虚方计算时，其人工乘系数0.80。

（1）工作内容　挖坡切土、维护、挖淤土、挖流沙、场内运土、排水、支撑挡土板、夯实、加固。

（2）分项内容

①山坡切土：按一、二类土、三类土、四类土分别列项，以 m^3 计算。

②按挖淤泥、挖流沙分别列项，以 m^3 计算。

③支挡土板：按单面、双面分别列项，以 $10m^2$ 计算。

3）人工凿岩石

（1）工作内容　石方开凿，围护、支撑，场内运输，修整底、边。

（2）分项内容

①地面开凿：按软石、次坚石、坚石分别列项，以 m^3 计算。

②地槽开凿：按软石、次坚石、坚石分别列项，以 m^3 计算。

③地坑开凿：按软石、次坚石、坚石分别列项，以 m^3 计算。

4）人工挑抬，人力运土、石方

（1）工作内容　装土、卸土、运土及堆放。

（2）分项内容

①人工挑抬：基本运距为20 m，每增加20 m，则相应增加费用。按土、淤泥、石分别列项，以 m^3 计算。

②人力车运土：基本运距为50 m，每增加50 m，则相应增加费用。按土、淤泥、石分别列项，以 m^3 计算。

5）平整场地、回填土

平整场地按建（构）筑物外形每边各加宽2 m计算面积。围墙的平整场地，每边各加宽2 m计算。

取弃土或松动土壤回填时，只计算运输的工程量；取堆积两个月以上的弃土，除计算运输工程量外，还应按一类土计算挖土工程量；取自然土回填时，除计算运输工程量外，还应按土壤类别计算挖土工程量。

室内回填土体积，按承重墙或墙厚在18 cm以上的墙间净面积厚度计算，不扣除垛、柱、附墙烟囱和间壁墙等所占的面积。

（1）工作内容

①平整场地：厚度在±30 cm以内的挖、填、找平。

②回填土：取土、铺平、回填、夯实。

③原土打夯：包括碎土、平土、找平、泼水、夯实。

（2）分项内容

①平整场地：以 $10 m^2$ 计算。

②回填土:按地面、坑槽、松填和实填分别列项,以 m^3 计算。

③原土打夯:按地面、槽坑分别列项,以 $10\ m^3$ 计算。

6)打桩工程

(1)工作内容　工作平台搭拆、桩机竖拆、长内外运桩、废料弃置、土方运输。

(2)分项内容

①按打石钉、夯块石、钢筋混凝土桩长度在 8 m 以内分别列项,以 m^3 计算。

②人工打圆木桩:按桩长 3 m 以内、桩长 8 m 以内分别列项,以 m^3 计算。

③按搭拆水上打桩平台列项,以 $10\ m^2$ 计算。

7)围堰

(1)工作内容　清理基底,50 m 范围内的取、装、运土,草袋装土,封包运输,堆筑、填土夯实,拆除清理。

(2)分项内容

①土围堰:按 1.00 m(宽)×0.80 m(高),1.5 m(宽)×1.00 m(高),2.00 m(宽)×1.00 m(高)分别列项,以 10 m 计算。

②按草袋围堰列项,以 m^3 计算。

8)基础垫层

(1)工作内容　筛土、闷灰、浇水、拌和、铺设、找平、夯实、混凝土搅拌、振捣、养护。

(2)分项内容

①按灰土(3:7)、石灰渣、煤渣分别列项,以 m^3 计算。

②碎石(碎砖):按干铺、灌浆分别列项,以 m^3 计算。

③按三合土列项,以 m^3 计算。

④毛石:按干铺、灌浆分别列项,以 m^3 计算。

⑤按碎石和砂人工级配(1:1.5)毛石混凝土、混凝土、砂、抛乱石分别列项,以 m^3 计算。

4.4.2　砌筑工程

砌筑工程主要包括砌砖和砌石工程。

1)砖基础、砖墙

(1)工作内容

①调、运、铺砂浆,运砖、砌砖。

②安放砌体内钢筋、预制过梁板,垫块。

③砖过梁:砖平拱模板制安、拆除。

④砌窗台虎头砖、腰线、门窗套。

(2)分项内容

①砖基础。

②砖砌内墙:按墙身厚度 1/4 砖、1/2 砖、3/4 砖、1 砖、1 砖以上分别列项。

③砖砌外墙:按墙身厚度 1/2 砖、3/4 砖、1 砖、1.5 砖、2 砖及 2 砖以上分别列项。

④砖柱:按矩形、圆形分别列项。

2）砖砌空斗墙、空花墙、填充墙

（1）工作内容　工作内容与砖基础、砖墙的工作内容相同。

（2）分项内容

①空斗墙：按做法不同分别列项。

②填充墙：按不同材料分别列项（包括填料）。

3）其他砖砌体

（1）工作内容

①调、运砂浆，运砖、砌砖。

②砌砖拱包括木模安制、运输及拆除。

（2）分项内容

①小型砌体：包括花台、花池及毛石墙的门窗立边、窗台虎头砖等。

②砖拱：包括圆拱、半圆拱。

③砖地沟。

4）毛石基础、毛石砌体

（1）工作内容

①选石、修石、运石。

②调、运、铺砂浆，砌石。

③墙角门窗洞口的石料加工。

（2）分项内容

①墙基（包括独立柱基）。

②墙身：按窗台下石墙、石墙到顶、挡土墙分别列项。

③独立柱。

④护坡：按干砌、浆砌分别列项。

5）砌景石墙、蘑菇石墙

（1）工作内容

①景石墙：调、运、铺砂浆，选石、运石、石料加工、砌石、立边、棱角修饰、修补缝口、清洗墙面。

②蘑菇石墙：调、运、铺砂浆，选石、修石、运石、墙身、门窗口立边修正。

（2）分项内容　景石墙、蘑菇石墙分别列项。

工程量按砌体体积以 m^3 计算，蘑菇石按成品石考虑。

6）墙基防潮层、砖砌体内钢筋加固

墙基防潮层按墙基顶面积以 m^2 计算，砖砌体中加固钢筋按设计要求以 t 计算，安装钢筋人工已包括在砌体的定额内。

（1）工作内容　防水层铺筑，热沥青浇灌，场内运输混凝土浇筑，养护，固定支撑。

（2）分项内容

①墙基防潮层（每 10 m^2）：按防水砂浆、一毡二油（热沥青）分别列项，以 m^3 计算。

②按钢筋加固（每吨）列项，以 m^3 计算。

4.4.3　混凝土及钢筋混凝土工程

1)现浇钢筋混凝土

(1)基础

①工作内容:

a.模板制作、安装、拆卸、刷润滑剂、运输堆放。

b.钢筋制作、绑扎、安装。

c.混凝土搅拌、浇捣、养护。

②分项内容:

a.带型基础:按毛石混凝土、无钢筋混凝土、钢筋混凝土分别列项,以 m^3 计算。

b.基础梁:以 m^3 计算。

c.独立基础:按毛石混凝土、无钢筋混凝土、钢筋混凝土分别列项,以 m^3 计算。

d.杯型基础:以 m^3 计算。

e.整板基础:以 m^3 计算。

(2)柱

①工作内容:与第(1)项基础的工作内容相同。

②分项内容:

a.矩形柱:按断面周长档位分别列项,以 m^3 计算。

b.圆形柱:按直径档位分别列项,以 m^3 计算。

(3)梁

①工作内容:同第(1)项基础。

②分项内容:

a.预留部位浇捣,以 m^3 计算。

b.矩形梁:按梁高档位分别列项,以 m^3 计算。

c.圆形梁:按直径档位分别列项,以 m^3 计算。

d.按圈梁、过梁、老戗、嫩戗分别列项,以 m^3 计算。

(4)桁、枋、机

①工作内容:同第(1)项基础。

②分项内容:

a.矩形桁条、梓桁:按断面高度档位分别列项,以 m^3 计算。

b.圆形桁条、梓桁:按直径档位分别列项,以 m^3 计算。

c.枋子、连机分别列项,以 m^3 计算。

(5)板

①工作内容:同第(1)项基础。

②分项内容:

a.有梁板:按板厚档位分别列项,以 m^3 计算。

b.平板:按板厚分档位分别列项,以 m^3 计算。

c.椽望板、戗翼板分别列项,以 m^3 计算。

d.亭屋面板:按板厚档位分别列项,以 m³ 计算。

(6)钢丝网屋面、封沿板

①工作内容:

a.制作、安装、拆除临时性支撑及骨架。

b.钢筋、钢丝网制作及安装。

c.调、运砂浆。

d.抹灰。

e.养护。

②分项内容:

a.钢丝网屋面:按二网一筋 20 mm 厚度、每增减 10 m² 一层钢丝网、每增减 10 m²,10 mm 厚砂浆分别列项,以 10 m² 为单位计算。

b.钢丝网封沿板:按每增减 10 m 列项,以 10 m 为单位计算。

(7)其他项目

①工作内容:

a.木模制作、安装、拆除。

b.钢筋制作、绑扎、安装。

c.混凝土搅拌、浇捣、养护。

②分项内容:

a.整体楼梯、雨篷、阳台分别列项,工程量按水平投影面积以 10 m² 计算。

b.古式栏板、栏杆分别列项,工程量以 10 延长米计算。

c.吴王靠按简式、繁式分别列项,工程量以 10 延长米计算。

d.压顶按有筋、无筋分别列项,工程量以 m³ 计算。

e.斗拱、梁垫、蒲鞋头、短棋、云头等古式零件,其他零星构件分别列项,工程量以 m³ 计算。

2)预制钢筋混凝土

(1)柱

①工作内容:

a.钢模板安装、拆除、清理、刷润滑剂、集中堆放;木模板制作、安装、拆除堆放;模板场外运输。

b.钢筋制作,对点焊及绑扎安装。

c.混凝土搅拌、浇捣、养护。

d.砌筑清理地胎模。

e.成品堆放。

②分项内容:

a.矩形柱:按断面周长(cm)档位分别列项,以 m³ 计算。

b.圆形柱:按直径(cm)档位分别列项,以 m³ 计算。

c.多边形柱按相应圆形柱定额计算,以 m³ 计算。

（2）梁

①工作内容:同第(1)项柱。

②分项内容:

a.矩形梁:按断面高度档位分别列项,以 m^3 计算。

b.圆形梁:按直径档位分别列项。圆弧形梁按圆形梁定额计算增大,以 m^3 计算。

c.异形梁:基础梁、过梁、老戗、嫩戗分别列项,以 m^3 计算。

（3）桁、枋、机

①工作内容:同第(1)项柱。

②分项内容:

a.矩形桁条、樑桁:按断面高度(cm)档位分别列项,以 m^3 计算。

b.桁条樑桁圆形:按直径(cm)档位分别列项,以 m^3 计算。

c.枋子、连机分别列项,以 m^3 计算。

（4）板

①工作内容:同第(1)项柱。

②分项内容:

a.空心板:按板长(m)档位分别列项,以 m^3 计算。

b.平板、槽形板、单肋板、椽望板、戗翼板分别列项,以 m^3 计算。

（5）椽子

①工作内容:同第(1)项柱。

②分项内容:

a.方直椽:按断面高度(cm)档位列项,以 m^3 计算。

b.圆直椽:按直径(cm)档位列项,以 m^3 计算。

c.弯形椽子列项,以 m^3 计算。

（6）预制钢筋混凝土预应力构件

①工作内容:同第(1)项柱。

②分项内容:按平板、空板长度(m)、桁条分别列项,以 m^3 计算。

（7）预制其他

①工作内容:同第(1)项柱。

②分项内容:

a.楼梯:按斜梁、踏步、斗拱、梁垫、蒲鞋头、短棋、云头等古式零件分别列项,以 m^3 计算。

b.按挂落列项,以 10 延长米为单位计算。

c.花窗复杂、花窗简单、门框、窗框、预制栏杆件、预制美人靠件分别列项,以 10 m^2 计算。

d.按零星构件有筋、零星构件无筋、预制水磨石零件窗台板类、预制水磨石零件隔板及其他分别列项,以 m^3 计算。

（8）钢筋、铁件增减调整

①工作内容:同第(1)项柱。

②分项内容:

a.其他预制混凝土:按地面块矩形、地面块异形、地面块席纹、假方块有筋、假方块无筋分别列项,以 m^3 计算。

b.按钢筋、铁件增减调整表中钢筋及铁件增减钢筋;钢筋、铁件增减调整表中钢筋及铁件增减预应力钢筋;钢筋、铁件增减调整表中钢筋及铁件增减冷拔低碳钢丝;钢筋、铁件增减调整表中钢筋及铁件增减铁件分别列项,以 t 计算。

(9)预制钢筋混凝土构件汽车运输

①工作内容:同第(1)项柱。

②分项内容:按运输距离(km 以内)列项,以 m³ 计算。

(10)预制钢筋混凝土构件安装

①工作内容:同第(1)项柱。

②分项内容:

a.柱:柱、吊装、灌浆填缝。

基础梁:基础梁、吊装、灌浆填缝。

屋架:中式、中式吊装、中式灌浆填缝、人字、人字吊装、人字灌浆填缝。

老嫩戗:老嫩戗、吊装、灌浆填缝。

枋、桁、梓连机、椽子:枋、桁、梓连机、椽子、吊装、灌浆填缝。

矩、圆形梁:有电焊、有电焊吊装、有电焊灌浆填缝、无电焊、无电焊吊装、无电焊灌浆填缝。

过梁:过梁、过梁吊装、过梁灌浆填缝。

空心板:空心板、空心板吊装、空心板灌浆填缝。

槽形板肋形板:槽形板肋形板、槽形板肋形板吊装、槽形板肋形板灌浆填缝。

平板:平板、平板吊装、平板灌浆填缝。

椽望板戗翼板亭屋面板:椽望板戗翼板亭屋面板、椽望板戗翼板亭屋面板吊装、椽望板戗翼板亭屋面板灌浆填缝。

楼梯(楼梯段、斜梁休息板):楼梯(楼梯段、斜梁休息板)、楼梯(楼梯段、斜梁休息板)吊装、楼梯(楼梯段、斜梁休息板)灌浆填缝。

斗拱、梁垫、云头、短棋等小型构件有(无)电焊:斗拱、梁垫、云头、短棋等小型构件有(无)电焊,斗拱、梁垫、云头、短棋等小型构件有(无)电焊吊装,斗拱、梁垫、云头、短棋等小型构件有(无)电焊灌浆填缝分别列项,以 m³ 计算。

b.挂落:挂落、挂落吊装、挂落灌浆填缝分别列项,以 10 延长米为单位计算。

4.4.4　木作工程

1)普通木窗

(1)工作内容　配料,截料,刨料,画线,凿眼,开榫,裁口,整理线脚,拼装,安装,油漆。

(2)分项内容

①单(双)层玻璃窗:单(双)层玻璃窗、单(双)层玻璃窗制作、单(双)层窗安装分别列项,以 10 m² 计算。

②一玻一纱窗:一玻一纱窗、一玻一纱窗制作、一玻一纱窗安装分别列项,以 10 m² 计算。

③扇上小气窗:扇上小气窗、扇上小气窗制作、扇上小气窗安装分别列项,以 10 扇计算。

④纱窗扇 10 m² 外围面积:纱窗扇 10 m² 外围面积、纱窗扇 10 m² 外围面积制作、纱窗扇 10 m² 外围面积安装分别列项,以 10 m² 计算。

⑤木百叶窗矩形(不)带铁纱：木百叶窗矩形(不)带铁纱、木百叶窗矩形(不)带铁纱制作、木百叶窗矩形(不)带铁纱安装分别列项，以 $10\ m^2$ 计算。

⑥木百叶窗矩形带开扇(圆形)：木百叶窗矩形带开扇(圆形)、木百叶窗矩形带开扇(圆形)制作、木百叶窗矩形带开扇(圆形)安装分别列项，以 $10\ m^2$ 计算。

⑦圆形玻璃窗圆(半圆、门窗之上半圆形)形：圆形玻璃窗圆(半圆、门窗之上半圆形)形、圆形玻璃窗圆(半圆、门窗之上半圆形)形制作、圆形玻璃窗圆(半圆、门窗之上半圆形)形安装分别列项，以 $10\ m^2$ 计算。

2)普通木门

(1)工作内容　同木窗工作内容。

(2)分项内容

①按镶板门、胶合板(纤维板)带纱窗、胶合板(纤维板)门、半截玻璃门(不)带纱门、全玻璃门(不)带纱门、拼板门、自由门、百叶窗、纱门窗、纱门亮子，$10\ m^2$ 扇面积分别列项，以 $10\ m^2$ 计算。

②按木门框下坎单(双)截口分别列项，以 10 延长米为单位计算。

3)木装修

(1)工作内容　制作,安装,油漆,板面处理,保养,搭拆脚手架。

(2)分项内容

①按窗台板板厚(cm)、筒子板分别列项，以 $10\ m^2$ 计算。

②按窗帘盒带木棍、窗帘盒带金属轨、挂镜线、门窗贴脸分别列项，以 10 延长米计算。

4)间墙壁

(1)工作内容　制作及安装木搁栅,装面板,钉贴脸,板面处理刨光,油漆。

(2)分项内容　按抹灰间壁、板间壁、木墙裙、护墙板分别列项，以 $10\ m^2$ 计算。

5)天棚木楞

(1)工作内容　龙骨安装,固定,支撑,弹线,安装格栅,钉木楞,搭拆脚手架。

(2)分项内容　按普通天棚搁在墙上或混凝土梁上、吊在屋架桁条上,普通天棚吊在混凝土板下、斜钉在檩木上(斜天棚)、钙塑板、吸音板天棚搁在墙上或混凝土梁上、吊在屋架桁条上,钙塑板、吸音板天棚吊在混凝土板下分别列项，以 $10\ m^2$ 计算。

6)天棚面层

(1)工作内容　安装,面板加工,钉板,固定压条,铺钉,抹灰,搭拆脚手架。

(2)分项内容

①按板条、钢丝网、薄板、吸音板(不)穿孔、钙塑板(不)带压条、胶合板(纤维板)、隔音板、沿口天棚(包括楞木)、钉压条分别列项，以 $10\ m^2$ 计算。

②按天棚检查洞、天棚通风洞分别列项，以 10 个计算。

7)木楼地楞

(1)工作内容　安装木格栅,弹线,钉木楞,固定,支撑。

(2)分项内容　按方木楞(不)带剪刀撑、圆木楞(不)带平撑分别列项，以 $10\ m^2$ 计算。

8）木楼板及踢脚线

（1）工作内容　安装木格栅，铺板，拼花，钉卡挡格栅，刻通风槽，钉毛地板，钉踢脚板，面刨光，处理，钉踢脚线，靠墙地面刨光刨平处理。

（2）分项内容　按平口板、企口板、硬木企口板、席纹地板、木踢脚板分别列项，以 10 m^2 计算。

9）地板、制作

（1）工作内容　同木楼板及踢脚线。

（2）分项内容　按平口木地板、企口木地板板宽 7.5 cm 以内、企口木地板板宽 7.5 cm 以上、硬木企口地板板宽 5 cm、席纹地板、毛地板、踢脚板分别列项，以 10 m^2 计算。

10）木楼梯、木扶手、木栏杆

（1）工作内容　安装扶手、起步弯头，整理弯头制作，整修刨光，油漆。

（2）分项内容　木楼梯（10 m^2 水平投影面积）、木栏杆带木扶手、混凝土栏杆上木扶手、铁栏杆带木扶手、靠墙钢管扶手分别列项，以 10 延长米为单位计算。

4.4.5　楼地面工程

1）垫层

（1）工作内容

①炉渣过筛、闷灰、铺设垫层、拌和、找平、夯实。

②钢筋制作，绑扎。

③混凝土搅拌、捣固、养护。

④炉渣混合物铺设、拍实。

（2）分项内容　根据材料不同，按砂、碎石、水泥石灰炉渣、石灰炉渣、炉渣、毛石灌浆、混凝土（分有筋，无筋）分别列项。

2）防潮层

（1）工作内容

①清理基层、调制砂浆、抹灰养护。

②熬制沥青玛蹄脂、配制和刷冷底子油一道,铺贴卷材。

（2）分项内容

①抹防水砂浆:按平面、立面分别列项。

②二毡三油防水层:按平面、立面分别列项。

③坡顶防水层:按一毡二油、二毡三油分别列项。

④圆形攒尖顶屋面防水层:按一毡二油、二毡三油分别列项。

3）找平层

（1）工作内容

①清理底层。

②调制水泥砂浆、抹平、压实。

③细石混凝土的搅拌、振捣、养护。

(2)分项内容

①水泥砂浆:以 2 cm 厚为基准,增减另计。

②钢筋混凝土:以 4 cm 厚为基准,增减另计。

③细石混凝土:以 3 cm 厚为基准,增减另计。

4)整体面层

(1)工作内容

①清理底层,调制砂浆。

②刷水泥浆。

③砂浆抹面、压光。

④磨光、清洗、打蜡及养护。

(2)分项内容

①水泥砂浆:以 2 cm 厚为基准,增减另计。

②水磨石:按嵌条、不嵌条、嵌条分色分别列项。

③踢脚线:按水泥砂浆面、水磨石面分别列项。

5)块料面层

(1)工作内容

①清理底层,调制砂浆,熬制玛蹄脂。

②刷素水泥浆,砂浆找平。

③铺结合层、贴块料面层、填缝、养护。

(2)分项内容 根据材料不同,按瓷砖地面、马赛克面层、大理石面层、水磨石板地面、水磨石板踢脚线分别列项。

6)散水、明沟、台阶、斜坡

(1)工作内容

①挖土或填土,夯实底层、铺垫层。

②铺面、裁边、灌浆。

③混凝土搅拌、捣固、养护。

④砂浆调制、抹面、压光。

⑤磨光、上蜡。

⑥剁斧斩假石面。

(2)分项内容

①混凝土散水坡、混凝土斜坡、毛石散水坡、平铺砖散水坡砂浆灌缝(砂浆抹面)、混凝土台阶水泥砂浆面分别列项,工程量以 10 m² 计算。

②混凝土台阶:按水泥砂浆面、斩假石面、水磨石面、砖台阶水泥砂浆面分别列项,工程量以 10 m² 计算。

③砖砌明沟、混凝土明沟分别列项,工程量以 10 延长米为单位计算。

④水泥管沟头列项,工程量以 10 个计算。

7)伸缩缝

（1）工作内容　清理场地,浇灌,修缝隙,打磨。

（2）分项内容　按油浸麻丝(平面)、油浸麻丝(立面)、油浸木丝板、石灰麻刀(平面)、石灰麻刀(立面)、沥青砂浆、铁皮盖面(平面)、铁皮盖面(立面)、建筑油膏分别列项,工程量以10延长米为单位计算。

4.4.6　抹灰工程

1)水泥砂浆、石灰砂浆

（1）工作内容

①清理基层,堵墙眼,调运砂浆。

②抹灰、找平、罩面及压光。

③起线、格缝嵌条。

④搭拆3.6 m高以内脚手架。

（2）分项内容

①天棚抹灰:按不同基层(混凝土面层、板条面、钢丝网面)、不同砂浆分别列项,以10 m² 计算;按三道线内、五道线内分别列项,以10 m 计算。

②墙面抹灰:按不同墙面(砖内或外墙面、板条墙面、毛石墙面)、不同基层、不同砂浆分别列项,以10 m² 计算。

③挑台、天沟、腰线、柱面、梁面、小型砌体、栏杆、扶手压顶、门窗套、窗台线、压顶等抹灰:均以展开面积计算。

④阳台、雨篷抹灰:按水平投影面积以10 m² 计算,定额中已包括底面、上面、侧面及牛腿的全部抹灰面积。但阳台的栏板、栏杆抹灰应另列项目计算。

2)装饰抹灰

（1）工作内容

①清理基层,堵墙眼,调运砂浆。

②嵌条、抹灰、找平、罩面、洗刷、剁斧、黏石、水磨、打蜡。

（2）分项内容

①剁假石(水刷石):分别按砖墙面、墙裙;柱梁面;挑沿、腰线、栏杆、扶手;窗台线、门窗线压顶;阳台、雨篷(水平投影面积)分别列项,以10 m² 计算。

②水泥石灰砂浆底石膏灰浆在砖墙面列项,以10 m² 计算。

③干黏石:分别按砖墙面、砖墙裙;毛石墙面、毛石墙裙;柱、梁面;挑沿、天沟、腰线、栏杆;窗台线、门窗套压顶;阳台、雨篷(投影面积)分别列项,以10 m² 计算。

④水磨石:分别按墙面、墙裙、柱梁面、窗台板、门窗套水池等小型项目分别列项,以10 m² 计算。

⑤拉毛:按墙面,柱梁面分别列项,以10 m² 计算。

3) 镶贴块料面层

(1) 工作内容

① 清理表面、堵墙眼。

② 调运砂浆、底面抹灰、清理表面。

③ 镶贴面层(含阴阳角)、修嵌缝隙。

(2) 分项内容

① 水泥砂浆贴瓷砖、马赛克、水磨石板各项分别按墙面墙裙、小型项目分别列项,以 10 m² 计算。

② 人造大理石、天然大理石各项分别按墙面墙裙、柱梁及其他分别列项,以 10 m² 计算。

③ 面砖:按勾缝、不勾缝分别列项,以 10 m² 计算。

4) 墙面勾缝

(1) 工作内容　调运砂浆、清理表面,洗刷、抹灰、找平。

(2) 分项内容

① 水泥砂浆砖墙面毛墙面平(凸)缝、水泥膏凸(凹)缝分别列项,工程量以 10 m² 计算。

② 砖墙面列项,工程量以 10 m² 计算。

4.4.7 园林绿化工程

1) 整理绿化地

(1) 工作内容

① 清理场地(不包括建筑垃圾及障碍物的清除)。

② 厚度 30 cm 以内的挖、填、找平。

③ 绿地整理。

(2) 细目划分　工程量以 10 m² 计算。

2) 起挖乔木(带土球)

(1) 工作内容　起挖、包扎出坑、搬运集中、回土填坑。

(2) 细目划分　按土球直径(cm)档位分别列项,以株计算。特大或名贵树木另外计算。

3) 起挖乔木(裸根)

(1) 工作内容　起挖、出坑、修剪、打浆、搬运集中、回土填坑。

(2) 细目划分　按胸径(cm)档位分别列项,以株计算。特大或名贵树木另行计算。

4) 栽植乔木(带土球)

(1) 工作内容　挖坑、栽植(落坑、扶正、回土、捣实、筑水围)、浇水、覆土、保墒、整形、清理。

(2) 细目划分　按土球直径(cm)档塑钢分别列项,以株计算。特大或名贵树木另行计算。

5) 栽植乔木(裸根)

(1) 工作内容　同栽植乔木(带土球)

(2) 细目划分　按胸径(cm)档位分别列项,以株计算。特大或名贵树木另行计算。

6)起挖灌木(带土球)

　　(1)工作内容　起挖、包扎、出坑、搬运集中、回土填坑。

　　(2)细目划分　按土球直径(cm)档位分别列项,以株计算。特大或名贵树木另行计算。

7)起挖灌木(裸根)

　　(1)工作内容　起挖、出坑、修剪、打浆、搬运集中、回土填坑。

　　(2)细目划分　按灌丛高度(cm)档位分别列项,以株计算。

8)栽植灌木(带土球)

　　(1)工作内容　挖坑、栽植(扶正、捣实、回土、筑水围)、浇水、覆土、保墒、整形、清理。

　　(2)细目划分　按土球直径(cm)档位分别列项,以株计算。特大或名贵树木另行计算。

9)栽植灌木(裸根)

　　(1)工作内容　同栽植灌木(带土球)。

　　(2)细目划分　按冠丛高(cm)档位分别列项,以株计算。

10)起挖竹类(散生竹)

　　(1)工作内容　起挖、包扎、出坑、修剪、搬运集中、回土填坑。

　　(2)细目划分　按胸径(cm)档位分别列项,以株计算。

11)起挖竹类(丛生竹)

　　(1)工作内容　同起挖竹类(散生竹)。

　　(2)细目划分　按根盘丛径(cm)档位分别列项,以株计算。

12)栽植竹类(散生竹)

　　(1)工作内容　挖坑、栽植(扶正、捣实、回土、筑水围)、浇水、覆土、保墒、整形、清理。

　　(2)细目划分　按胸径(cm)档位分别列项,以株计算。

13)栽植竹类(丛生竹)

　　(1)工作内容　同栽植竹类(散生竹)。

　　(2)细目划分　按根盘丛径(在 cm 以内)分别列项,以丛计算。

14)栽植绿篱

　　(1)工作内容　开沟、排苗、回土、筑水围、浇水、覆土、整形、清理。

　　(2)细目划分　按单、双排和高度(cm)档位分别列项,工程量以 10 延长米计算,单排以丛计算,双排以株计算。

15)露地花卉栽植

　　(1)工作内容　翻土整地、清除杂物、施基肥、放样、栽植、浇水、清理。

　　(2)细目划分　按草本花、木本花、球块根类、一般图案花坛、彩纹图案花坛、立体花坛、五色草一般图案花坛、五色草彩纹图案花坛、五色草立体花坛分别列项,以 10 m² 计算。

16)草皮铺种

　　(1)工作内容　翻土整地、清除杂物、搬运草皮、浇水、清理。

　　(2)细目划分　按散铺、满铺、直生带、播种分别列项,以 10 m² 算。种苗费未包括在定额内,另行计算。

17) 栽植水生植物

(1) 工作内容　挖淤泥、搬运、种植、养护。

(2) 细目划分　按荷花、睡莲分别列项,以 10 株计算。

18) 树木支撑

(1) 工作内容　制桩、运桩、打桩、绑扎。

(2) 细目划分

① 树棍桩:按四脚桩、三脚桩、一字桩、长单桩、短单桩、铅丝吊桩分别列项,以株计算。

② 毛竹桩:按四脚桩、三脚桩、一字桩、长单桩、短单桩、预制混凝土长单桩分别列项,以株计算。

19) 草绳绕树干

(1) 工作内容　搬运草绳、绕干、余料清理。

(2) 细目划分　按胸径(cm)档位分别列项,工程量以延长米计算。

20) 栽植攀缘植物

(1) 工作内容　挖坑、栽植、回土、捣实、浇水、覆土、施肥、整理。

(2) 细目划分　按 3 年生、4 年生、5 年生、6 ~ 8 年生分别列项,工程量以 100 株为单位计算。

21) 假植

(1) 工作内容　挖假植沟、埋树苗覆土、管理。

(2) 细目划分

① 裸根乔木:按胸径(cm)档位分别列项,工程量以株为单位计算。

② 裸根灌木:按冠丛高(cm)档位分别列项,工程量以株为单位计算。

22) 人工换土

(1) 工作内容　装、运土到坑边。

(2) 细目划分

① 带土球乔灌木,按乔灌木土球直径(cm)档位分别列项,以株为单位计算。

② 裸根乔木,按裸根乔木胸径(cm)档位分别列项,以株为单位计算。

③ 裸根灌木,按裸根灌木树冠高度(cm)档位分别列项,以株为单位计算。

4.4.8　堆砌假山及塑假石山工程

1) 堆砌假山

(1) 工作内容

① 放样、选石、运石、调运砂浆(混凝土)。

② 堆砌,搭、拆简单脚手架。

③ 塞垫嵌缝,清理,养护。

(2) 分项内容

① 湖石假山、黄石假山、整块湖石峰、人造湖石峰、人造黄石峰、石笋安装、土山点石均按高

度(m)档位分别列项,以 t 为单位计算。

②布置景石:按 1 t 以内,1～5 t,5～10 t 分别列项,以 t 为单位计算。

③自然式护岸:按湖石列项计算,如采用黄石砌筑,则湖石换算成黄石,数量不变,以 t 为单位计算。

2)塑假石山

(1)工作内容

①放样画线,挖土方,浇混凝土垫层。

②砌骨架或焊钢骨架,挂钢网,堆砌成形。

(2)分项内容

①砖骨架塑假山:按高度(m)档位分别列项,以 10 m² 计算。如设计要求做部分钢筋混凝土骨架时应进行换算。

②钢骨架塑假山:按网塑假山列项,以 10 m² 计算。基础、脚手架、主骨架的工料费不包括在内,应另行计算。

4.4.9 园路及园桥工程

1)园路

(1)土基整理

①工作内容:厚度在 30 cm 以内挖、填土,找平、夯实、修整,弃土于 2 m 以外。

②细目划分:整理路床列项,以 10 m² 计算。

(2)垫层

①工作内容:筛土、浇水、拌和、铺设、找平、灌浆、振实、养护。

②细目划分:按砂、灰土(3∶7)、灰土(2∶8)、煤渣、碎石、混凝土分别列项,以 m³ 计算。

(3)面层

①工作内容:放线、修整路槽、夯实、修平垫层、调浆、铺面层、嵌缝、清扫。

②细目划分:

卵石面层:按彩色拼花、素色(含彩边)分别列项,以 10 m² 计算。

混凝土面层:按纹形、水刷纹形、预制方格、预制异形、预制混凝土大块面层、预制混凝土假冰片面层、水刷预制混凝土路面分别列项,以 10 m² 计算。

八五砖面层:按平铺、侧铺分别列项,以 10 m² 计算。

石板面层:按方整石板面层、冰纹石板面层、瓦片、碎缸片、弹石片、小方碎石、六角板分别列项,以 10 m² 计算。

2)园桥

(1)工作内容   选石、修石、运石,调、运、铺砂浆,砌石,安装桥面。

(2)分项内容

①毛石基础、桥台(分毛石、条石)、条石桥墩、护坡(分毛石、条石)分别列项,以 m³ 计算。

②石桥面列项,以 10 m² 计算。

园桥挖土、垫层、勾缝及有关配件制作、安装应套用相应项目另行计算。

4.4.10 园林小品工程

1) 塑松(杉)树皮、塑竹节竹片、壁画

(1) 工作内容

①调运砂浆,找平,压光,塑面层,清理,养护。

②钢筋制作、绑扎、调运砂浆、底层抹灰、现场安装。

(2) 分项内容 按塑松(杉)树皮、塑竹节竹片直径(cm)档位分别列项,以 10 m^2 计算。

2) 塑松树棍(柱)、竹棍

(1) 工作内容 钢筋制作、绑扎、调运砂浆、底层抹灰、现场安装。

(2) 分项内容 按预制塑松棍、塑松皮柱、塑黄竹、塑金丝竹直径(cm)档位分别列项,以 10 m^2 计算。

3) 小型设施

(1) 工作内容

①模板制作、安装及拆除,钢筋制作及绑扎,混凝土浇捣,砂浆抹平,构件养护,磨光打蜡,现场安装。

②放样,挖,做基础,调运砂浆,抹灰,模板制作及拆除,钢筋制作及绑扎,混凝土浇捣,养护及清理。

③下料、焊接、刷防锈漆一遍,刷面漆两遍,放线、挖坑、安装、灌浆覆土、养护。

(2) 分项内容

①白色水磨石:按景窗断面面积(cm^2)现场抹灰(预制、现浇)、按景窗断面面积(cm^2)现浇、平板凳预制、平板凳现浇、断面面积(cm^2)花檐预制(安装)、断面面积(cm^2)角花预制(安装)、断面面积(cm^2)博古架预制(安装)、飞来椅分别列项,以 10 m 计算。

②按水磨木纹板制作、不水磨原色木纹板制作分别列项,以 m^2 计算。

③按水磨木纹板制作、不水磨原色木纹板安装、砖砌园林小摆设抹灰面分别列项,以 10 m^2 计算。

④按预制混凝土花色栏杆制作,金属花色栏杆制作(钢管、钢筋、扁铁混合结构),花色栏杆安装(预制混凝土或金属)按简易、普通、复杂)分别列项,以 10 延长米计算。

⑤砖砌园林小摆设列项,以 m^3 计算。

复习思考题

1. 简述工程定额、园林工程预算定额概念。

2. 园林工程定额有哪些作用?

3. 园林工程定额手册的组成内容有哪些?

4. 简述概算定额和概算指标的概念。

5. 简述工程预算定额的特点。

6. 简述工程定额如何分类。

7. 园林工程预算定额一般由哪些部分组成? 根据本地区园林工程定额简述组成内容。

8. 利用本地区园林工程预算定额查阅表4.8中项目的定额编号、计量单位、基价。

表4.8　园林工程预算定额项目的定额编号、计量单位、基价

定额编号	分项工程名称	单位	基价
	起挖乔木(带土球、土球直径80 cm)		
	起挖灌木(裸根,苗木高度180 cm)		
	起挖草皮,带土厚度2.5 cm		
	栽植草皮,满铺		
	栽植绿篱,单排高150 cm		
	大树起挖(带土球,土球直径200 cm)		
	草绳绕树干,胸径20 cm		
	绿地平整		
	常绿灌木养护,高度150 cm		
	黄石假山堆砌,高度3.5 m		
	自然式湖石护岸堆砌		
	园路混凝土垫层		
	方垫石板面铺设		
	白色水磨石飞来椅制作		
	花式金属栏杆安装		
	草屋面制作、安装		
	木花架椽,断面周长30 cm		
	型钢花架柱制作1 t以内		
	石凳安装,规格60 cm		

9. 查定额表(见表4.9),计算出栽植1 500 m² 金叶女贞花坛工程(25 株/m²)的人工费、材料费、机械费以及工程直接费(不含苗木材料费)。

表4.9　栽植色块

工作内容:清理杂物,平床,放样,栽植,浇水,修剪,清理。　　　　　　　　　　　单位:10 m²

定额编号	E1-207	E1-208	E1-209	E1-210	E1-211
项目名称	栽植花坛等色块植物(花灌木,普通花坛)				
	(株)以内/m²				
	16	25	36	49	64
基价/元	41.31	46.58	52.94	55.11	57.69

续表

其中	人工费/元			40.38	45.54	51.75	53.82	56.25
	材料费/元			0.93	1.04	1.19	1.29	1.44
	机械费/元			—	—	—	—	—
名称		单位	单价	数量				
综合工日		工日	30.00	1.346	1.518	1.725	1.794	1.875
材料	水	m³	2.12	0.440	0.490	0.560	0.610	0.680

实验实训

园林工程概预算定额工具书使用

1. 目的要求

认识园林工程预算定额的组成,理解预算定额表格的组成及各组成部分间的关系,掌握预算定额的套用和换算,学会应用预算定额计算工程直接费。

2. 实训工具、用品

笔、纸、计算器、卷尺、绿化图纸一套,当地园林工程预算定额工具书等。

3. 内容与方法

将全班同学按人数分为若干个小组,按照下列步骤进行实训,学习应用园林工程预算定额的套用的过程。

(1)参观校园内绿化景点,了解绿化施工工序和施工过程。

(2)选择校园内一处绿化景点,分别就绿化场地整理、乔木栽植、灌木栽植、草本花卉栽植、模纹色块栽植、铺种草坪、草绳绕干、木支架、园林景石小品等项目进行分组测绘,记录其各项目的工程量。

(3)翻阅园林工程预算定额工具书,仔细阅读园林绿化工程预算定额与工程取费定额,按定额书上的项目确定工程项目。

(4)正确查找、套用园林工程预算定额并计算定额直接费和人工、机械、材料用量等。

(5)分组讲解、讨论。

4. 实训报告

根据现场测绘的工程量,参照老师提供的园林工程定额工具书,编制校园绿化工程直接费。

5 园林工程量计算方法

【知识目标】

了解园林工程工程量计算的原则与步骤、园林工程项目的划分等知识;熟悉园林绿化工程量的计算方法;掌握一般园林工程量计算方法和园林小品工程量的计算方法。

【技能目标】

能依据实际情况进行园林工程量的计算。

5.1 园林工程量计算的原则及步骤

5.1.1 工程量计算的原则

为了保证园林工程量计算的准确性,必须遵循以下计算原则:

1)计算口径要与预算定额一致

计算工程量时,施工图列出的分项工程口径(指分项工程包括的工作内容和范围)与预算定额中相应分项工程的口径一致。例如,水磨石分项工程,预算定额中已包括了刷素水泥浆一道(结合层),则计算该项工程量时,不应另列刷素水泥浆项目,以免造成重复计算。相反,分项中设计有的工作内容,而相应预算定额中没有包括时,应另列项目计算。

2)计算规则与预算定额要一致

工程量计算必须与预算定额中规定的工程量计算规则(或计算方法)相一致,才符合定额的要求。例如,工程中,一砖半墙的厚度,无论施工图中标注的尺寸是"360"或"370",都应以预算定额计算规定的"365"进行计算。

3)计量单位要与预算定额一致

计算工程量时各分项工程量的计量单位,必须与预算定额中相应项目的计量单位一致。例如,预算定额是以 m^3 作单位的,所计算的工程量也必须以 m^3 为单位。定额中有许多采用扩大定额(按计量单位的倍数)的方法来计量。栽植绿篱分项工程的计量单位是 10 延长米,而不是种植面积或株数,则工程量单位也是 10 延长米;整理绿化地分项工程一般计量单位是 m^2,而在定额中的计量单位是 10 m^2,为套用定额方便绿化地整理的工程量计量单位要换算成 10 m^2。

如整理绿化用地为 3 000 m², 换算后为 300（10 m²）。

4）计算精度要一致

为了计算方便, 工程量的计算结果统一要求为: 一般应精确到小数点后 3 位; 汇总时取两位; 钢材（以 t 为单位）、木材（以 m³ 为单位）精确到 3 位小数, kg、件取整数。

5）计算顺序要合理

计算工程量时要按照一定的顺序逐一进行计算, 一般先划分单项或单位工程项目, 再确定工程分部分项内容。针对定额和施工图纸确定分部分项工程项目之后, 对于每一个分项工程项目计算都要按照统一的顺序进行。下面只选择几种做简要介绍:

（1）按工程施工顺序计算　即按工程施工顺序的先后来计算工程量。如, 在计算一个综合的园林工程的工程量时, 一般按整地工程、园路工程、园景工程、栽植工程的顺序进行计算。

（2）按定额项目顺序计算　即按定额所列分部分项工程的顺序来计算工程量。

（3）按顺时针方向计算　即计算时从图纸的左上方一点起, 由左至右环绕一周后, 再回到左上方这一点止。

（4）按"先横后竖"计算　即在图纸上先计算横项内容, 后计算竖项内容, 按从上而下、从左至右的顺序进行。千万不能按图纸上的内容看到哪里算到哪里, 这样容易造成漏算和重算。

（5）按图纸编号顺序计算　按图纸上所注各种构件、配件的顺序来进行计算。

6）工程量计算所用原始数据必须和设计图纸相一致

工程量是按每一分项工程, 根据设计图纸进行计算的, 计算时所采用的原始数据都必须以施工图纸所表示的尺寸或施工图纸上能读出的尺寸为准进行计算, 不得任意加大或缩小各部位尺寸。

5.1.2 工程量计算的步骤

1）列出分项工程项目名称

根据施工图纸, 并结合施工方案的有关内容, 按照一定的计算顺序逐一列出单位工程施工图的分项工程项目名称。所列的分项工程项目名称必须与预算定额中相应项目名称一致。

2）列出工程量计算公式

分项工程项目名称列出后, 根据施工图纸所示的部位、尺寸和数量, 按照工程量计算规则, 分别列出工程量计算公式。工程量计算通常采用计算表格进行, 见表 5.1。

表 5.1　一般工程量计算表

序号	分项工程名称	规格	计算式	工程数量	单位	备注

3）调整计量单位

通常计算的工程量都是以 m, m², m³ 等为单位, 但预算定额中往往以 10 m, 10 m², 10 m³,

100 m²,100 m³ 等为计量单位,因此还需将计算的工程量单位按预算定额中相应项目规定的计量单位进行调整,使计量单位一致,便于以后的计算。

4)套用计算定额进行换算

按照计算顺序,根据工程量计算规则,逐一套用计算定额求出各分部分项工程工程量。对于不能直接参与计算的工程量项目,应先根据定额的使用方法进行换算,求出工程数量。

5)编制工程预算书

各分部分项工程量计算完毕并经校核无误后,才可以编制单位工程预算书。

5.2　园林工程项目的划分

园林建设工程项目是指在一个场地上或数个场地上,按照一个总体设计进行施工的几个单项园林工程项目的总和。因此,为了便于对工程进行管理,使工程预算项目与预算定额中项目相一致,就必须对工程项目进行统一划分。根据工程设计要求以及编审建设预算、制订计划、统计、会计核算的需要,园林建设工程项目可划分为单项工程、单位工程、分部工程和分项工程。

5.2.1　单项工程

单项工程是指具有独立存在意义的一个完整工程,指在一个工程项目中,具有独立的设计文件,竣工后可以独立发挥生产能力或效益的工程,是建设工程项目的组成部分。一个建设工程项目中可以有几个单项工程,也可以只有一个单项工程。如一个综合性公园建设项目可由水生花卉园、盆景园、景观休闲绿地等多个单项工程组成。

5.2.2　单位工程

单位工程是指具有单列的设计文件,可以进行独立施工,但不能单独发挥作用的工程,是单项工程的组成部分。如园林工程中的休息亭、花架、公共卫生间。

5.2.3　分部工程

分部工程是指按单位工程的各个部位或按照使用不同的工种、材料和施工机械而划分的工程项目,是单位工程的组成部分。如水生花卉园工程可分为土建工程、照明工程、绿化工程等分部工程。

5.2.4　分项工程

分项工程是指分部工程中按照不同的施工方法、不同的材料、不同的规格等因素划分的最基本的工程项目,是园林工程预算中最基本的计算单位,是分部工程的组成部分。分项工程一般情况下通过较为简单的施工就能完成,通常是确定工程造价的最基本的工程单位。如园林绿化工程可分为整理绿化用地、乔灌木栽植、草坪铺栽等多个分项工程。

为了便于统一计算,园林工程通常用分部分项工程进行划分。一般可以划为 3 个分部工程,即绿化工程,园路、园桥及假山工程,园林景观工程(含园林建筑与小品等)。每个分部工程又分为若干个子分部工程,每个子分部工程又分为若干个分项工程。每个分项工程有一个项目编号。

5.3　园林工程量基数的计算

基数是指在工程量计算中可以反复多次使用的基本数据。在实际工作中,可以提前把这些数据计算出来,以备各分项工程的工程量计算时查用。这些数据可以概括为"三线一面"。

5.3.1　"三线"的计算

1)外墙外边线($L_外$)

外墙外边线是外墙外皮一周的总长度。计算公式:
$$L_外 = 建筑平面图的外墙外围周长$$

2)外墙中心线($L_中$)

外墙中心线是外墙厚度中心位置一周的总长度。计算公式:
$$L_中 = L_外 - 4 \times 墙厚$$

3)内墙净长线($L_内$)

内墙净长线是所有相同内墙的总长度。计算公式:
$$L_内 = 建筑平面图的相同内墙长度之和$$

5.3.2　"一面"的计算

"一面"是指首层建筑面积(S_1)。计算公式:
$$S_1 = 建筑物底层勒脚以上外墙外围水平投影面积$$

5.3.3　"三线一面"的运用

1)与"线"有关的计算项目

外墙中心线——外墙基挖地槽,基础垫层,基础砌筑,墙基防潮层,基础梁,圈梁,墙身砌筑等分项工程。

内墙净长线——内墙基挖地槽,基础垫层,基础砌筑,墙基防潮层,基础梁,圈梁,墙身砌筑,墙身抹灰等分项工程。

外墙外边线——勒脚,腰线,勾缝,外墙抹灰,散水等分项工程。

2)与"面"有关的计算项目

平整场地、地面、楼面、屋面和天棚等分项工程。

一般工业与民用建筑工程,都可在这3条"线"和1个"面"的基数上,连续计算出它的工程量。也就是把这3条"线"和1个"面"先计算好,作为基数,然后利用这些基数再计算与它们有关的分项工程量。

例如,以外墙中心线长度为基数,可以连续计算出与它有关的地槽挖土、墙基垫层、墙基砌体、墙基防潮层等分项工程量,其计算程序为

$$\frac{\text{地槽挖土}(\text{m}^3)}{L_{\text{中}}\times\text{断面}}\rightarrow\frac{\text{墙基垫层}(\text{m}^3)}{L_{\text{中}}\times\text{断面}}\rightarrow\frac{\text{墙基砌体}(\text{m}^3)}{L_{\text{中}}\times\text{断面}}\rightarrow\frac{\text{墙基防潮层}(\text{m}^3)}{L_{\text{中}}\times\text{墙顶宽度}}$$

【例5.1】　根据图5.1、图5.2,计算"三线一面"。

【解】

(1)外墙外边线

$L_{\text{外}}=(7.24+5.24)\text{m}\times2=24.96\text{ m}$

(2)外墙中心线

$L_{\text{中}}=24.96\text{ m}-4\times0.24\text{ m}=24\text{ m}$

(3)内墙净长线

$L_{\text{内}}=5\text{ m}-0.24\text{ m}=4.76\text{ m}$

(4)$S_1=7.24\text{ m}\times5.24\text{ m}\approx37.94\text{ m}^2$

注意:不同分项工程(如垫层、混凝土基础、砖基础和砖墙)有不同的净长线,如图5.2所示。

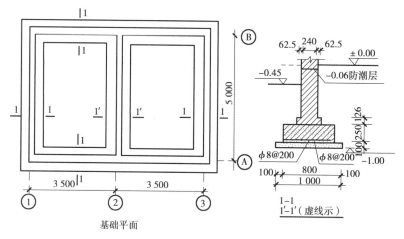

图5.1　工程量计算示意图

【例5.2】　根据图5.1、图5.2计算下列基础数据。

(1)内墙净长线 $L_{\text{内}}$;

(2)内墙混凝土基础净长线 $L_{\text{混凝土净}}$;

(3)内墙混凝土垫层净长线 $L_{\text{垫净}}$。

【解】

(1)内墙净长线

$L_{\text{内}}=5\text{ m}-0.24\text{ m}=4.76\text{ m}$

(2)内墙混凝土基础净长线

$L_{\text{内墙混凝土净}}=5\text{ m}-0.80\text{ m}=4.20\text{ m}$

（3）内墙混凝土垫层净长线

$L_{垫净}=5\ m-1.00\ m=4.00\ m$

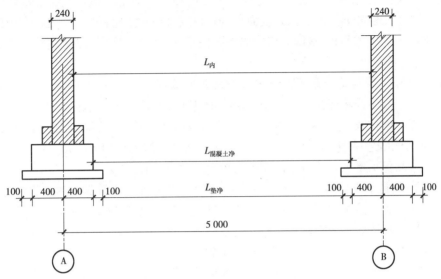

图5.2   不同的净长线示意图

5.4   一般园林工程量计算方法

5.4.1   建筑面积的概念和作用

1）建筑面积的概念

园林工程中牵涉计算建筑面积的主要是一些除亭、廊之外的房屋建筑,建筑面积的计算要求和建筑定额要求相同。各种亭、廊、花架的面积均按正投影面积计算。建筑面积是由使用面积、辅助面积和结构面积所组成,其中使用面积与辅助面积之和称为有效面积。其公式为

建筑面积 = 使用面积 + 辅助面积 + 结构面积 = 有效面积 + 结构面积

（1）建筑面积的概念   建筑面积也称为建筑展开面积,是指建筑物各层面积的总和。

（2）使用面积的概念   使用面积是指建筑物各层平面布置中可直接为生产或生活使用的净面积总和。例如住宅建筑中的卧室、起居室、客厅等。住宅建筑中的使用面积也称为居住面积。

（3）辅助面积的概念   辅助面积是指建筑物各层平面布置中为辅助生产和生活所占净面积的总和。例如住宅建筑中的楼梯、走道、厕所、厨房等。

（4）结构面积的概念   结构面积是指建筑物各层平面布置中的墙体、柱等结构所占面积的总和。

（5）首层建筑面积的概念   首层建筑面积,也称为底层建筑面积,是指建筑物底层勒脚以上外墙外围水平投影面积。首层建筑面积作为"三线一面"中的一个重要指标,在工程量计算时,将被反复多次使用。

2)建筑面积的作用

(1)建筑面积是国家在经济建设中进行宏观分析和控制的重要指标　在经济建设的中长期计划中,各类生产性和非生产性的建筑面积,城市和农村的建筑面积,沿海地区和内陆地区的建筑面积,国民人均居住面积,贫困人口的居住面积等,都是国家及其各级政府要经常进行宏观分析和控制的重要指标。

(2)建筑面积是编制概预算、确定工程造价的重要依据　建筑面积在编制工程建设概预算时,是计算结构工程量或用于确定某些费用指标的基础,如计算出建筑面积之后,利用这个基数,就可以计算地面抹灰、室内填土、地面垫层、平整场地、脚手架工程等项目的预算价值。为了简化预算的编制和某些费用的计算,有些取费指标的取定,如中小型机械费、生产工具使用费、检验试验费、成品保护增加费等也是以建筑面积为基数确定的。

(3)建筑面积是企业加强管理、提高投资效益的重要工具　建筑面积的合理利用,合理进行平面布局,充分利用建筑空间不断促进设计部门、施工企业及建设单位加强科学管理,降低工程造价,提高投资经济效果等都具有重要的经济意义。

(4)建筑面积是重要技术经济指标的计算基础

①单位工程每平方米建筑面积消耗指标(亦称单方消耗指标)。

a. 单方造价 = 单位工程造价/建筑面积

b. 单方工(料、机)耗用量 = 单位工程工(料、机)耗用量/建筑面积

②建筑平面系数指标体系:是指反映建筑设计平面布置合理性的指标体系,通常包括 4 个指标,即平面系数、辅助面积系数、结构面积系数和有效面积系数。

a. 平面系数 $K = \dfrac{\text{使用面积(住宅为居住面积)}}{\text{建筑面积}} \times 100\%$

在居住建筑中,K 值一般为 $50\% \sim 55\%$。

b. 辅助面积系数 $= \dfrac{\text{辅助面积}}{\text{建筑面积}} \times 100\%$

c. 结构面积系数 $= \dfrac{\text{结构面积}}{\text{建筑面积}} \times 100\%$

d. 有效面积系数 $K_i = \dfrac{\text{有效面积}}{\text{建筑面积}} \times 100\%$

③建筑密度指标:是反映建筑用地经济性的主要指标之一。

$$\text{建筑密度} = \dfrac{\text{建筑基底总面积(建筑底层占地面积)}}{\text{建筑用地总面积}}$$

④建筑面积密度(容积率)指标:是反映建筑用地使用程度的主要指标。一般情况下,建筑面积密度大,则土地利用程度高,土地的经济性较好。但过分追求建筑面积密度,会带来人口密度过大的问题,影响居住质量。

$$\text{建筑平面密度(容积率)} = \dfrac{\text{总建筑面积}}{\text{建筑用地总面积}}$$

在城市规划中,建筑基地面积计算必须以城市规划管理部门划定的用地范围为准。基地周围、道路红线以内的面积,不计算基地面积。基地内如有不同性质的建筑,应分别划定建筑基地范围。

建筑占地面积系指建筑物占用建筑基地地面部分的面积,它与层数、高度无关,一般按底层

建筑面积计算;建筑面积密度计算式中建筑总面积不包括地下室、半地下室建筑面积,屋顶建筑面积不超过标准层建筑面积10%的也不计。

5.4.2 建筑面积的计算规则

1)计算建筑面积的范围

(1)单层建筑物 单层建筑物不论其高度如何,均按一层计算建筑面积。其建筑面积按建筑物外墙勒脚以上结构的外围水平面积计算。单层建筑物内设有部分楼层者,首层建筑面积已包括在单层建筑物内,二层及二层以上应计算建筑面积。高低联跨的单层建筑物,需分别计算建筑面积时,应以结构外边线为界分别计算。

说明:

①单层建筑物可以是民用建筑、公共建筑,也可以是工业厂房。

②"建筑物外墙勒脚以上结构的外围水平面积"主要强调建筑面积应包括墙的结构面积,不包括抹灰、装饰材料厚度所占的面积,如图5.3所示。

③单层建筑物内设有部分楼层者,应将围起楼隔层的内墙厚包括在建筑面积内,如图5.4所示。

④高低联跨的单层建筑物,如需分别计算建筑面积,且当高跨为边跨时,其建筑面积按勒脚以上两端山墙外表面间的水平投影长度乘以勒脚以上外墙表面至高跨中柱外边线的水平宽度计算;当高跨为中跨时,其建筑面积按勒脚以上两端山墙外表面间水平投影长度,乘以中柱外边线的水平宽度计算,如图5.5所示。

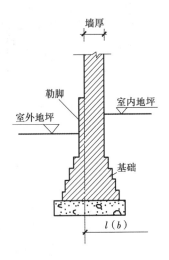

图5.3 勒脚示意图

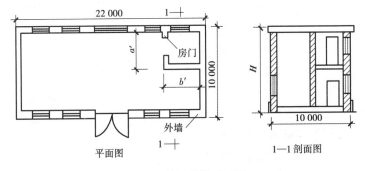

图5.4 单层建筑平面图

(2)多层建筑物 多层建筑物建筑面积,按各层建筑面积之和计算,其首层建筑面积按外墙勒脚以上结构的外围水平面积计算,二层及二层以上按外墙结构的外围水平面积计算。

说明:

①该条规则与第一条的精神基本一致。

②"二层及二层以上",有可能楼面各层的平面布置不同,故面积不同,所以要分层计算建筑面积。

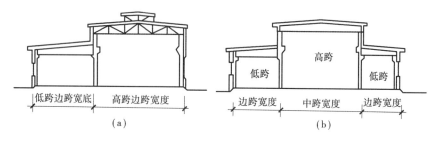

图 5.5　高低联跨建筑物示意图
(a)低跨为边跨;(b)高跨为中跨

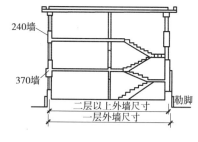

图 5.6　多层建筑物

③当各楼层与底层建筑面积相同时,其建筑面积等于底层面积乘以层数。

④多层建筑物当外墙外边线不一致时,如一层外墙厚370 mm,二层以上外墙厚240 mm,则应分层计算建筑面积,如图 5.6 所示。

(3)结构、层数不同的同一建筑物　同一建筑物如结构、层数不同时,应分别计算建筑面积。

说明:

当底层是现浇钢筋混凝土框架结构,楼上各层是砖混结构时,应按结构类型分别计算建筑面积。

(4)地下室、半地下室、地下车间、仓库、商店、车站、地下指挥部及相应的出入口建筑　地下室、半地下室、地下车间、仓库、商店、车站、地下指挥部及相应的出入口建筑面积,按其上口外墙(不包括采光井、防潮层及其保护墙)外围的水平面积计算。

说明:

①各种地下室按露出地面的外墙所围的面积计算建筑面积,立面防潮层及其保护墙的厚度不算在建筑面积之内。

②地下室设采光井是为了满足采光通风的要求,在地下室维护墙的上口开设的矩形或其他形状的井。井的上口没有铁栅,井的一个侧面安装地下室用的窗子。该采光井不计算建筑面积,如图 5.7 所示。

(5)坡地建筑物　建于坡地的建筑物利用吊脚空间设置架空层和深层基础地下架空层设计加以利用时,其层高超过 2.2 m,按围护结构外围水平面积计算建筑面积。

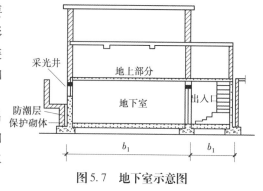

图 5.7　地下室示意图

说明:

满堂基础、箱式基础如作成架空层,就可以安装一些设备或当仓库用。该架空层层高超过2.2 m 才计算建筑面积,如图 5.8 所示。

(6)穿过建筑物的通道及建筑物内的门厅、大厅　穿过建筑物的通道,建筑物内的门厅、大厅,不论其高度如何,均按一层建筑面积计算。门厅、大厅内设有回廊时,按其自然层的水平投影面积计算建筑面积。

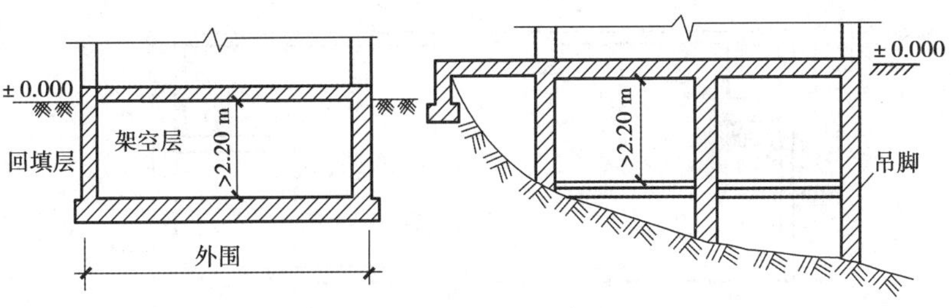

图5.8　满堂基础、箱式基础架空示意图

说明：

①"穿过建筑物的通道"是指在房屋建筑地点原来有一条道路,当多层建筑物跨建在这条道路上时,必须留出这一交通要道。这一通道可能要占建筑物二层或二层以上的高度,所以计算规则规定,不论通道占的高度如何,只能按一层计算建筑面积,如图5.9所示。

②宾馆、影剧院、大会堂、教学楼等的大楼内的门厅或大厅,往往要占建筑物的二层或二层以上的高度,这时也只能算一层建筑面积。

③"门厅、大厅内设有回廊"是指在建筑物内大厅或门厅的上部(二层或二层以上),四周向大厅或门厅中心挑出的走廊,如图5.10所示。

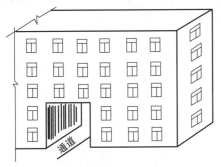

图5.9　穿过建筑物的通道示意图

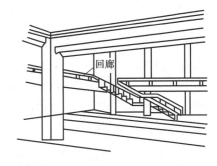

图5.10　大厅内设回廊示意图

(7)室内楼梯间、电梯井、提物井、垃圾道、管道井　室内楼梯间、电梯井、提物井、垃圾道、管道井等,均按建筑物的自然层计算建筑面积。

说明：

①电梯井主要是上人电梯用的垂直通道。

②提物井是指图书馆提升书籍、酒店用于提升食物的垂直通道。

③垃圾道是指住宅或办公楼等每层设倾倒垃圾口的垂直通道。

④管道井是指宾馆或写字楼内集中安装给排水、暖通、消防、电线管道用的垂直通道。

⑤"均按建筑的自然层计算建筑面积"是指上述通道经过了几层楼,就是通道水平投影面积乘上几层,如图5.11所示。

(8)书库、立体仓库　书库、立体仓库设有结构层的,按结构层计算建筑面积,没有结构层的按承重书架或货架层计算建筑面积。

说明：

①书架层是指放一个完整大书架的承重层,不是指书架上放书的层数。

②书架层按实际的水平投影面积计算建筑面积。

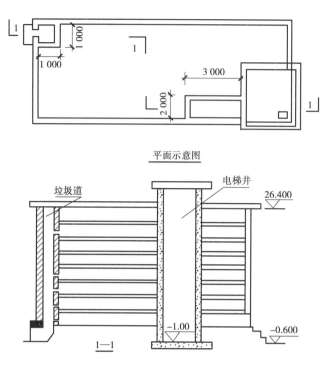

图 5.11　室内电梯井、垃圾道示意图

③书库、仓库的结构层是指承受库物的承重层。书库称为阶层,仓库称为货仓层,由于存书堆货都要受到一定高度限制,因此,常将两层楼板间再分隔 1~2 层,满间设置为结构层,部分设置为书(货)架层。均按其各层的水平投影面积计算建筑面积。一个结构层内以钢架分成上下两层书库的,仍按一层计算建筑面积,如图 5.12 所示。

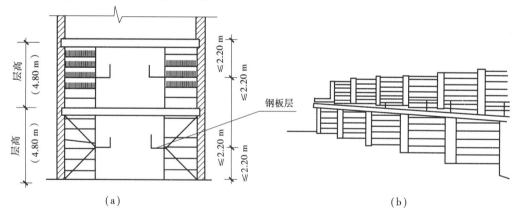

图 5.12　书库、立体仓库示意图

(a)书架层剖面图;(b)书架层透视图

(9)舞台灯光控制室　有围护结构的舞台灯光控制室,按其围护结构外围水平面积乘以层数计算建筑面积。

说明:

①若有围护结构的舞台灯光控制室只有一层,不再另行计算建筑面积,因算整个建筑面积时已包括在内。

②大部分剧院将舞台灯光控制室设在舞台内侧夹层上或耳光室中,实际上是一个有墙有顶的分隔间,应按围护结构的层数计算建筑面积,如图 5.13 所示。

(10)设备管道层、贮藏室　建筑物内设备管道层、贮藏室其高超过 2.2 m 时,应计算建筑面积。

说明:

设备管道层又称技术层,主要用来安置通信电缆、空调通风、冷热管道等,无论是满设或部分设置,只要层高超过 2.2 m,就应计算建筑面积,如图 5.14 所示。

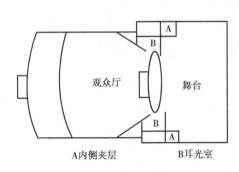

图 5.13　剧院示意图　　　　　图 5.14　技术层示意图

(11)有柱的雨篷、车棚、货棚、站台　有柱的雨篷、车棚、货棚、站台等,按柱外围水平面积计算建筑面积;独立柱的雨篷、单排柱的车棚、货棚、站台等,按其顶盖水平投影面积的一半计算建筑面积。

说明:

①有柱的雨篷、车棚、货棚和站台是指有两根柱以上的篷(棚)顶结构物,如图 5.15 所示。

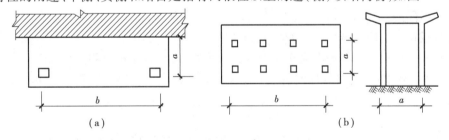

图 5.15　有柱雨棚、车棚、站台示意图

(a)有柱(非独立柱)雨篷按 ab 计算建筑面积;(b)双排柱的车棚、货棚、站台按 ab 计算建筑面积

②独立柱的雨篷、单排柱的车棚、货棚、站台等,按其顶盖水平投影面积的一半计算建筑面积,如图 5.16、图 5.17 所示。

③有的平面轮廓为 L 形的建筑物,雨篷布置在拐角处,如图 5.18(a)所示,虽只有一根柱,但它仍有两个以上支撑点,也应按有柱雨棚计算建筑面积。

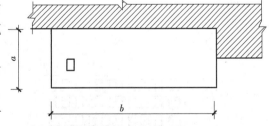

图 5.16　独立柱雨篷按 ab/2 计算建筑面积

④双排柱雨篷、车棚、站台等计算建筑面积小于顶盖水平投影面积一半时,按其顶盖水平投影面积的一半计算建筑面积,如图 5.18(b)所示。

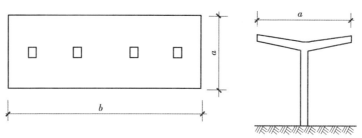

图 5.17　单排柱的车棚、货棚、站台按 $ab/2$ 计算建筑面积

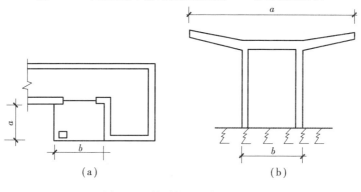

（a）　　　　　　　　　　　（b）

图 5.18　特殊情况雨棚示意图

（a）独立柱雨篷按 ab 计算建筑面积；（b）当 $aL > 2(bL)$ 时按 $aL/2$ 计算建筑面积

（12）楼梯间、水箱间、电梯机房　屋面上部有围护结构的楼梯间、水箱间、电梯机房，按围护结构外围水平面积计算建筑面积，如图 5.19 所示。

说明：

①突出屋面的楼梯间，水箱间等有围护结构就会有顶盖，但有顶盖不一定有围护结构。当有顶盖又有围护结构时就构成了一间房屋，所以要计算建筑面积。

②单独放在屋面上的钢筋混凝土水箱或钢板水箱，不计算建筑面积。

（13）门斗、眺望间、观望电梯间、阳台、橱窗、挑廊等　建筑物外有围护结构的门斗、眺望间、观望电梯间、阳台、橱窗、挑廊等，按其围护结构外围水平面积计算建筑面积。

说明：

①门斗是用于防寒、防尘的过渡交通间，分为凸出墙外的"外门斗"和不凸出墙外的"内门斗"。内门斗不另行计算建筑面积，外门斗按凸出主墙身外的门斗轮廓外边线尺寸计算建筑面积，如图 5.20 所示。

图 5.19　房屋正立面图

图 5.20　门斗和眺望间

②本条中所述的围护结构，泛指砖墙、玻璃幕墙和封闭玻璃窗等。

③挑廊是从结构方式上命名的，它是指从房屋主墙悬挑出去的走廊。一般在多层楼房中使用这种结构，如图 5.21 所示。

④阳台悬挑于建筑物每一层的外墙上，给居住在建筑物里的人们提供一个舒适的室外活动空间，让人们足不出户，就能享受大自然的新鲜空气和阳光，起到观景、纳凉、晒衣、养花等多种作用，改变单元住宅给人们造成的封闭感和压抑感，如图 5.21 所示。

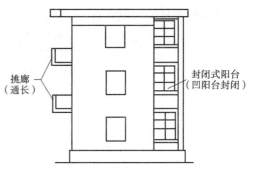

图 5.21　挑廊和封闭式阳台

（14）走廊、檐廊、凹阳台、挑阳台等　建筑物外有柱和顶盖的走廊、檐廊，按柱外围水平面积计算建筑面积；有盖无柱的走廊、檐廊挑出墙外宽度在 1.50 m 以上时，按其顶盖水平投影面积一半计算建筑面积。无围护结构的凹阳台、挑阳台，按其水平投影面积一半计算建筑面积。建筑物间有顶盖的架空走廊，按其顶盖水平投影面积计算建筑面积。

说明：

①建筑物外有柱和顶盖走廊、檐廊，按柱外围水平面积计算建筑面积，如图 5.22 所示。

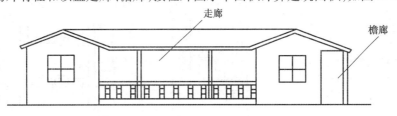

图 5.22　走廊、檐廊示意图

②有盖无柱的走廊、檐廊挑出墙外宽度在 1.5 m 以上时，按其顶盖投影面积一半计算建筑面积，如图 5.23 所示。

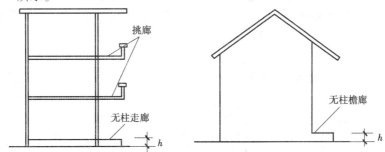

图 5.23　有盖无柱的走廊和檐廊

③无围护结构的凹阳台、挑阳台，按其水平面积一半计算建筑面积，如图 5.24 所示。

④建筑物间有顶盖的架空走廊，按其顶盖的水平投影面积计算建筑面积，如图 5.25 所示。

⑤建筑物底层有多个房间，房间外有通长走廊，无柱，房间门外都有踏步直接通向外面，该走廊应按其投影面积的一半计算建筑面积。

⑥某建筑物为靠山建筑，其三楼伸出架空通廊与山边联合，该无顶盖的架空通廊，按其投影面积的一半计算建筑面积。

⑦某建筑物的凹阳台和客厅融为一个大房间,房间的外墙不封闭,房间内有几个门,作为通向卧室、厨房、厕所和客厅用,该敞开式的大房间不能作为凹阳台考虑,应按全部计算面积计算。

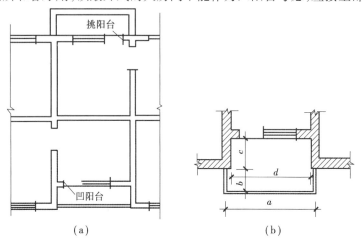

图 5.24   阳台示意图

(a)挑阳台、凹阳台;(b)半凹半挑阳台

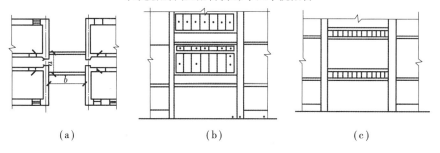

图 5.25   建筑物间有顶盖的架空通廊示意图

(a)架空通廊平面图;(b)架空通廊立面图(封闭式);(c)架空通廊立面图(敞开式)

(15)室外楼梯   室外楼梯,按自然层投影面积之和计算建筑面积。

说明:

室外楼梯一般分为二跑式梯,梯井宽一般都不超过 500 mm,故按各层水平投影面积计算建筑面积,不扣减梯井面积。

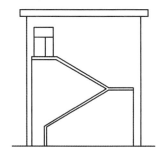

图 5.26   室外楼梯示意图

室外楼梯建筑面积按自然层投影面积之和计算。自然层指房屋的建筑结构自然层。楼梯层数随结构自然层层数而计算建筑面积,如图 5.26 所示。

(16)建筑物内变形缝、沉降缝等

建筑物内变形缝、沉降缝等,凡缝宽在 300 mm 以内者,均依其缝宽按自然层计算建筑面积,并入建筑物建筑面积之内计算。

说明:

变形缝:建筑物由于温度变化,地基不均匀沉降以及地震等作用的影响,使结构内部产生附加的应力和变形,处理不当,将会造成建筑物的破坏,产生裂缝甚至倒塌,其解决的办法有二:一是加强建筑物的整体性,使之具备足够的强度和整体刚度来抵抗这些破坏力,不产生破坏;二是预先在这些变形敏感部位将结构断开,预留缝隙,以保证各部分建筑物在这些缝隙中有足够的变形而不造成建筑物的破损。这种将建筑物垂直分割开来的预留缝成为变形缝。

变形缝有3种,即伸缩缝、沉降缝和防震缝。

2)不计算建筑面积的范围

①凸出外墙的构件、配件、附墙柱、垛、勒脚、台阶、悬梁雨棚、墙面抹灰、镶贴块材、装饰面等。

②用于检修、消防等室外爬梯。

③层高2.2 m以内设备管道层、贮藏室、设计不利用的深基础架空层及吊脚架空层。

④建筑物内操作平台、上料平台、安装箱或者罐体平台;没有维护结构的屋顶水箱、花架、凉棚等。

⑤独立烟囱、烟道、地沟、油(水)罐、气柜、水塔、贮油(水)池、贮仓、栈桥、地下人防通道等构筑物。

⑥单层建筑物内分隔单层房间、舞台及后台悬挂的幕布、布景天桥、挑台。

⑦建筑物内宽度大于300 mm的变形缝、沉降缝。

3)其他

①建筑物与构筑物联成一体的,建筑物部分按上述规定计算。

②上述规则适用于地上、地下建筑物建筑面积的计算,如遇上述未尽事宜,可参照上述规则处理。

5.4.3 土方工程量的计算

土方工程是园林建设工程中的主要工程项目,主要包括挖土、填土、弃土、回填土等,具体有:平整场地、挖土方(包括平整场地、挖地槽、挖柱基、挖土方、运土);回填、堆筑、修整土山丘(包括回填土、地平原土打夯、堆筑及修整土山丘);围堰及木桩钎[包括袋装围堰筑堤、打木桩钎(也称打梅花桩)、挖运淤泥、围堰排水]等。

1)分部工程主要内容

(1)挖沟槽 挖沟槽是指图示沟槽底宽在3 m以内,且沟槽长大于沟槽宽3倍以上的挖土工程。

(2)挖基坑 挖基坑是指图示基坑底面积在20 m² 以内的挖土工程。

(3)平整场地 平整场地是指施工现场厚度在±30 cm以内的就地挖填找平工程。

(4)挖土方 挖土方是指图示沟槽底宽在3 m以外,坑底面积在20 m² 以外,平整场地厚度在±30 cm以外的挖土工程。上述三者只要具备其一,即为挖土方,见表5.2。

(5)人工挖孔桩 人工挖孔桩是指人工挖孔灌注桩成孔的挖土工程。

(6)回填土 回填土是指基础工程完成后或为达到室内地面垫层下的设计标高而进行的填土工程,如图5.27所示。

表 5.2   平整场地、挖土方、挖沟槽、挖基坑的划分

项目	平均厚度/cm	坑底面积/m²	槽底面积/m
平整场地	≤30		
挖基坑		≤20	
挖沟槽			≤3
挖土方	>30	>20	>3

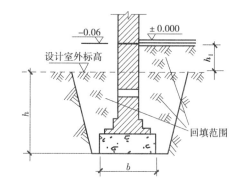

图 5.27   回填土示意图

(7)运土   运土是指土方工程中对多余土方外运或对亏缺土方内运的运土工程。

(8)支挡土板   支挡土板是指土方工程中为防止侧壁土方坍塌而进行的支板工程。

2)计算土方工程量需要的有关资料

(1)确定现场土壤及岩石类别的资料   这是套用定额项目的必要条件,可通过地质勘探资料、临近已建工程资料或亲临施工现场获得,要根据定额中"土壤岩石分类表"取得类型名称及相应深度,见表 5.3。

表 5.3   土壤分类表

土壤分类	土壤名称	施工工具鉴别方法
一类土 (松软土)	略有黏性的沙土,腐殖土及疏松的种植土、砂和泥炭	用锹和铁锄挖掘
二类土 (普通土)	潮湿黏性土和黄土,软的盐土和碱土,含有碎石、卵石或建筑材料碎屑的堆积土和种植土	用锹、条锄挖掘,少许用镐
三类土 (坚土)	中等密实的黏性土和黄土,含有碎石、卵石或建筑材料碎屑的潮湿黏土和黄土	主要用镐、条锄挖掘,少许用锹
四类土 (沙砾坚土)	坚硬密实的黏性土和黄土,含有碎石、卵石或体积在 10% ~30%,重量在 25 kg 以下块石的中等密实的黏土和黄土,硬化的重盐碱土	全部用镐、条锄挖掘,少许用撬棍

(2)地下水位标高及排(降)水方法   地下水位是确定干土与湿土的分界线,可以通过地质勘探资料或临近工程资料获得,或者询问当地水文站。排(降)水方法由施工组织设计中查取,或者询访现场施工技术主管人员。

(3)土方、沟槽、基坑挖(填)起止标高、施工方法及运距   要了解挖土的深度、防塌措施、挖土方式、挖土工具、运土方式、运土工具、运土运距等。这些情况应从设计图纸、设计说明、施工组织设计或施工方案中查取。

起止标高:在挖土、填土及平整前的场地上施工时,其起点标高按自然标高计算;在挖、填土及平整之后的场地上施工时,其起点标高按设计标高计算;回填土深度按设计标高计算。

(4)岩石开凿、爆破方法、石渣清运方法及运距   要了解岩石开凿的方式,打眼爆破的方式和方法,石渣清运的方式、方法及运距。这些资料主要从施工方案中查取。

3)计算工程量的有关规定

（1）工作面　工作面系指在槽坑内施工时,在基础宽度以外还需增加工作面,其宽度应根据施工组织设计确定;若无规定时,可按表5.4所示确定。

表5.4　槽坑内施工一般应增加工作面

基础工程施工项目	每边增加工作面/cm	基础工程施工项目	每边增加工作面/cm
毛石砌筑基础	15	使用卷材或防水砂浆做垂直防潮面	80
混凝土基础或基础垫层需支模板	30	带挡土板的挖土	10

（2）放坡　放坡是指在土方工程施工中,为了防止侧壁塌方,保证施工安全,按照一定坡度所做成的边坡。挖干土方、地槽、坑,一、二类土深在1.2 m以内,三类土深1.5 m以内,四类土深2 m以内者均不计算放坡,超过以上深度,如需放坡按设计规定计算;如无设计规定,可按放坡系数计算。

①放坡系数见表5.5。

表5.5　人工挖土、沟槽、基坑放坡系数表

土壤类别	人工挖土深度在5 m以内的放坡系数	放坡起点/m
一、二类土	1:0.5	1.2
三类土	1:0.33	1.5
四类土	1:0.25	2.0

②放坡坡度:根据土质情况,在挖土深度超过放坡起点限度时,均应在其边沿做成具有一定坡度的边坡。

土方边坡的坡度以其高度 H 与底 B 之比表示,放坡系数用"K"表示,如图5.28所示。

$$K = H/B$$

（3）土方体积折算　土方的体积按自然密度计算,填方按夯实后的体积计算;淤泥流沙按实际计算;运土方按虚方计算时,其人工乘以系数0.8,土的各种虚实折算见表5.6。室内回填土的体积,按承重墙或墙厚在18 cm以上的墙间净面积(不扣除垛、柱、烟囱和间壁墙等所占面积)乘以厚度计算。

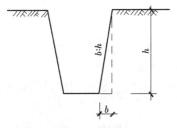

图5.28　土方放坡图

表5.6　土虚实折算表

虚土	天然密实土	夯实土	松填土
1.00	0.77	0.67	0.83
1.30	1.00	0.87	1.08
1.50	1.15	1.00	1.25
1.20	0.92	0.80	1.00

（4）挖土的起点　地槽、基坑的挖土均以设计室外地坪标高为准计算。

4)主要分项工程量计算方法

（1）平整场地　在土方开挖前，需对施工现场高低不平的部位进行平整，以便进行拟建建筑物或构筑物工程的测量、放线、定位。平整场地，包括厚度在 ±30 cm 以内的就地挖、填、运土及场地找平等内容，如图 5.29 所示。

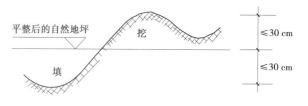

图 5.29　平整场地示意图

平整场地的工程量，按建筑物（底层）外墙外边线每边各加宽 2 m 计算其面积，如图 5.30 所示。

计算公式为

$$S_平 = S_底 + L_外 \times 2 + 16$$

式中　$S_平$——平整场地的面积；

　　　　$S_底$——底层建筑面积；

　　　　$L_外$——建筑物外墙外边线长；

　　　　2——2 m 宽；

　　　　16——4 个角延伸部分的面积。

【例 5.3】　如图 5.31 所示，计算人工平整场地工程量。

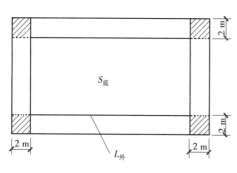

图 5.30　平整场地计算示意图

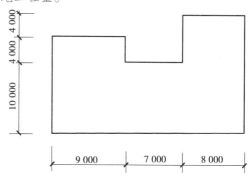

图 5.31　人工平整场地实例图示

【解】

$S_底 = (10 + 4) \text{ m} \times 9 \text{ m} + 10 \text{ m} \times 7 \text{ m} + 18 \text{ m} \times 8 \text{ m} = 340 \text{ m}^2$

$L_外 = (18 + 24 + 4) \text{ m} \times 2 = 92 \text{ m}$

$S_平 = 340 \text{ m}^2 + 92 \text{ m} \times 2 \text{ m} + 16 \text{ m}^2 = 540 \text{ m}^2$

（2）挖沟槽　人工挖沟槽工作内容包括挖土、抛土于槽边 1 m 以外自然堆放，沟槽底夯实。挖沟槽工程量按体积以立方米（m^3）计算，按挖土类别与挖土深度分别套定额项目。

①挖沟槽长度：外墙按图示中心线长度计算（$L_中$）；内墙按图示基础底面之间净长线长度计算，如图 5.32 所示。

②挖沟槽、基坑需支挡土板时，其宽度按图标沟槽、基坑底宽，单面加 10 cm，双面加 20 cm 计算。支挡土板后，不得再计算放坡。

③计算放坡时，在交接处的重复工程量不予扣除，如图 5.33 所示。

计算公式：

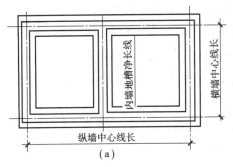
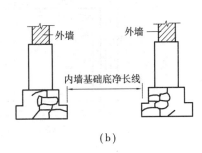

图 5.32　内墙地槽净长线示意图

(a)内、外墙平面图;(b)基础断面图

①不放坡,不支挡土板,有工作面,如图 5.34(a)所示:$V = H(a + 2c)L$

②由垫层底放坡,有工作面,如图 5.34(b)所示:$V = H(a + 2c + KH)L$

③由垫层表面放坡,有工作面,如图 5.34(c)所示:$V = H(a + 2c + KH_1)L + H_2 aL$

④支挡土板,有工作面,如图 5.34(d):$V = H(a + 0.2 + 2c)L$

⑤一面放坡,一面支挡土板,如图 5.34(e)所示:$V = H(a + 0.1 + 2c + \dfrac{1}{2}KH)L$

图 5.33　两槽相交重复计算部分示意图

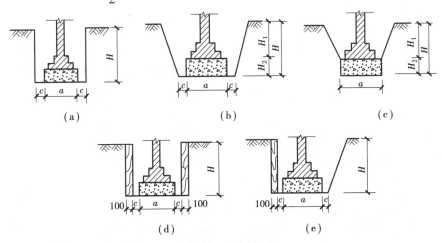

图 5.34　挖沟槽

(a)不放坡、不支挡土板、有工作面;(b)垫层底放坡、有工作面;

(c)垫层面放坡、有工作面;(d)支挡土板、有工作面;(e)放坡、支挡土板

【例 5.4】　如图 5.35 所示,现场土质一、二类土,毛石砌筑基础,计算人工挖地槽工程量。

【解】　挖土深度 $h = 1.5$ m,查表 5.5 可知一、二类土的放坡起点为 1.2 m,本工程挖深 1.5 m,应放坡,采用人工挖土,查表 5.5 可知放坡系数 $K = 0.5$,查表 5.4 可知工作面 $c = 0.15$ m。

挖槽工程量:　　　　　　　　$V = (a + 2c + KH)HL$

外墙地槽长:　　　　　　　　$L_{外槽} = L_中$

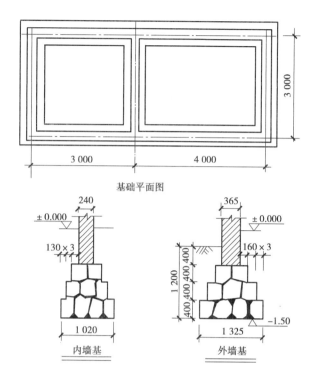

图 5.35 基础平面、墙基断面示意图

内墙地槽长：$L_{内槽} = L_内$

式中 $L_中$——外墙中心线长；

$L_内$——内墙净长线长。

$L_{外槽} = L_中 = (7 + 3) \text{m} \times 2 = 20 \text{ m}$

$L_{内槽} = 3 \text{ m} - 1.325 \text{ m} = 1.675 \text{ m}$

$V_{外槽} = (1.325 + 2 \times 0.15 + 0.5 \times 1.2) \text{m} \times 1.2 \text{ m} \times 20 \text{ m} = 53.4 \text{ m}^3$

$V_{内槽} = (1.02 + 2 \times 0.15 + 0.5 \times 1.2) \text{m} \times 1.2 \text{ m} \times 1.675 \text{ m} = 3.86 \text{ m}^3$

$V = 53.4 \text{ m}^3 + 3.86 \text{ m}^3 = 57.26 \text{ m}^3$

（3）挖基坑（挖土方） 计算公式：

①不放坡，不支挡土板：

矩形：$V = abH$

圆形：$V = H\pi R^2$

②放坡的地坑体积计算公式：

方形：$\qquad V = (a + 2c + KH)(b + 2c + KH)H + \dfrac{1}{3}K^2H^3$

或$\qquad V = \dfrac{H}{3}\left[(a + 2c)^2 + (a + 2c)(a + 2c + KH) + (a + 2c + KH)^2\right]$

如 $c = 0$，上口边长 $= A$，则 $V = \dfrac{H}{3}(a^2 + a \times A + A^2)$

或$\qquad V = \dfrac{H}{6}\left[ab + (A + a)(B + b) + AB\right]$

式中 A——上口长；

B——上口宽;

$c = 0$。

圆形:
$$V = \frac{1}{3}\pi H(R_1^2 + R_2^2 + R_1 R_2)$$

以上各式中 K 为放坡系数,挖地坑的示意图如图 5.36 所示。

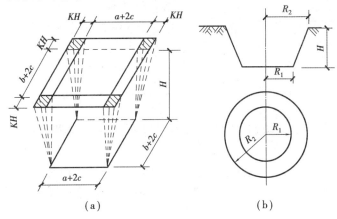

（a）　　　　　　　　　　　（b）

图 5.36　地坑

（a）矩形；（b）圆形

【**例** 5.5】　如图 5.37 所示,现场土质为三类土,柱混凝土基础底标高为 -2.00 m,设计室外地坪为 -0.30 m,计算人工挖地坑工程量。

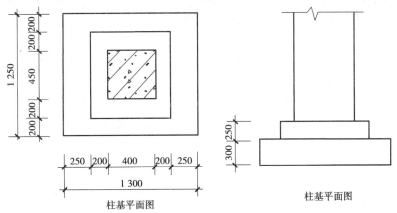

柱基平面图　　　　　　　　　柱基平面图

图 5.37　柱基示意图

【**解**】

基础定额的工程量:

$$V = (a + 2c + KH)(b + 2c + KH)H + \frac{1}{3}K^2 H^3$$

$$= (1.3 \text{ m} + 2 \times 0.3 \text{ m} + 0.33 \times 1.7 \text{ m}) \times (1.25 \text{ m} + 2 \times 0.3 \text{ m} + 0.33 \times 1.7 \text{ m}) \times 1.7 \text{ m} +$$

$$\frac{1}{3} \times 0.33^2 \times (1.7 \text{ m})^3 \approx 10.26 \text{ m}^3$$

（4）挖管道沟槽　挖管沟槽,按规定尺寸计算,槽宽如无规定者可按表 5.7 计算,沟槽长度不扣除检查井,检查井的突出管道部分的土方也不增加。

表5.7　管沟宽度表

管径/mm	铸铁管、钢管石棉水泥管	混凝土管、钢筋混凝土管	缸瓦管	附注
50～75	0.6	0.8	0.7	(1)本表为埋深在1.5 m以内沟槽,单位为m
100～200	0.7	0.9	0.8	
250～350	0.8	1.0	0.9	(2)当深度在2 m以内,有支撑时,值应增加0.1 m
400～450	1.0	1.3	1.1	(3)当深度在3 m以内,有支撑时,值应增加0.2 m
500～600	1.3	1.5	1.4	

(5)回填土　回填土分松填、夯填两种,工程量以 m^3 计算其体积。回填土的范围有基槽回填、基坑回填、管道沟槽回填和室内地坪回填(房心回填)等。

①基槽回填是将墙基础砌到地面上以后,将基槽填平。填土通常按夯填项目计算,其工程量按挖方体积减去设计室外地坪以下埋设砌筑物(包括基础、基础垫层等)体积计算。计算公式为

$$V_{槽填} = V_{挖} - V_{埋}$$

式中　$V_{填}$——基槽回填土体积;

$V_{挖}$——挖土体积;

$V_{埋}$——设计室外地坪以下埋设的砌筑量。

②基坑回填土是指柱基或设备基础,浇筑到地面以后,将基坑四周用土填平。此项目也按夯填计算,计算公式为

$$V_{坑填} = V_{挖} - V_{埋}$$

式中　$V_{坑填}$——基坑回填土体积。

③管道沟槽回填土是指埋设地下管道后的填土,一般也按夯填计算。其工程量按挖方体积减去管道所占体积计算。当管道外径小于0.5 m时,回填土体积就等于挖土体积,管道所占体积可忽略不计;当管道外径超过0.5 m时,其计算公式为

$$V_{沟填} = V_{挖} - V_{管}$$

式中　$V_{沟填}$——管道沟槽回填土体积;

$V_{管}$——管道体积。

④室内地坪回填土,也称为房心回填土,是指将房屋地面从室外地坪标高提高至室内地坪结构层以下标高所需要的回填土。此项目一般也按夯填项目套算。其工程量按主墙之间的面积乘以回填土厚度计算,计算公式为

$$V_{室填} = S_{净} H_{厚}$$

式中　$V_{室填}$——室内回填土体积;

$S_{净}$——主墙间净面积,$S_{净} = S_1 - L_{中} \times 墙厚 - L_{内} \times 墙厚$;

$H_{厚}$——回填土厚度($H_{厚}$ = 室内外地坪高差 - 垫层、找平层、面层的厚度)。

【例5.6】　如图5.38所示,现场土质为一、二类土,人工挖土,回填土为夯填,计算回填土工程量。

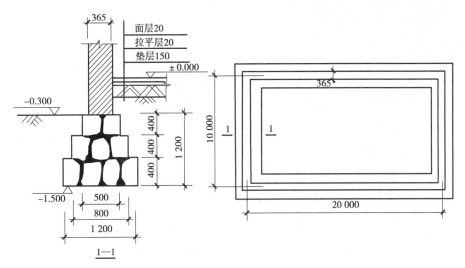

图 5.38 基础平面图示意图

【解】

$$L_{中} = (20 + 10)\ m \times 2 = 60\ m$$

①地槽挖土工程量:

$$V = 1.2\ m \times (1.2 + 0.15 \times 2 + 0.5 \times 1.2)\ m \times 60\ m = 151.2\ m^3$$

②室外地坪以下的砌筑量:

$$V = 0.4\ m \times (0.5 + 0.8 + 1.2)\ m \times 60\ m = 60\ m^3$$

③地槽回填土工程量:

$$V = 151.2\ m^3 - 60\ m^3 = 91.2\ m^3$$

④室内地面回填工程量

$$V = [0.30 - (0.02 + 0.02 + 0.15)]\ m \times 20\ m \times 10\ m = 22\ m^3$$

总的回填土工程量

$$V = 91.2\ m^3 + 22\ m^3 = 113.2\ m^3$$

(6)支挡土板　支挡土板是用于不能放坡或淤泥流沙类土方的挖土工程,定额按木、竹、钢等不同材质分别编制定额项目,其工程内容包括制作、运输、安装、拆除挡土板。支挡土板分为密撑和疏撑。密撑是指满支挡土板,即条板相互靠紧,如图 5.39(b)所示。疏撑是指间隔支挡土板,即条板之间留有等距或不等距的空隙,如图 5.39(a)所示。无论密撑还是疏撑,均按槽、坑垂直支挡面积计算工程量。疏撑间距不论空隙大小,实际间距与定额不同时,一律不做调整。

计算公式

$$S_{挡} = L_{板} H_{板}$$

式中　$S_{挡}$——支挡土板工程量,m^2;

　　　$L_{板}$——支挡土板长,m;

　　　$H_{板}$——支挡土板高,m。

【例5.7】　如图 5.40 所示,现场土质为二类土,地槽双面支挡土板,墙厚240 mm,计算人工挖地槽和支挡土板工程量。

【解】

①挖土方工程量:$(1.4 + 0.1 \times 2)\ m \times 1.5\ m \times (20 + 10)\ m \times 2 = 1.6\ m \times 1.5\ m \times 60\ m = $

$144\ m^3$

②挡土板工程量$:1.5\ m\ \times 2 \times (20 + 10)\,m \times 2 = 3\ m \times 60\ m = 180\ m^2$

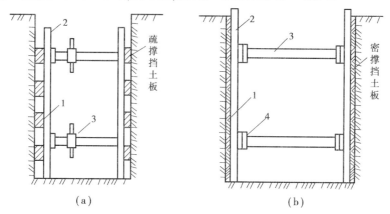

图 5.39　挡土板剖面图

（a）疏撑挡土板；（b）密撑挡土板

1—水平挡土板；2—竖枋木；3—撑木；4—木楔

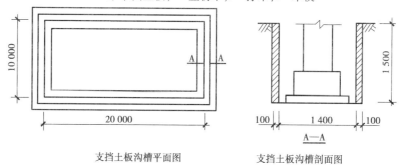

支挡土板沟槽平面图　　　　支挡土板沟槽剖面图

图 5.40　支挡土板沟槽平面示意图

5.4.4　砖石工程量的计算

砖石工程包括砌基础与砌体,其他砌体,毛石基础及护坡等。

1)有关计算资料的统一规定

①砌体砂浆强度等级为综合强度等级,编制预算时不得调整。

②砌墙综合了墙的厚度,划分为外墙、内墙。

③砌体内采用钢筋加固者,按设计规定的重量,套用"砖砌体加固钢筋"定额。

④檐高是指由设计室外地坪至前后檐口滴水的高度。

2)主要分项工程量计算规则

①标准砖墙体厚度,按表 5.8 计算,如图 5.41 所示。

表 5.8　标准砖墙体计算厚度表

墙体	1/4	1/2	3/4	1	1.5	2	2.5	3
计算厚度/mm	53	115	180	240	365	490	615	740

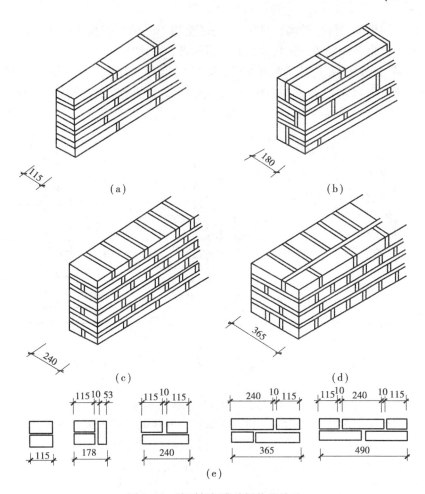

图5.41 墙厚与标准砖规格的关系

(a)1/2砖砖墙示意图;(b)3/4砖砖墙示意图;(c)一砖砖墙示意图;

(d)1$\frac{1}{2}$砖砖墙示意图;(e)墙厚示意图

②外墙基础长度,按外墙中心线计算。内墙基础长度,按内墙净长计算。墙基大放脚重叠处因素已综合在定额内;凸出墙外的墙垛的基础大放脚宽出部分不增加,嵌入基础的钢筋、铁件、管件等所占的体积不予扣除。外墙长度按外墙中心线长度计算,内墙长度按内墙净长计算。女儿墙工程量并入外墙计算。

③砖基础工程量不扣除 0.3 m² 以内的孔洞,基础内混凝土的体积应扣除,但砖过梁应另列项目计算。

④基础抹隔潮层按实抹面积计算。

⑤墙身高度从首层设计室内地平算至设计要求高度。

⑥砖垛,三层砖以上的檐槽,砖砌腰线的体积,并入所附的墙身体积内计算。

⑦附墙烟囱(包括附墙通风通道、垃圾道)按其外形体积计算,并入所依附的墙体积内,不扣除每一孔洞横断面积在 0.1 m² 以内的体积,但空洞内的抹灰工料也不增加。附墙烟囱如带缸瓦管、除灰门以及垃圾道带有垃圾道门、通风百叶窗、铁算子以及钢筋混凝土预制盖等,均应另列项目计算。

⑧框架结构间砌墙,分内、外墙,以框架间的净空面积乘墙厚按相应的砖墙定额计算,框架外表面镶包砖部分也并入框架结构间砌墙的工程量内一并计算。

⑨围墙以 m³ 计算,按相应外墙定额执行,砖垛和压顶等工程量应并入墙身内计算。

⑩基础与墙身的划分:砖基础与砖墙以设计室内地坪为界,设计室内地坪以下为基础,以上为墙身,如墙身与基础为两种不同材料时按材料为分界线。砖围墙以设计室外地坪为分界线,如图 5.42 所示。

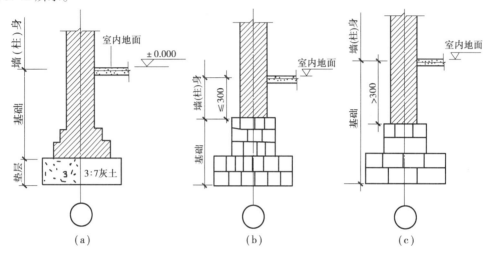

图 5.42　基础与墙(柱)身划分示意图

(a)同一材料基础与墙身划分;(b)不同材料基础与墙身划分;(c)不同材料基础与墙身划分

⑪暖气沟及其他砖砌沟道不分墙身和墙基,其工程量合并计算。

⑫砖砌地下室内外墙身工程量与砌砖计算方法相同,但基础与墙身的工程量合并计算,按相应内外墙定额执行。

⑬砖柱不分柱身和柱基,其工程量合并计算,按砖柱定额执行。

⑭空花墙按带有空花部分的局部外形体积以 m³ 计算,空花所占体积不扣除,实砌部分另按相应定额计算。

⑮半圆旋按图示尺寸以 m³ 计算,执行相应定额。

⑯零星砌体定额适用于厕所蹲台、小便槽、水池腿、煤箱、垃圾箱、台阶、台阶挡墙、花台、花池、房上烟囱、阳台隔断墙、小型池槽、楼梯基础等,以 m³ 计算。

⑰毛石砌体按图示尺寸,以 m³ 计算。

3)主要分部工程量方法

(1)条(带)形基础　计算公式:

$$V = SL$$

式中　V——砖(石)基础工程量;

　　　S——砖(石)基础断面面积;

　　　L——砖(石)基础长度。

外墙墙基为 $L_{中}$;内墙墙基为内墙基净长度(若墙基与墙身同厚,即为 $L_{内}$;若墙基与墙身不同厚,则以大放脚的第一步放脚为准)。其中,砖基础的断面面积计算公式为

$$S = 基础墙厚度 \times (设计高度 + 折加高度)$$

$$或 S = 基础墙厚度 \times 设计高度 + 增加断面$$

式中,折加高度 = $\dfrac{大放脚双面断面面积}{基础墙厚度}$,如图 5.43、图 5.44 所示。

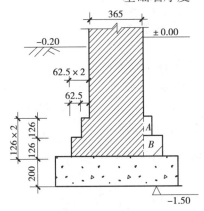

图 5.43　等高式砖基础大放脚圈　　　　图 5.44　不等高式砖基础大放脚圈

等高式大放脚:每层厚度为每两层砖再加两道灰缝;每放出一层,宽度为砖长加灰缝的1/4。因此

厚度 = 53 mm × 2 + 20 mm = 126 mm

宽度 = (240 + 10) mm ÷ 4 = 62.5 mm

不等高式大放脚:每放出一层,宽度仍为砖长加灰缝的1/4。

厚度层次为:两砖一层,一砖一层,再两砖一层,依次类推下去。

大放脚面积,按等高式与不等高式分别计算。例如,图 5.43 的二层等高式大放脚面积计算如下:

A 部位:0.062 5 m × 0.126 m × 2 = 0.015 75 m²

B 部位:0.062 5 m × 2 × 0.126 m × 2 = 0.031 5 m²

合计:0.015 75 m² + 0.031 5 m² = 0.047 25 m² ≈ 0.047 3 m²

如上例,计算 1 砖半厚基础折加高度为:

$$折加高度 = \frac{0.047\ 3\ \text{m}^2}{0.365\ \text{m}} \approx 0.129\ \text{m}$$

所以,砖基础工程量计算公式也可以表示为

$$V = 基础墙厚度 \times (设计高度 + 折加高度) \times L$$

$$或\quad V = (基础墙厚度 \times 设计高度 + 增加断面) \times L$$

【例 5.8】　如图 5.43 所示,若基础长度为 100 m,计算砖基础工程量。

【解】

$$V = 0.365\ \text{m} \times (1.3 + 0.129)\ \text{m} \times 100\ \text{m} = 52.16\ \text{m}^3$$

【例 5.9】　如图 5.44 所示,若基础长度为 100 m,计算砖基础工程量。

【解】

$$V = 0.24\ \text{m} \times (1.3 + 0.328)\ \text{m} \times 100\ \text{m} = 39.07\ \text{m}^3$$

(2)实砌砖墙　计算公式:

$$V = 墙厚 \times (H \times L - S_{洞}) - V_{埋}$$

式中　V——实砌砖墙工程量;

墙厚——墙身厚度；

H——墙身的计算高度；

L——墙身的长度(外墙 $L_{中}$，内墙 $L_{内}$)；

$S_{洞}$——门窗洞口的面积；

$V_{埋}$——墙体埋件的体积。

【例5.10】　如图5.45所示,某简易园林建筑工程为现浇钢筋混凝土平顶砖墙结构,室内净高3.1 m,门窗均用平拱砖过梁,门洞口尺寸 M1(950 mm × 2 100 mm),M2(900 mm × 2 200 mm);窗洞口尺寸 C1(1 000 mm × 1 500 mm),C2(1 400 mm × 1 500 mm),C3(1 600 mm × 1 500 mm);内外墙均为1砖混水墙,用 M5 水泥砂浆砌筑。试计算砌筑工程量。

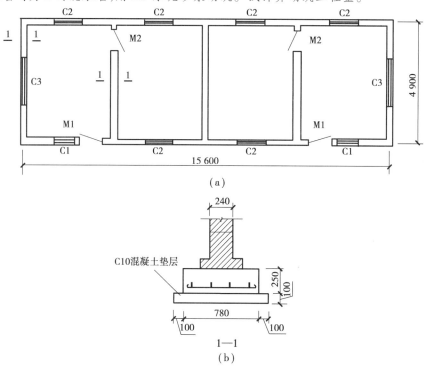

图5.45　简易建筑平面示意图

(a)建筑平面图;(b)1—1 基础断面图

【解】

①计算砖墙毛面积

外墙:(15.6 + 4.9)m × 2 × 3.1 m = 127.10 m²

内墙:(4.9 - 0.24)m × 3 × 3.1 m = 43.34 m²

②计算应扣工程量

外门:M1　0.95 m × 2.1 m × 2 = 3.99 m²

　　　M2　0.90 m × 2.1 m × 2 = 3.78 m²

外窗:C1　1.00 m × 1.50 m × 2 = 3.00 m²

　　　C2　1.40 m × 1.50 m × 6 = 12.60 m²

　　　C3　1.60 m × 1.50 m × 2 = 4.80 m²

应扣合计:外门窗 24.39 m²;内门3.78 m²。

③砌筑工程量

1 砖外墙:127. 10 m² – 24. 39 m² = 102. 71 m²

1 砖内墙:43. 34 m² – 3. 78 m² = 39. 56 m²

5.4.5　混凝土及钢筋混凝土工程量的计算

混凝土及钢筋混凝土工程包括现浇混凝土模板制安、现浇构筑物模板制安、现浇混凝土、预制混凝土、钢筋制作安装等。

1)模板工程量计算

混凝土及钢筋混凝土构件需要与模板接触到的面,就是模板接触面。但是,由于构件类型的不同,模板接触面的多少也就不同,如矩形柱有 6 个面,与模板需接触的仅为 4 个面(顶面与底面不接触),同时,即使同类型构件,需接触模板的面也不相同。

计算规则:

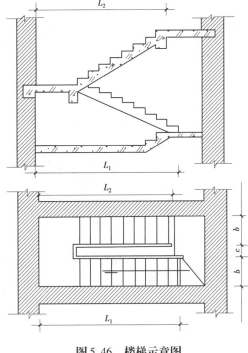

①现浇混凝土构件模板工程量,除另有规定者外,均应区别模板的不同材质,按混凝土与模板接触面的面积,以平方米计算。

②现浇钢筋混凝土楼梯模板工程量,以图示露明面尺寸的水平投影面积计算,伸入墙内部分不计,不扣除宽度小于 500 mm 楼梯井所占面积。楼梯的踏步、踏步板、平台梁等侧面模板,不另计算,如图 5.46 所示。

其计算公式为

$$S = L_1(b + c) + L_2 b$$

图 5.46　楼梯示意图

式中　S——水平投影面积;

　　　L_1——起步至休息平台净距;

　　　L_2——休息平台至楼层止步净距;

　　　b——楼梯宽度;

　　　c——楼梯井宽度($c \leq 500$ mm;若 $c > 500$ mm,则式中 c 为零)。

③现浇钢筋混凝土墙、板单孔面积 1 m² 以内孔洞不予扣除,洞侧壁模板亦不增加;单孔面积 1 m² 以外应予扣除,洞侧壁模板面积并入相应项目内计算。

④梁与梁、梁与墙、梁与柱交接时,按净空长度计算,不扣减接合处的模板面积。

⑤现浇钢筋混凝土柱、梁、墙、板的模板工程量计算公式如下:

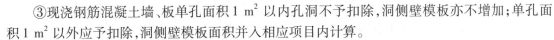
柱模板 = 截面周长 × 柱高

其中,柱高——有梁板的柱高,应自柱基上表面(或楼板上表面)至上一层楼板下表面之间的高度计算(即扣除板厚)。

基础梁模板 = (梁高 × 2) × 梁长

如果基础梁是架空的则上式应改为

$$基础梁模板 = （梁宽 + 梁高 \times 2）\times 梁长$$

$$单梁、连续梁模板 = （梁宽 + 梁高 \times 2）\times 梁长$$

其中，梁高——带板的梁其梁高计至板底，不带板的梁，其梁高按梁全高计算。

$$圈梁、过梁模板 = （梁高 \times 2）\times 梁长 + 梁宽 \times 梁下门宽洞长度$$

其中，梁高的取定与单梁、连续梁相同。

$$墙模板 = 墙长 \times 墙高 \times 3$$

其中，墙高——与板相连接的墙其墙高计至板底。

$$有梁板模板 = 混凝土楼板面积 - 梁、墙、柱所占面积$$

外轴线楼板端部的侧面积，如该位置有梁的并入梁模板，没有梁并入板模板。

现浇钢筋混凝土悬挑板（雨篷、阳台）模板工程量，按图示露明尺寸的水平投影面积计算，伸入墙外的牛腿梁及板边模板不另计算，如图 5.47 所示。

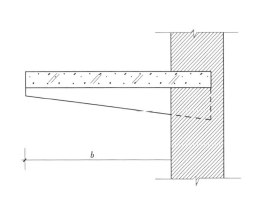

图 5.47　悬挑板示意图

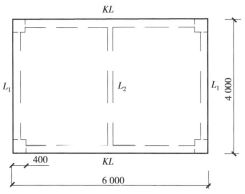

图 5.48　现浇钢筋混凝土屋面板平面示意图

其计算公式为

$$S = bL$$

式中　S——水平投影面积；

　　　b——宽度；

　　　L——长度。

【例 5.11】　试计算图 5.48 的现浇钢筋混凝土柱、梁、板的模板工程量。已知楼层高度 3.2 m；$KL = 240 \times 500$，$L_1 = 180 \times 300$，$L_2 = 150 \times 300$，柱 $= 400 \times 400$，板厚 $= 100$（以上除注明外单位均为 mm）。

【解】

柱模板 $= [0.4 \text{ m} \times 4 \times (3.2 - 0.1) \text{ m}] \times 4$ 条 $= 19.84 \text{ m}^2$

梁模板 $KL = [(0.5 - 0.1) \text{ m} \times 2 + 0.24 \text{ m}] \times 5.2 \text{ m} \times 2$ 条 $= 10.82 \text{ m}^2$

$\qquad L_1 = [(0.3 - 0.1) \text{ m} \times 2 + 0.18 \text{ m}] \times 3.2 \text{ m} \times 2$ 条 $= 3.71 \text{ m}^2$

$\qquad L_2 = [(0.3 - 0.1) \text{ m} \times 2 + 0.15 \text{ m}] \times 3.52 \text{ m} = 1.94 \text{ m}^2$

板外侧 $= (4 + 6) \text{ m} \times 2 \times 0.1 \text{ m} = 2.00 \text{ m}^2$

梁模板合计 18.47 m²

板模板 $= 4 \text{ m} \times 6 \text{ m} - 0.24 \text{ m} \times 5.2 \text{ m} \times 2 (KL) - 0.18 \text{ m} \times 3.2 \text{ m} \times 2 (L_1) - 0.15 \text{ m} \times 3.52 \text{ m}$

$\qquad (L_2) - 0.4 \text{ m} \times 0.4 \text{ m} \times 4 (柱) = 19.18 \text{ m}^2$

2)钢筋工程量计算

计算一个单位工程的钢筋总用量时,应首先按不同构件,计算其中不同品种、不同规格的每一根钢筋的用量,然后根据规定计算其他构造钢筋用量,最后按规格、品种分类汇总求得单位工程钢筋总用量。

（1）计算规则

①钢筋的混凝土保护层。为防止钢筋锈蚀,在钢筋周围应留有混凝土保护层。保护层指钢筋外表面至混凝土外表面的距离。在计算钢筋长度时,应按构件长度减去钢筋保护层厚度。受力钢筋的混凝土保护层,应符合设计要求;当设计无具体要求时,不应小于受力钢筋直径。钢筋的混凝土保护层厚度的简易计算表,见表5.9。

表5.9　钢筋混凝土保护层厚度

钢筋种类	构件名称		保护层厚度/mm
受力筋	墙、板	厚度≤100	10
		厚度>100	15
	梁、柱和一般构件		25
	基础	有垫层	35
		无垫层	70
分布筋	墙、板		10
箍筋	梁、板		15

②混凝土构件中钢筋的形式。

a.通长钢筋,也称直钢筋,是两端无弯钩又不弯起的钢筋。螺纹钢筋通常不计算弯钩。

b.带弯钩钢筋,指端部带弯钩的钢筋,弯钩通常分为半圆弯钩、斜弯钩和直弯钩3种类型。

c.弯起钢筋,主要用于梁、板支座附近的负弯矩区域。梁中弯起钢筋的弯起角 α 一般为45°,当梁高度大于800 mm时,宜采用60°,板中弯起钢筋的弯起角一般≤30°。

d.箍筋,箍筋是用来固定钢筋位置,是钢筋骨架成型不可缺少的一种钢筋,常用于钢筋混凝土梁、柱中,箍筋的直径较小,常取 $\phi 4$ 到 $\phi 10$。

钢筋形式如图5.49所示。

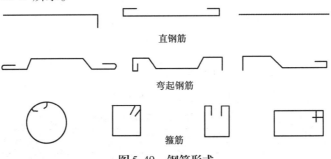

直钢筋

弯起钢筋

箍筋

图5.49　钢筋形式

③钢筋弯钩的形式及增加长度。钢筋的弯钩形式有3种:半圆弯钩、直弯钩及斜弯钩。半圆弯钩是最常用的一种弯钩。直弯钩只用在柱钢筋的下部、箍筋和附加钢筋中;斜弯钩只用在直径较小的钢筋中,如图5.50所示。

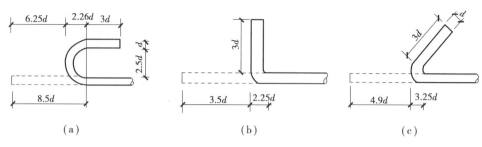

图 5.50　钢筋弯钩形式

(a)半圆弯钩;(b)直弯钩;(c)斜弯钩

根据规范要求,绑扎骨架中的受力钢筋,应在末端做弯钩。Ⅰ级钢筋末端做 180°弯钩,其圆弧弯曲直径不应小于钢筋直径的 2.5 倍,平直部分长度不宜小于钢筋直径的 3 倍;Ⅱ,Ⅲ级钢筋末端需作 90°或 135°弯折时,Ⅱ级钢筋的弯曲直径不宜小于钢筋直径的 4 倍;Ⅲ级钢筋不宜小于钢筋直径的 5 倍。钢筋弯钩增加长度见表 5.10。

表 5.10　钢筋弯钩增加长度

弯钩角度		180°	90°	135°
增加长度	Ⅰ级钢筋	6.25d	3.5d	4.9d
	Ⅱ级钢筋	—	$x+0.9d$	$x+2.9d$
	Ⅲ级钢筋	—	$x+1.2d$	$x+3.6d$

④弯起钢筋的增加长度。弯起钢筋的弯起角度,一般有 30°,45°,60°3 种,其弯起增加值是指斜长与水平投影长度之间的差值。弯起钢筋斜长及增加长度计算方法见表 5.11。

表 5.11　弯起钢筋斜长及增加长度计算表

形状		30°	45°	60°
计算方法	斜边长 s	$2h$	$1.414h$	$1.155h$
	增加长度 $s-L=\Delta l$	$0.268h$	$0.414h$	$0.577h$

⑤钢筋单位重量。钢筋工程量是以钢筋设计长度乘以单位重量,以吨计算。钢筋的单位重量均以理论重量计算,各种规格钢筋的单位重量可查表计算,见表 5.12。

表 5.12　钢筋型号、理论重量

品种 直径/mm	圆钢筋		螺纹钢筋	
	截面/cm²	重量/(kg·m⁻¹)	截面/cm²	重量/(kg·m⁻¹)
5	0.196	0.154		
6	0.283	0.222		

续表

品种 直径/mm	圆钢筋		螺纹钢筋	
	截面/cm²	重量/(kg·m⁻¹)	截面/cm²	重量/(kg·m⁻¹)
8	0.503	0.395		
10	0.785	0.617	0.785	0.62
12	1.131	0.888	1.131	0.89
14	1.539	1.21	1.54	1.21
16	2.011	1.58	2.0	1.58
18	2.545	2.00	2.54	2.00
20	3.142	2.47	3.14	2.47
22	3.801	2.98	3.80	2.98
25	4.909	3.85	4.91	3.85
28	6.158	4.83	6.16	4.83
30	7.069	5.55		
32	8.042	6.31	8.04	6.31

⑥钢筋用量计算的基本步骤。钢筋混凝土构件中的钢筋是由若干不同品种、不同规格、不同形状的单根钢筋所组成。因此,计算一个单位工程的钢筋总用量时,应首先按不同构件,计算其中不同品种、不同规格的每一根钢筋的用量,然后按规格、品种分类汇总求得单位工程钢筋总用量。

(2)钢筋长度的计算　其计算公式为:

钢筋全长 = 构件外形长 - 2 倍保护层 + 弯起筋增加长度 + 弯钩长度

各种形式钢筋长度的计算公式见表 5.13。

①通长钢筋长度计算:

$$l = L - 2a$$

式中　l——钢筋全长;

　　　L——构件的结构长度;

　　　a——保护层厚度。

表 5.13　钢筋理论长度计算公式

钢筋名称	钢筋简图	计算公式
直筋		构件长 - 两端保护层厚
180°弯钩		构件长 - 两端保护层厚 + 2 个弯钩长度

续表

钢筋名称	钢筋简图	计算公式
板中弯起筋		构件长 − 两端保护层厚 + 2 × 0.268 × (板厚 − 上下保护层厚) + 2 个弯钩长
		构件长 − 两端保护层厚 + 0.268 × (板厚 − 上下保护层厚) + 2 个弯钩长
		构件长 − 两端保护层厚 + 0.268 × (板厚 − 上下保护层厚) + (板厚 − 上下保护层厚) + 一个弯钩长
		构件长 − 两端保护层厚 + 2 × 0.268 × (板厚 − 上下保护层厚) + 2 × (板厚 − 上下保护层厚)
		构件长 − 两端保护层厚 + 0.268 × (板厚 − 上下保护层厚) + (板厚 − 上下保护层厚)
		构件长 − 两端保护层厚 + 2 × (板厚 − 上下保护层厚)
梁中弯起筋		构件长 − 两端保护层厚 + 2 × 0.414 × (梁高 − 上下保护层厚) + 2 个弯钩长
		构件长 − 两端保护层厚 + 2 × 0.414 × (梁高 − 上下保护层厚) + 2 × (梁高 − 上下保护层厚) + 2 个弯钩长
		构件长 − 两端保护层厚 + 2 × 0.414 × (梁高 − 上下保护层厚) + 2 × (梁高 − 上下保护层厚)
		构件长 − 两端保护层厚 + 0.414 × (梁高 − 上下保护层厚) + 2 个弯钩长

②带弯钩钢筋长度计算：

$$l = L - 2a + 2 \text{ 个弯钩长}$$

③弯起钢筋的长度：

$$l = L - 2a + 2\Delta L + 2 \text{ 个弯钩长}$$

式中　ΔL——弯起部分增加长度。

④箍筋的长度计算：

箍筋常见形式有双箍方形、双箍矩形、三角箍和 S 箍等，如图 5.51 所示。

箍筋长度计算的一般公式：

$$l = \text{构件截面周长} - 8a + 2\Delta l$$

式中　l——箍筋全长；

　　　a——保护层厚度；

　　　Δl——箍筋弯钩增加长度，见表 5.14。

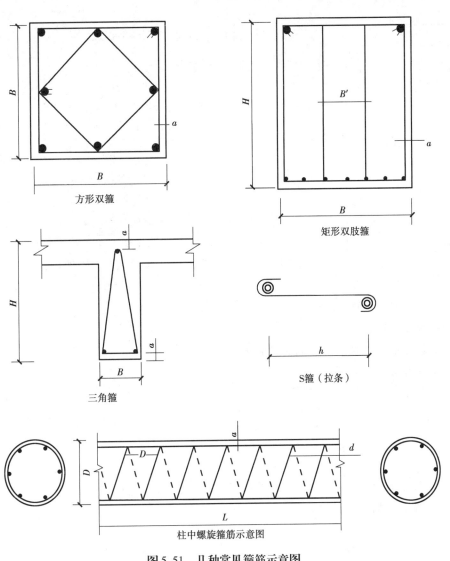

图 5.51　几种常见箍筋示意图

表 5.14　箍筋弯钩长度

弯钩形式		180°	90°	135°
弯钩增加值	一般结构	8.25d	5.5d	6.87d
	有抗震要求	13.25d	10.5d	11.87d

根据箍筋配置形式不同,可分以下情况计算其长度:

a. 方形或矩形单箍(图 5.52):

$$l = 构件截面周长 - 8a + 2\Delta l$$

b. 方形双箍(图 5.51):

由图 5.51 可知,套箍与方形箍呈现 45° 放置,其计算长度为方箍和套箍长度之和。

$$L = l_1(外箍长) + l_2(内箍长)$$

式中　$l_1 = (B - 2a) \times 4 + 2\Delta l$

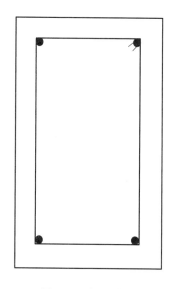

图 5.52　矩形单箍

$$l_2 = \left[(B-2a) \times \frac{\sqrt{2}}{2} \right] \times 4 + 2\Delta l$$

c. 矩形双肢箍(图 5.51):

$$l = 2l_1$$

式中　　$l_1 = (H-2a) \times 2 + (B-2a+B') + 2\Delta l$

d. 三角箍计算公式(图 5.51):

$$l = (B-2a) + \sqrt{4(H-2a)^2 + (B-2a)^2} + 2\Delta l$$

e. S 箍(拉条)计算公式(图 5.51):

$$l = h - 2a + 2\Delta l$$

f. 螺旋箍筋计算公式(图 5.51):

$$l = N\sqrt{P^2 + (D-2a)^2 \pi^2} + 2\Delta l$$

式中　　N——螺旋圈数 $N = L/P$,L 为构件长;

　　　　P——螺距;

　　　　D——构件直径。

⑤箍筋根数的计算:

箍筋根数与钢筋混凝土构件的长度有关。

两端均设箍筋:$n = \dfrac{p}{c} + 1$

只有一端设箍筋:$n = \dfrac{p}{c}$

两端均不设箍筋:$n = \dfrac{p}{c} - 1$

式中　　n——箍筋根数;

　　　　p——箍筋配置范围长度;

　　　　c——箍筋间距。

在实际工作中,为简化计算,箍筋长度一般有两种计算方法:

第一种是箍筋的两端各为半圆弯钩,即每端各增加 $8.25d$(也有取 $6.25d$);

第二种方法是箍筋直径 10 mm 以下的,按钢筋混凝土构件断面周长计算,不减构件保护层厚度,不加弯钩长度。公式为

$$箍筋长度 L = 构件断面周长$$

箍筋直径在 10 mm 以下时,计算公式为

$$箍筋长度 L = 构件断面周长 + 25\ mm$$

【例 5.12】　如图 5.53 所示,计算 8 根现浇 C20 钢筋混凝土矩形梁的钢筋工程量,混凝土保护层厚度为 25 mm。

【解】

(1)计算 1 根矩形梁钢筋长度

①号筋($\phi16$,2 根):

$L = (3.90 - 0.025 \times 2 + 0.25 \times 2)\text{m} \times 2$ 根

$\quad = 4.35\ \text{m} \times 2 = 8.70\ \text{m}$

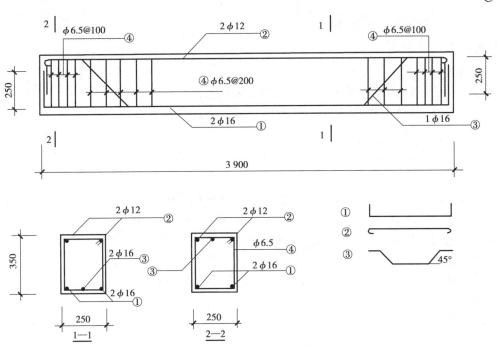

图 5.53　钢筋混凝土梁

②号筋（$\phi12$,2 根）：

$L = (3.90 - 0.025 \times 2 + 0.012 \times 6.25 \times 2)\,\text{m} \times 2\,\text{根}$

$= 4.0\,\text{m} \times 2 = 8.0\,\text{m}$

③号筋（$\phi16$,1 根）：

弯起增加值计算,见表 5.46。

$L = 3.90\,\text{m} - 0.025\,\text{m} \times 2 + 0.25\,\text{m} \times 2 + (0.35 - 0.025 \times 2 - 0.016)\,\text{m} \times 0.414 \times 2$

$= 4.35\,\text{m} + 0.284\,\text{m} \times 0.414 \times 2$

$= 4.35\,\text{m} + 0.24\,\text{m}$

$= 4.59\,\text{m}$

④号筋（$\phi6.5$）：

箍筋根数 $= (3.90 - 0.025 \times 2 - 0.10 \times 3 \times 2\,\text{端} - 0.20 \times 2\,\text{端})\,\text{根} \div 0.20 + 1\,\text{根} + 4\,\text{根} \times 2\,\text{端}$

　　　　　$= 14.25\,\text{根} + 1\,\text{根} + 8\,\text{根}$

　　　　　$= 24\,\text{根}$

箍筋长 $= (0.35 + 0.25)\,\text{m} \times 2 - 0.02\,\text{m} = 1.18\,\text{m}$

$l = $ 箍筋长 × 根数 $= 1.18\,\text{m} \times 24 = 28.32\,\text{m}$

(2)计算 8 根矩形梁的钢筋重

$\phi16$:$(8.7 + 4.59)\,\text{m} \times 8 \times 1.58\,\text{kg/m} = 167.99\,\text{kg}$

$\phi12$:$8.0\,\text{m} \times 8 \times 0.888\,\text{kg/m} = 56.83\,\text{kg}$

$\phi6.5$:$28.32\,\text{m} \times 8 \times 0.26\,\text{kg/m} = 58.91\,\text{kg}$

　　　$167.99\,\text{kg} + 56.83\,\text{kg} + 58.91\,\text{kg} = 284\,\text{kg}$

注:$\phi16$ 钢筋每米重 1.58 kg。

　　$\phi12$ 钢筋每米重 0.888 kg。

ϕ6.5 钢筋每米重 0.26 kg。

3) 混凝土工程量计算

计算规则：

(1) 以体积为计算单位的各种构件　混凝土和钢筋混凝土以体积为计算单位的各种构件，均根据图示尺寸以构件的实际体积计算，不扣除其中的钢筋、铁件、螺栓和预留螺栓孔洞所占的体积。

(2) 基础垫层与基础的划分　混凝土的厚度 12 cm 以内者为垫层，执行垫层定额。

(3) 基础

①条形基础：凡在墙下的基础或柱与柱之间与单独基础相连接的带形结构，统称为带形基础。与条形基础相连的杯形基础，执行杯形基础定额。

②独立基础：包括各种形式的独立柱和柱墩，独立基础的高度按图示尺寸计算。

③满堂基础：底板定额适用于无梁式和有梁式满堂基础的底板。有梁式满堂基础中的梁、柱另按相应的基础梁或柱定额执行。梁只计算突出基础的部分，伸入基础底板部分，并入满堂基础底板工程量内。

(4) 柱

①柱高按柱基上表面算至柱顶面的高度。

②依附于柱上的云头、梁垫的体积另列项目计算。

③多边形柱，按相应的圆柱定额执行；其规格按断面对角线长套用定额。

④依附于柱上的牛腿的体积，应并入柱身体积计算。

(5) 梁

①梁的长度：梁与柱交接时，梁长应按柱与柱之间的净距计算，次梁与主梁交接时，次梁的长度算至柱侧面或主梁侧面的净距。梁与墙交接时，伸入墙内的梁头应包括在梁的长度内计算。

②梁头处如有浇制垫块者，其体积并入梁内一起计算。

③凡加固墙身的梁均按圈梁计算。

④戗梁按设计图示尺寸，以 m³ 计算。

(6) 板

①有梁板是指带有梁的板，按其形式可分为梁式楼板、井式楼板和密肋型楼板。梁与板的体积合并计算，应扣除大于 0.3 m² 的孔洞所占的体积。

②平板系指无柱、无梁直接由墙承重的板。

③亭屋面板(曲形)系指古典建筑中亭面板，为曲形状。其工程量按设计图示尺寸，以实体积 m³ 计算。

④凡不同类型的楼板交接时，均以墙的中心线划为分界。

⑤伸入墙内的板头，其体积应并入板内计算。

⑥现浇混凝土挑檐，天沟与现浇屋面板连接时，按外墙皮为分界线，与圈梁连接时，按圈梁外皮为分界线。

⑦戗翼板系指古建中的翘角部位，并连有摔网椽的翼角板。椽望板系指古建中的飞檐部位，并连有飞椽和出沿椽重叠之板。其工程量按设计图示尺寸以实体积计算。

⑧中式屋架系指古典建筑中立贴式屋架。其工程量(包括立柱、童柱、大梁)按设计图示尺寸,以实体积 m³ 计算。

(7)其他

①整体楼梯,应分层按其水平投影面积计算。楼梯井宽度超过 50 cm 时的面积应扣除。伸入墙内部分的体积已包括在定额内不另计算,但楼梯基础、栏杆、栏板、扶手应另列项目套相应定额计算,见例5.13。

楼梯的水平投影面积包括踏步、斜梁、休息平台、平台梁以及楼梯和楼板连接的梁。

楼梯与楼板的划分以楼梯梁的外侧面为分界。

②阳台、雨篷均按伸出墙外的水平投影面积计算,伸出墙外的牛腿已包括在定额内不再计算。但嵌入墙内的梁应按相应定额另列项目计算。阳台上的栏板、栏杆及扶手均应另列项目计算,楼梯、阳台的栏杆、栏板、吴王靠(美人靠)、挂落均按延长米计算(包括楼梯伸入墙内的部分)。楼梯斜长部分的栏板长度,可按其水平长度乘系数 1.15 计算。

③小型构件系指单件体积小于 0.1 m³ 以内未列入项目的构件。

④古式零件系指梁垫、云头、插角、宝顶、莲花头子、花饰块等以及单件体积小于 0.05 m³ 未列入的古式小构件。

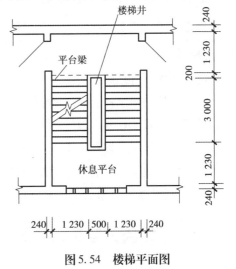

图 5.54　楼梯平面图

⑤池槽按实体积计算。

【例5.13】　某工程现浇钢筋混凝土楼梯(图5.54)包括休息平台至平台梁,计算该楼梯工程量(建筑物4层,共3层楼梯)。

【解】

(基础定额的工程量)

$$S = (1.23 + 0.50 + 1.23)\text{m} \times (1.23 + 3.00 + 0.20)\text{m} \times 3$$
$$= 2.96 \text{ m} \times 4.43 \text{ m} \times 3 = 13.113 \times 3 \text{ m}^2 \approx 39.34 \text{ m}^2$$

5.4.6 基础垫层工程量的计算

基础是位于建筑物最下部的承重构件,承受上部建筑的全部荷载,并把这些荷载传给地基,垫层是承重和传递荷载的构造层。其工作内容包括拌和、铺设、找平、夯实。

1)垫层的分类

①按垫层材料可分为:级配砂石、3:7灰土、砂、碎石、碎砖、地瓜石、毛石、无筋混凝土(素混凝土)、毛石混凝土。

②按垫层部位可分为:地面垫层和基础垫层(条基,独基,满堂基础)。定额按地面垫层编制。若为基础垫层,人工、机械分别乘以下列系数:条形基础 1.05、独立基础 1.10、满堂基础 1.00。

2）地面垫层

按室内主墙间净面积乘以设计厚度,以 m^3 计算。

计算时应扣除:凸出地面的构筑物、设备基础、室内铁道、地沟以及单个面积在 $0.3\ m^2$ 以上的孔洞、独立柱等所占体积。

计算时不扣除间壁墙、附墙烟囱、墙垛以及单个面积在 $0.3\ m^2$ 以内的孔洞等所占体积。

计算时不增加:门洞、空圈、暖气壁龛等开口部分。

地面垫层工程量 =（房心面积 $-\ 0.3\ m^2$ 以上孔洞、独立柱、构筑物面积）× 垫层厚度

房心面积 = 建筑面积 $-\ \sum$ 外墙中心线长 × 外墙厚 $-\ \sum$ 内墙净长 × 内墙厚

3）基础垫层

按下列规定,以 m^3 计算。

①条形基础垫层:外墙按外墙中心线长度、内墙按其设计净长度(垫层之间的净长度)乘以垫层平均断面面积计算。

条形基础垫层工程量 =（$\sum$ 外墙中心线长 + $\sum$ 垫层净长）× 垫层断面面积

②独立基础垫层和满堂基础垫层:按设计图示尺寸乘以平均厚度计算。

独立、满堂基础垫层工程量 = 设计长度 × 设计宽度 × 平均厚度

5.4.7　木结构工程量的计算

本分部包括门窗制作及安装、木装修、间壁墙、顶棚、地板、屋架等。

1）有关计算资料的统一规定

①普通木门窗的工料系按 86MC 通用图集综合取定。

②木种分类

一类:红松、杉木。

二类:白松、杉松、椴木、樟子松、云杉。

三类:青松、水曲柳、楸子木、榆木、柏木、樟木、黄花松。

四类:柞木、檀木、红木、桦木。

③定额中凡包括玻璃安装项目的,其玻璃品种及厚度均为参考规格,如实际使用的玻璃品种及厚度与定额不同时,玻璃厚度及单价应按实调整,但定额中的玻璃用量不变。

④凡综合刷油者,定额中除在项目中已注明者外,均为底油一遍,调和漆两遍,木门窗的底油包括在制作定额中。

⑤木构件制作项目包括:放样、选料、截料、刨光、画线、制作及剔凿成型。

⑥木构件安装项目包括:安装、吊线、校正、临时支撑。

⑦木花架柱、梁包括:构件制作、安装、刷防护材料、油漆。

⑧木花架柱、梁项目应注明木材种类、梁的截面,连接方式,防护材料种类。

2）工程量计算规则

①定额中的普通窗适用于:平开式;上、中、下悬式;中转式及推拉式。均按框外围面积计算。

②定额中的门框料是按无下坎计算,如设计有下坎时,按相应"门下坎"定额执行,其工程量按门框外围宽度以延长米计算。

③各种门如亮子或门扇安纱扇时,纱门扇或纱亮子按框外围面积另列项目计算,纱门扇与纱亮子以门框中坎的上皮为分界。

④木窗台板按 m^2 计算,如图纸未注明窗台板长度和宽度时,可按窗框的外围宽度两边共加 10 cm 计算,凸出墙面的宽度按抹灰面增加 3 cm 计算。

⑤木楼梯(包括休息平台和靠墙踢脚板)按水平投影面积以 m^2 计算(不计伸入墙内部分的面积)。

⑥挂镜线按延长米计算,如与窗帘盒相连接时,应扣除窗帘盒长度。

⑦门窗贴脸的长度,按门窗框的外围尺寸以延长米计算。

⑧暖气罩、玻璃黑板按边框外围尺寸以垂直投影面积计算。

⑨木搁板按图示尺寸以 m^2 计算。定额内按一般固定考虑,如用钢托架者,角钢应另行计算。

⑩间壁墙的高度按图示尺寸,长度按净长计算,应扣除门窗洞口,但不扣除面积在 0.3 m^2 以内的孔洞。

⑪厕所浴室木隔断,其高度自下横枋底面算至上横枋顶面,以 m^2 计算,门扇面积并入隔断面积内计算。

⑫预制钢筋混凝土厕浴隔断上的门扇,按扇外围面积计算,套用厕所浴室隔断门定额。

⑬顶棚面积以主墙实钉面积计算,不扣除间壁墙、检查洞、穿顶棚的柱、垛、附墙烟囱及水平投影面积 1 m^2 以内的柱帽等所占的面积。

⑭木地板以主墙间的净面积计算,不扣除间壁墙、穿过木地板的柱、垛和附墙烟囱等所占的面积,但门和空圈的开口部分也不增加。

⑮木地板定额中,木踢脚板数量不同时,均按定额执行,如设计不用时,可以扣除其数量但人工不变。

⑯栏杆的扶手均以延长米计算。楼梯踏步部分的栏杆、扶手的长度可按全部水平投影长度乘系数 1.15 计算。

⑰屋架分别不同跨度按架计算,屋架跨度按墙、柱中心线计算。

⑱楼梯底钉顶棚的工程量均以楼梯水平投影面积乘系数 1.10,按顶棚面层定额计算。

⑲木构件中的木梁、木柱按设计图示尺寸以 m^3 计算。

【例 5.14】 某小区木廊架工程(图 5.55 至图 5.58),计算该木廊架工程量。

【解】

1. 平整场地: $S = 长 \times 宽 = 9 \ m \times 4 \ m = 36 \ m^2$

2. 柱基础:

(1)挖地坑 $V = 长(加上工作面) \times 宽(加上工作面) \times 高 = 1.6 \ m \times 1.6 \ m \times 0.75 \ m \times 8 = 15.36 \ m^3$

(2)C10 混凝土基础垫层 $V = 断面 \times 高 = 1 \ m \times 1 \ m \times 0.1 \ m \times 8 = 0.8 \ m^3$

(3)C20 钢筋混凝土基础 $V = 断面 \times 高 = 0.8 \ m \times 0.8 \ m \times 0.25 \ m \times 8 + (0.54 \ m \times 0.54 \ m \times 0.4 \ m - 0.2 \ m \times 0.2 \ m \times 0.35 \ m) \times 8 = 2.1 \ m^3$

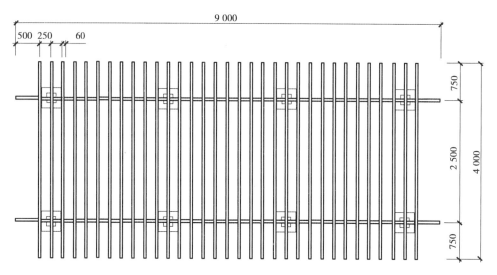

图 5.55　木廊架平面图

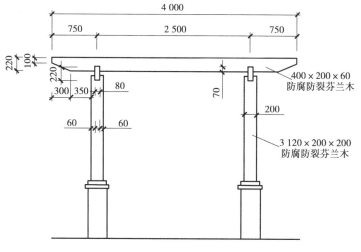

图 5.56　木廊架立面图一

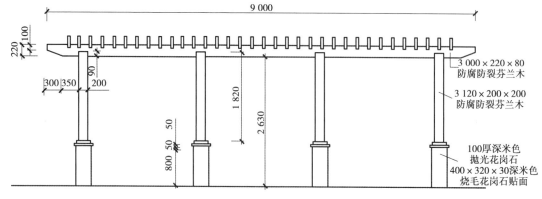

图 5.57　木廊架立面二

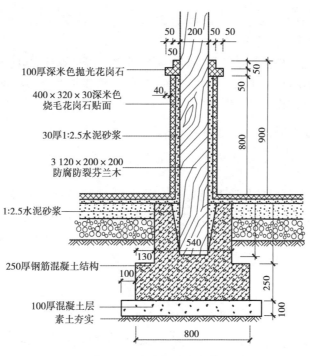

图 5.58 木廊架基础大样

100厚深米色抛光花岗石
400×320×30深米色
烧毛花岗石贴面
30厚1:2.5水泥砂浆
3 120×200×200
防腐防裂芬兰木
1:2.5水泥砂浆
250厚钢筋混凝土结构
100厚混凝土层
素土夯实

3. 木廊架

(1)木柱 $V = 3.12 \text{ m} \times 0.2 \text{ m} \times 0.2 \text{ m} \times 8 = 1 \text{ m}^3$

(2)木梁 $V = 3 \text{ m} \times 0.22 \text{ m} \times 0.08 \text{ m} \times 2 = 0.11 \text{ m}^3$

(3)木檩条 $V = 4 \text{ m} \times 0.22 \text{ m} \times 0.06 \text{ m} \times 33 = 1.742 \text{ m}^3$

$V_{合计} = 3.062 \text{ m}^3$

(4)木立柱外贴100厚深米色抛光花岗石光面层

$S = 木柱截面周长 \times 高 = (0.2 \text{ m} \times 4) \times 0.1 \text{ m} \times 8 = 0.64 \text{ m}^2$

(5)木立柱外贴100厚深米色烧毛花岗石光面层

$S = 木柱截面周长 \times 高 = (0.2 \text{ m} \times 4) \times 0.8 \text{ m} \times 8 = 5.12 \text{ m}^2$

5.4.8 地面与屋面工程量计算

本分部工程包括地面、屋面两项工程。地面工程包括垫层、防潮层、整体面层、块料面层。屋面工程包括保温层、找平层、卷材屋面及屋面排水等。

1)有关计算资料的统一规定

①混凝土强度等级及灰土、白灰焦渣、水泥焦渣的配合比与设计要求不同时,允许换算。但整体面层与块料面层的结合层或底层的砂层的砂浆厚度,除定额注明允许换算外一律不得换算。

②散水、斜坡、台阶、明沟均已包括了土方、垫层、面层及沟壁。如垫层、面层的材料品种、含量与设计不同时,可以换算,但土方量和人工、机械费一律不得调整。

③随打随抹地面只适用于设计中无厚度要求随打随抹面层,如设计中有厚度要求时,应按水泥砂浆抹地面定额执行。

④水泥瓦、黏土瓦的规格与定额不同时除瓦的数量可以换算外,其他工料均不得调整。

⑤铁皮屋面及铁皮排水项目,铁皮咬口和搭接的工料包括在定额内不得另计,铁皮厚度如与定额规定不同时,允许换算,其他工料不变。刷冷底子油一遍已综合在定额内,不另计算。

2)工程量计算规则

(1)地面工程

①楼地面层:

a.水泥砂浆,随打随抹、砖地面及混凝土面层,按主墙间的净空面积计算,应扣除凸出地面的构筑物、设备基础及室内铁道所占的面积(不需做面层的沟盖板所占的面积也应扣除),不扣除柱、垛、间壁墙、附墙烟囱以及 0.3 m² 以内孔洞所占的面积,但门洞、空圈也不增加。

b.水磨石面层及块料面层均按图示尺寸以 m³ 计算。

②垫层:

地面垫层按地面面层乘以厚度以 m³ 计算。

③防潮层:

a.平面:地面防潮层同地面面层,与墙面连接处高在 50 cm 以内展开面积的工程量,按平面定额计算,超过 50 cm 者,其立面部分的全部工程量按立面定额计算。

b.立面:墙身防潮层按图示尺寸以 m² 计算,不扣除 0.3 m² 以内的孔洞。

④伸缩缝:各类伸缩缝,按不同用料以延长米计算。外墙伸缩缝如内外双面填缝者,工程量加倍计算。

⑤踢脚板:水泥砂浆踢脚板以延长米计算,不扣除门洞及空圈的长度,但门洞、空圈和垛的侧壁也不增加;水磨石踢脚板、预制水磨石及其他块料面层踢脚板,均按图示尺寸以净长计算。

⑥水泥砂浆及水磨石楼梯面层:以水平投影面积计算,定额内已包括踢脚板及底面抹灰、刷浆工料。楼梯井在 50 cm 以内者不予扣除。

⑦散水:散水按外墙外边线的长乘以宽度,以 m² 计算(台阶、坡道所占的长度不扣除,四角延伸部分也不增加)。

⑧坡道:按水平投影面积计算。

⑨台阶:各类台阶均以水平投影面积计算,定额内已包括面层及面层下的砌砖或混凝土的工料。

(2)屋面工程

①保温层:按图示尺寸的面积乘平均厚度以 m³ 计算,不扣烟囱、风帽及水斗斜沟所占面积。

②瓦屋面:按图示尺寸的屋面投影面积乘屋面坡度延尺系数以 m² 计算,不扣除房上烟囱、风帽底座、风道、屋面小气窗和斜沟等所占面积,而屋面小气窗出檐与屋面重叠部分的面积也不增加,但天窗出檐部分重叠的面积应计入相应屋面工程量内。瓦屋面的出线、披水、梢头抹灰、脊瓦、加腮等工料均已综合在定额内,不另计算。

③卷材屋面:按图示尺寸的水平投影面积乘屋面坡度延尺系数以 m² 计算,不扣除房上烟囱、风帽底座、风道斜沟等所占面积,其根部弯起部分不另计算。天窗出檐部分重叠的面积应按图示尺寸以 m² 计算,并入卷材屋面工程量内,如图纸未注明尺寸,伸缩缝、女儿墙可按 25 cm,天窗处可按 50 cm,局部增加层数时,另计增加部分。

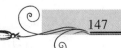

④落水管长度:按图示尺寸展开长度计算,如无图示尺寸时,由沿口下皮算至设计室外地平以上 15 cm 为止,上端与铸铁弯头连接着,算至接头处。

⑤屋面抹水泥砂浆找平层:工程量与卷材屋面相同。

5.4.9 装饰工程量的计算

本部分包括抹白灰砂浆、抹水泥砂浆等。

1)有关计算资料的统一规定

①抹灰厚度及砂浆种类,一般不得换算。

②抹灰不分等级,定额水平是根据园林建筑质量要求较高的情况综合考虑的。

③阳台、雨篷抹灰定额内已包括底面抹灰及刷浆,不另行计算。

④凡室内净高超过 3.6 m 的内檐装饰其所需脚手架,可另行计算。

⑤内檐墙面抹灰综合考虑了抹水泥窗台板,如设计要求做法与定额不同时可换算。

⑥设计要求抹灰厚度与定额不同时,定额内砂浆体积应按比例调整,人工机械不得调整。

2)工程量计算规则

(1)工程量　均按设计图示尺寸计算。

(2)顶棚抹灰

①顶棚抹灰面积,以主墙内的净空面积计算,不扣除间壁墙、垛、柱所占的面积,带有钢筋混凝土梁的顶棚,梁的两侧抹灰面积应并入顶棚抹灰工程量内计算。

②密肋梁和井字梁顶棚抹灰面积,有坡度及拱顶的顶棚抹灰面积,以展开面积计算。

③檐口顶棚的抹灰,并入相同的顶棚抹灰工程量内计算。

(3)内墙面抹灰

①内墙面抹灰面积,应扣除门、窗洞口和空圈所占的面积。洞口侧壁和顶面不增加,但垛的侧面抹灰应与内墙面抹灰工程量合并计算。

内墙面抹灰的长度以主墙间的图示净长尺寸计算,其高度确定如下:

a. 无墙裙有踢脚板其高度由地或楼面算至板或顶棚下皮。

b. 有墙裙无踢脚板,其高度按墙裙顶点标至顶棚底面另增加 10 cm 计算。

②内墙裙抹灰面积以长度乘高度计算,应扣除门窗洞口和空圈所占面积,并增加窗洞口和空圈的侧壁和顶面的面积,垛的侧壁面积并入墙裙内计算。

③吊顶顶棚的内墙面抹灰,其高度自楼地面顶面至顶棚下另加 10 cm 计算。

④墙中的梁、柱等的抹灰,按墙面抹灰定额计算,其突出墙面的梁、柱抹灰工程量按展开面积计算。

(4)外墙面抹灰

①外墙抹灰,应扣除门、窗洞口和空圈所占的面积,门窗洞口及空圈的侧壁、垛的侧面抹灰,并入相应的墙面抹灰中计算。

②外墙窗间墙抹灰,以展开面积按外墙抹灰相应定额计算。

③独立柱及单梁等抹灰,应另列项目,其工程量按结构设计尺寸断面计算。

④外墙裙抹灰,按展开面积计算,门口和空圈所占面积应予扣除,侧壁并入相应定额计算。

⑤阳台、雨篷抹灰按水平投影面积计算,其中定额已包括底面、上面、侧面及牛腿的全部抹灰面积。但阳台的栏杆、栏板抹灰应另列项目,按相应定额计算。

⑥挑檐、天沟、腰线、栏杆扶手、门窗套、窗台线压顶等结构设计尺寸断面以展开面积按相应定额以 m^2 计算。窗台线与腰线连接时,并入腰线内计算。

外窗台抹灰长度如设计图纸无规定时,可按窗外围宽度两边并加 20 cm 计算,窗台展开宽度按 36 cm 计算。

⑦水泥字按个计算。

⑧栏板、遮阳板抹灰,以展开面积计算。

⑨水泥黑板,布告栏按框外围面积计算,黑板边框抹灰及粉笔灰槽已考虑在定额内,不得另行计算。

⑩镶贴各种块料面层,均按设计图示尺寸以展开面积计算。

⑪池槽等按图示尺寸展开面积以 m^2 计算。

(5)刷浆、水质涂料工程

①墙面按垂直投影面积计算,应扣除墙裙的抹灰面积,垛侧壁、门窗洞口侧壁、顶面不增加。

②顶棚按水平投影面积计算,不扣除间壁墙、垛、柱、附墙烟囱、检查洞所占面积。

(6)勾缝　按墙面垂直投影面积计算,应扣除墙面和墙裙抹灰面积,垛和门窗洞口侧壁和顶面勾缝面积不增加。独立柱,房上烟囱勾缝按图示外形尺寸以 m^2 计算。

(7)墙面贴壁纸　按图示尺寸的实铺面积计算。

3)装饰工程量计算方法

首先计算装饰工程建筑面积,做到心中有数,为下步计算分部分项工程量给定基数。装饰工程量计算一般按下列顺序进行:

建筑面积→门窗工程→楼地面工程→顶棚工程→墙面工程→楼梯→配件→其他装饰

【例5.15】　如图5.59至图5.61所示,求内墙抹混合砂浆工程量(作法:1:1:6 混合砂浆抹灰,厚度 $\delta = 15$;1:1:4 混合砂浆抹灰,厚度 $\delta = 5$ mm)和外墙裙抹水泥砂浆工程量(作法:1:3 水泥砂浆抹灰,厚度 $\delta = 14$;1:2.5 水泥砂浆抹灰,厚度 $\delta = 6$ mm)。

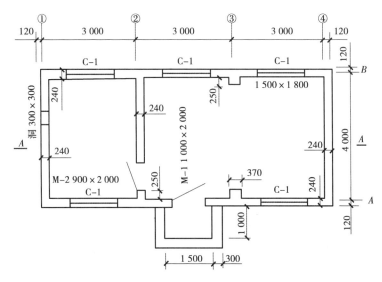

图 5.59　某工程平面示意图

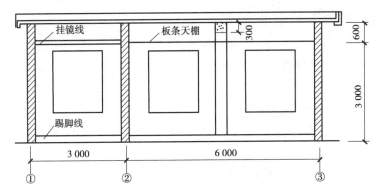

图5.60　A—A剖面示意图

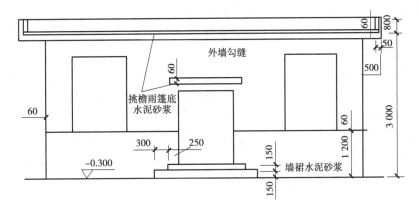

图5.61　立面示意图

【解】

内墙面抹灰

$S = (6 - 0.12 \times 2 + 0.25 \times 2 + 4 - 0.12 \times 2)\,\text{m} \times 2 \times (3 + 0.1)\,\text{m} - 1.5\,\text{m} \times 1.8\,\text{m} \times 3 - 1\,\text{m} \times 2 - 0.9\,\text{m} \times 2\,\text{m} + (3 - 0.12 \times 2 + 4 - 0.12 \times 2)\,\text{m} \times 2 \times 3.6\,\text{m} - 1.5\,\text{m} \times 1.8\,\text{m} \times 2 - 0.9\,\text{m} \times 2\,\text{m} \times 1 = 89.97\,\text{m}^2$

外墙面抹灰

外墙外边线长 $= (9 + 0.24 + 4 + 0.24)\,\text{m} \times 2 = 29.96\,\text{m}$

$S = 26.96\,\text{m} \times 1.2\,\text{m} - 1\,\text{m} \times (1.2 - 0.15 \times 2)\,\text{m} - (1 + 0.25 \times 2)\,\text{m} \times 0.15\,\text{m} - (1 + 0.25 \times 2 + 0.3 \times 2)\,\text{m} \times 0.15\,\text{m} = 30.91\,\text{m}^2$

【例5.16】　如图5.59至图5.61所示,若天棚不搞板条天棚,改为抹石灰砂浆,试计算天棚抹石灰砂浆工程量。

【解】　天棚面 $= (9 - 0.24 \times 2)\,\text{m} \times (4 - 0.24)\,\text{m} = 32.04\,\text{m}^2$

梁侧面 $= 0.3\,\text{m} \times 2 \times (4 - 0.24)\,\text{m} = 2.26\,\text{m}^2$

合计: $32.04\,\text{m}^2 + 2.26\,\text{m}^2 = 34.3\,\text{m}^2$

5.4.10　金属结构工程量的计算

1）有关计算资料的统一规定

①构件制作是按焊接为主考虑的,对构件局部采用螺栓连接时,已考虑在定额内不再换算,但如果有铆接为主的构件时,应另行补充定额。

②定额表中的"钢材"栏中数字,以"×"区分:"×"以前数字为钢材耗用量,"×"以后数字为每吨钢材的综合单价。

③刷油定额中一般均综合考虑了金属面调和漆两遍,如设计要求与定额不同时,按装饰分部油漆定额换算。

④定额中的钢材价格是按各种构件的常用材料规格和型号综合测算取定的,编制预算时不得调整,但如设计采用低合金钢时,允许换算定额中的钢材价格。

⑤金属构件制作项目内容包括:放样、钢材校正、划线下料、平直、钻孔、刨边、倒棱、煨弯、装配、焊接成品、运输、堆放。

⑥金属构件安装项目内容包括:构建加固、吊装校正、拧紧螺栓、电焊固定、就位、场内运输。

⑦金属花架柱、梁项目应注明钢材品种、规格、柱、梁截面、油漆品种、刷漆遍数。

2）工程量计算规则

①构件制作、安装、运输的工程量,均按设计图纸的钢材重量计算,所需的螺栓、电焊条等的重量已包括在定额内,不另增加。

②金属花架柱、梁钢材重量的计算,按设计图示以 t 计算重量,均不扣除孔眼、切肢、切边的重量,多边形按矩形计算。

③计算钢柱工程量时,依附于柱上的牛腿及悬臂梁的主材重量,应并入柱身主材重量计算,套用钢柱定额。

【例5.17】　某小区金属花架廊如图 5.62 至图 5.65 所示,试计算其工程量。

【解】

(1)平整场地 $S = (4.5 \times 3 + 0.2 \times 2)$ m $\times (3.9 + 0.2 \times 2)$ m $= 59.77$ m^2

(2)柱基开挖 $V = (0.75 + 0.6)$ m $\times (0.75 + 0.6)$ m $\times 0.9$ m $\times 8 = 13.12$ m^3

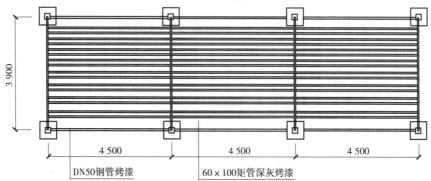

图 5.62　金属花架廊平面图

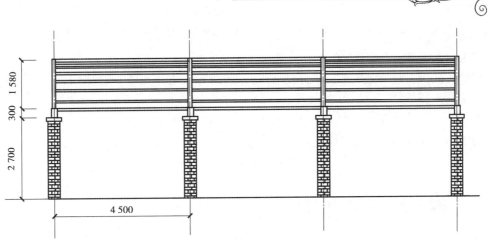

图 5.63　金属花架廊立面图

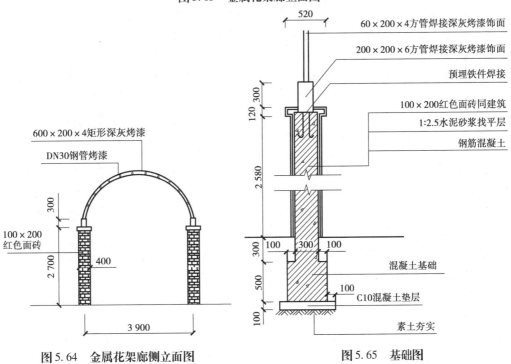

图 5.64　金属花架廊侧立面图　　　　　图 5.65　基础图

（3）柱基 C10 混凝土垫层 $V = 0.75 \text{ m} \times 0.75 \text{ m} \times 0.1 \text{ m} \times 8 = 0.45 \text{ m}^3$

（4）混凝土柱基 $V = 0.55 \text{ m} \times 0.55 \text{ m} \times 0.5 \text{ m} \times 8 = 1.21 \text{ m}^3$

（5）回填土 $V = $ 开挖土方 − 垫层 − 混凝土基础 − 柱基 $= 13.12 \text{ m}^3 - 0.45 \text{ m}^3 - 1.21 \text{ m}^3 -$ $0.35 \text{ m} \times 0.35 \text{ m} \times 0.3 \text{ m} \times 8 = 11.17 \text{ m}^3$

（6）混凝土柱 $V = 0.35 \text{ m} \times 0.35 \text{ m} \times (0.3 + 2.58) \text{ m} \times 8 + 0.52 \text{ m} \times 0.12 \text{ m} \times 0.52 \text{ m} \times 8 = 3.08 \text{ m}^3$

（7）柱面抹水泥砂浆面 $S = 0.4 \text{ m} \times 4 \times (2.58 + 0.12) \text{ m} \times 8 + (0.52 \times 0.52 + 0.06 \times 2 \times 0.52) \text{ m}^2 \times 8 = 37.22 \text{ m}^2$

（8）柱面贴红色面砖 $S = 0.4 \text{ m} \times 4 \times (2.58 + 0.12) \text{ m} \times 8 + (0.52 \times 0.52 + 0.06 \times 2 \times 0.52) \text{ m}^2 \times 8 = 37.22 \text{ m}^2$

（9）金属花架廊

①200×200 方管　重量 = 0.4×8×每米重量 = 3.2 m×37.68 kg/m = 120.58 kg

②200×60 方管　重量 = (2×3.14×1.8)÷2×4 条×每米重量 = 22.61 m×16.33 kg/m = 369.22 kg

③DN30 钢管　重量 = 4.5 m×13×3×1.58 kg/m = 277.29 kg

④DN50 钢管　重量 = 4.5 m×3×2×2.93 kg/m = 79.11 kg

合计重量 = 846.2 kg

5.4.11　脚手架工程量的计算

1）有关计算资料的统一规定

①凡单层建筑,执行单层建筑综合脚手架;二层以上建筑执行多层建筑综合脚手架。

②单层综合脚手架适用于檐高 20 m 以内的单层建筑工程,多层综合脚手架适用于檐高 140 m 以内的多层建筑物。

③综合脚手架定额中包括内外墙砌筑脚手架、墙面粉饰脚手架、单层建筑的综合脚手架及顶棚装饰脚手架。

④各项脚手架定额中均不包括脚手架的基础加固,如需加固时,加固费用按实计算。

2）工程量计算规则

①建筑物的檐高应以设计室外地坪到檐口滴水的高度为准,如有女儿墙者,其高度算到女儿墙顶面,带挑檐者,其高度算到挑檐下皮,多跨建筑如高度不同时,应分别按不同高度计算。同一建筑物有不同结构时,应以建筑面积比重较大者为准,前后檐高度不同时,以较高的檐高为准。

②综合脚手架按建筑面积以 m² 计算。

③围墙脚手架按里脚手架定额执行,其高度以自然地坪到围墙顶面,长度按围墙中心线计算,不扣除大门面积,也不另行增加独立门柱的脚手架。

④走廊柱、独立柱的装饰和砌筑脚手架,按单排外脚手架定额执行,其工程量按柱截面的周长另加 3.6 m,再乘柱高以 m² 计算。

⑤凡不适宜使用综合脚手架定额的建筑物,可按以下规定计算,执行单项脚手架定额。

a.砌墙脚手架,按墙面垂直投影面积计算。外墙脚手架长度按外边线计算,内墙脚手架长度按内墙净长计算,高度按自然地坪到墙顶的总高计算。

b.檐高 15 m 以上的建筑物的外墙砌筑脚手架,一律按双排脚手架计算。

c.檐高 15 m 以内的建筑物,室内净高 4.5 m 以内者,内外墙砌筑,均应按里脚手架计算。

⑥花架廊脚手架,高度 4.5 m 以内套单排脚手架,4.5 m 以上套用双排脚手架。亭、走廊、阁的脚手架套

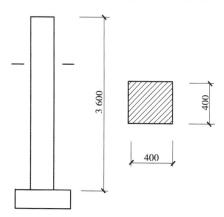

图 5.66　独立柱示意图

用双排脚手架,以 m^2 计算。

　　【例5.18】　如图5.66所示,计算独立砖柱砌筑脚手架工程量。

　　【解】　$S = (0.4 \times 4 + 3.6)m \times 3.6\ m = 18.72\ m^2$

5.5　园林附属小品工程量计算方法

5.5.1　假山工程工程量的计算

　　假山工程主要有堆砌假山和塑假山两种。

1)有关计算资料的统一规定

　　①定额中综合了园内(直径200 m)山石倒运,必要的脚手架,加固铁件,塞垫嵌缝用的石料砂浆,以及5 t汽车起重机吊装的人工、材料、机械费用。

　　②假山基础按相应定额项目另行计算。

　　③定额中的主体石料(如太湖石、斧劈石、吸水石及石笋等)的材料预算价格,因石料的产地、规格不同时,可按实调整差价。

2)工程量计算规则

　　(1)假山工程量　按实际堆砌的石料以 t 计算。计算公式为

　　　　　　砌假山工程量(t) = 进料验收的数量 − 进料剩余数

　　当没有进料验收的数量时,叠成后的假山可按下述方法计算:

　　①假山体积计算:

$$V_体 = A_矩 H$$

式中　$A_矩$——假山不规则平面轮廓的水平投影面积的最大外接矩形面积,m^2;

　　　　H——假山石着地点至顶点的垂直距离,m;

　　　　$V_体$——叠成后的假山体积,m^3。

　　②假山质量计算:

$$W_质 = 表观密度 \times V_体 \times K_n$$

式中　$W_质$——假山石质量,t;

　　　　表观密度——石料实际密度,t/m^3;石材用材不同实际密度各不相同;

　　　　K_n——高度系数。当 $H \leq 1$ m 时,K_n 取 0.77;当 $1\ m < H \leq 2\ m$ 时,K_n 取 0.72;当 $2\ m < H \leq 3\ m$ 时,K_n 取 0.65;当 $3\ m < H \leq 4\ m$ 时,K_n 取 0.60;当 $H > 4$ m 时,K_n 取 0.55。

　　(2)各种单体孤峰及散点石　按其单位石料体积(取单体长、宽、高各自的平均值相乘)乘以石料实际密度按"t"计算。

　　(3)塑假石山的工程量按其外围表面积以 m^2 计算。

　　【例5.19】　某公园堆砌一黄石假山,具体如图5.67所示,计算该假山工程量。

　　【解】　$V_体 = A_矩 H = 3\ m \times 1.3\ m \times 3.5\ m = 13.65\ m^3$

$$W_质 = 表观密度 \times V_体 \times K_n$$

　　本题假山高度 $H = 3.5$ m,故高度系数 K_n 取 0.60,假设黄石的表观密度为 2.6 t/m^3

则 $W = 2.6 \text{ t/m}^3 \times 13.65 \text{ m}^3 \times 0.6 = 21.29 \text{ t}$

即该黄石假山的工程量为 21.29 t。

5.5.2　园路及地面工程工程量的计算

本分部工程包括：垫层、路面、地面、路牙、台阶等。园路是指庭园内的行人甬路、蹬道和带有部分踏步的坡道，不适用于厂、院及住宅小区内的市政道路。

工程量计算规则如下：

①垫层按图示尺寸以 m^3 计算。

园路垫层宽度：带路牙者，按路面宽加 20 cm 计算；无路牙者，按路面宽度加 10 cm 计算；蹬道带山石挡土墙者，按蹬道宽度加 120 cm 计算；蹬道无山石挡土墙者，按蹬道宽度加 40 cm 计算；路床、路基整理子目，按垫层宽度和园路长度以 10 m^2 计算。

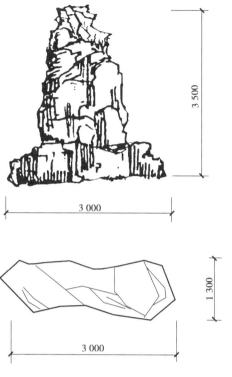

图 5.67　假山立面图、平面图

②路面（不含蹬道）和地面，按图示尺寸以 m^2 来计算，坡道路面带踏步者，其踏步部分应予扣除，并另按台阶相应定额子目计算。

③路牙按设计图示长度以 m 计算。

④台阶和坡道的踏步面层，按图示水平投影面积以 m^2 计算。

⑤片石蹬道，按图示水平投影面积以 m^2 计算。

⑥混凝土或砖石台阶，按图示尺寸以 m^3 计算。

【例 5.20】　某小区庭园园路长 87.5 m，施工图如图 5.68(a)和(b)所示，试计算园路工程量。

【解】

(1)计算路基开挖面积（厚度 225 mm）

$87.5 \text{ m} \times (1 + 0.11 \times 2) \text{m} = 106.75 \text{ m}^2$

(2)计算 100 mm 厚 C10 混凝土垫层工程量

$87.5 \text{ m} \times (1 + 0.11 \times 2) \text{m} \times 0.1 \text{ m} = 10.68 \text{ m}^3$

(3)计算混凝土块路牙工程量

$87.5 \text{ m} \times 2 = 175 \text{ m}$

(4)计算 20 mm 厚砂浆找平层面积

$87.5 \text{ m} \times 1 \text{ m} = 87.5 \text{ m}^2$

(5)计算碎大理石板路面面积

$87.5 \text{ m} \times 1 \text{ m} = 87.5 \text{ m}^2$

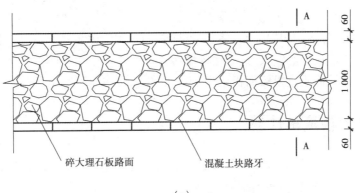

碎大理石板路面   混凝土块路牙

(a)

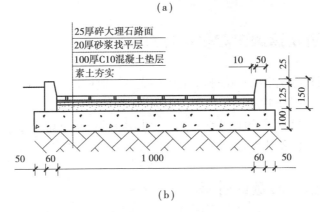

25厚碎大理石路面
20厚砂浆找平层
100厚C10混凝土垫层
素土夯实

(b)

图5.68 某小区庭园园路

(a)园路平面图；(b)园路结构图

5.5.3 金属动物笼舍工程量的计算

这里是指园林建筑中动物笼舍等金属结构工程。

1)有关计算资料的统一规定

①定额中按以焊接为主考虑的,对构件局部采用螺栓连接时已考虑在内,非特殊情况(如铆接或全部螺栓连接)不得换算。

②钢材栏中的价格,系指按各自构件的常用材料综合取定的,一般不再调整。如设计采用特别种类的钢材,可抽筋换算。

③定额中均考虑了金属面油漆,如设计要求与定额不同时,可另按相应油漆定额换算。

2)工程量计算规则

构件制作、安装、运输,均按设计图纸计算重量;钢材重量的计算,多边形及圆形按矩形计算,不减除孔眼、切肢、切边、切角等重量。定额中的铁件系指门把、门轴、合页、支座、垫圈等铁活,计算工程量时,不得重复计算。

5.5.4 花窖工程量的计算

本分部只限于花窖及其他小型相应项目,各单项工程均包括该工作的全部操作过程。工程量计算规则如下：

①花窖供热灶按外形体积以 m^3 计算,不扣除各种空洞的体积。

②砌墙工程,外墙按中心线长,内墙按内墙净长计算。

③砖墙勾缝,按墙面垂直投影面积计算,不扣除孔洞所占面积。小青瓦檐头以延长米计算。

5.5.5　园桥工程量的计算

园桥包括基础、桥台、桥墩、护坡、石桥面等项目。工程量计算规则：毛石基础、桥台、桥墩、护坡按设计尺寸以 m^3 计算;石桥面按 m^2 计算。

5.5.6　小型管道及涵洞工程量的计算

本分部只包括园林建筑中的小型排水管道工程。大型下水干管及涵道,执行市政工程的有关定额。工程量计算规则如下：

①排水管道的工程量,按管道中心线全长以延长米计算,但不扣除各类井所占长度。

②涵洞工程量以实体积计算。

5.5.7　园林小品工程量的计算

1) 有关计算资料的统一规定

①园林小品是指园林建设中的工艺点缀品,艺术性较强。它包括堆塑装饰和小型钢筋混凝土、金属构件等小型设施。

②园林小摆设系指各种仿匾额、花瓶、花盆、石鼓、座凳及小型水盆、花坛池、花架的制作。

③塑树皮、竹及其他:工作内容包括制作及绑扎钢筋,调制砂浆,地、面抹灰等。

2) 工程量计算规则

①堆塑装饰工程分别按展开面积以 m^2 计算。

②小型设施工程量:预制或现浇水磨石景窗、平凳、花檐、角花博古架等,按图示尺寸以延长米计算,木纹板工程量以 m^2 计算。预制钢筋混凝土和金属花色栏杆工程量以延长米计算。

③塑树皮、竹及其他:按不同的直径以长度计算工作量,套用定额时换算成 10 m。

5.6　园林绿化工程量计算方法

5.6.1　有关概念

1) 几个名词

地径:指地面上 10 cm 处树干的直径。

胸径:是指距地面 1.3 m 处的树干的直径。

苗高:指从地面起到顶梢的高度。

冠径:指展开枝条幅度的水平直径。各种球类冠幅指球类的直径。

条长:指攀缘植物,从地面起到顶梢的长度。

年生:指从繁殖起到掘苗时止的树龄。

2)合理损耗率

各种植物材料在运输、栽植过程中,合理损耗率为:乔木、果树、花灌木、常绿树为1.5%;绿篱、攀缘植物为2%;草坪、木本花卉、地被植物为4%;草花为10%。

3)绿化工程

新栽树木浇水以3遍为准,浇齐3遍水即为工程结束。

4)植树工程

①一般树木栽植:乔木胸径3~10 cm,常绿树苗高1~4 m。

②大树栽植:大于以上规格者,按大树移植执行。

5.6.2 绿化工程的准备

本分部包括勘察现场和清理绿化用地两项工作。

1)勘察现场

适用于绿化工程施工前的对现场调查,对架高物、地下管网、各种障碍物、植物的去留及水源、地质、交通等状况做全面的了解,并做好施工安排或施工组织设计。

2)清理绿化用地

①人工平整:指地面凹凸高差在±30 cm以内的就地挖填找平;凡高差大于±30 cm的,每增加10 cm增加人工费35%,不足10 cm的按10 cm计算。

②机械平整场地,不论地面凹凸高差多少,一律执行机械平整。

3)工程量计算规则

①勘察现场以植株计算:灌木类以每丛折合1株,绿篱每延长米折合1株,乔木不分品种规格一律按株计算。

②拆除障碍物,视实际拆除体积以m³计算。

③平整场地按设计供栽植的绿地范围以m²计算。

5.6.3 植树工程量的计算

本分部工程工作内容包括:刨树坑、原土过筛、树木栽植、树木支撑、新树浇水、铺设盲管、清理废土、铺淋水层、修剪、施肥、防治病虫害。

1)工作内容

(1)刨树坑 刨树坑分刨树坑、刨绿篱沟、刨绿带沟3项。土壤划分为坚硬土、杂质土、普通土3种。刨树坑系从设计地面标高下掘,无设计标高的按一般地面水平。

(2)原土过筛 原土过筛的目的在于保证工程质量前提下,充分利用原土降低造价,但必须是原土含瓦砾、杂物不超过30%,且土质理化性质符合种植土要求。

（3）树木栽植　树木栽植分乔木、果树、观赏乔木、花灌木、常绿灌木、绿篱、攀缘植物7项。

①乔木根据其形态特征及计量的标准分为：按苗高计量的有西府海棠、木槿等；按冠径计量的有丁香、金银木等。

②常绿树根据其形态及操作时的难易程度分为两种：常绿乔木指桧柏、刺柏、黑松、雪松等；常绿灌木指松柏球、黄柏球、爬地柏等。

③绿篱分为：落叶绿篱指小白榆、小叶女贞等；常绿绿篱指侧柏、小桧柏、瓜子黄杨等。

④攀缘植物分为两类：紫藤、葡萄、凌霄(属高档)；爬山虎类(属低档)。

（4）树木支撑　树木支撑分两架一拐、三架一拐、四脚钢筋架、竹竿支撑、绑扎幌绳。

（5）新树浇水　新树浇水分人工胶管浇水、汽车浇水。人工胶管浇水，距水源以100 m以内为准，每超50 m用工增加14%。

（6）铺设盲管　铺设盲管包括找泛水、接口、养护、清理并保证管内无滞塞物。

（7）清理废土　清理废土分人力车运土、装载机自卸车运土。

（8）铺淋水层　铺淋水层由上至下、由粗至细配级按设计厚度均匀干铺。

（9）修剪　修剪分修剪、强剪、绿篱平剪3项。修剪指栽植前的修根、修枝；强剪指"抹头"；绿篱平剪指栽植后的第一次顶部定高平剪及两侧面垂直或正梯形坡剪。

（10）施肥　施肥分乔木施肥、观赏乔木施肥、花灌木施肥、常绿乔木施肥、绿篱施肥、攀缘植物施肥、草坪及地被施肥(施肥主要指有机肥，其价格已包括场外运费)7项。

（11）防治病虫害　防治病虫害分刷药、涂白、人工喷药3项。刷药泛指以波美度为0.5石硫合剂为准，刷药的高度至分枝点均匀全面；涂白其浆料为生石灰：氯化钠：水 = 2.5:1:18 为准，刷涂料高度在1.3 m以下，要上口平齐、高度一致；人工喷药指栽植前需要人工肩背喷药防治病虫害，或必要的土壤有机肥人工拌农药灭菌消毒。

2）工程量计算规则

①刨树坑以个计算，刨绿篱沟以延长米计算，刨绿带沟以 m^3 计算。

②原土过筛：按筛后的好土以 m^3 计算。

③土坑换土，以实挖的土坑体积乘以系数1.43计算。

④施肥、刷药、涂白、人工喷药、栽植支撑等项目的工程量均按植物的株数计算，其他均以 m^2 计算。

⑤植物修剪、新树浇水的工程量，除绿篱以延长米计算外，树木均按株数计算。

⑥清理竣工现场，每株树木(不分规格)按 5 m^2 计算，绿篱每延长米按 3 m^2 计算。

⑦盲管工程量按管道中心线全长以延长米计算。

5.6.4　花卉种植与草坪铺栽工程量的计算

花卉种植与草坪铺栽工程工程量计算规则如下，每平方米栽植数量按：草花25株、木本花卉5株；宿根花卉草本9株、木本5株。色块植物各地标准不同，可按每平方米16,25,36,49,64,81株等标准执行。草坪播种按播种面积以 m^2 计算，套用定额时换算成10 m^2。

5.6.5　大树移植工程量的计算

①包括大型乔木移植、大型常绿树移植两部分,每部分又分带土球、装木箱两种。
②大树移植的规格,乔木以胸径 10 cm 以上为起点,分 10～15 cm,15～20 cm,20～30 cm,30 cm 以上 4 个规格。
③浇水系按自来水考虑,为 3 遍水的费用。
④所用吊车、汽车按不同规格计算。工程量按移植株数计算。

5.6.6　绿化养护工程量的计算

绿化养护工程主要内容是园林植物的养护,园林植物的养护通常可以分为 3 个阶段:
第一阶段为栽植期养护,该养护期费用已包括在园林定额子目基价中,不能再重复计算养护期费用。
第二阶段为成活率期养护,养护时间从第一阶段结束之日起计算。其中当年 6 月份前种植的苗木到当年 9 月份为止;当年 6 月份后种植的苗木,必须到第二年 9 月份为止。其养护费用的计算,根据苗木品种、数量,乘以相应养护等级的定额子目单价,累加后,再乘以定额规定的各种系数进行计算。
第三阶段为日常物业管理养护,养护时间从第二阶段的结束之日起计算。根据养护定额规定其养护费用的计算,应按相应养护登记的定额子目基价计算的,同样需要再乘以定额规定的各种系数。养护期为 1 年的,可不采用系数的方法计算其养护费用。

1)有关规定

①本分部为需甲方要求或委托乙方继续管理时的执行定额。
②本分部注射除虫药剂按百株的 1/3 计算。
浇水:乔木浇透水 10 次,常绿树浇透水 6 次,花灌木浇透水 13 次,花卉浇透水 1～2 次。
中耕除草:乔木 3 遍,花灌木 6 遍,常绿树木 2 遍;草坪除草可按草种不同修剪 2～4 次,草坪清杂草应随时进行。
喷药:乔木、花灌木、花卉 7～10 遍。
打芽及定型修剪:落叶乔木 3 次,常绿树木 2 次,花灌木 1～2 次。
喷水:移植大树浇水适当喷水,常绿类 6～7 月份共喷 124 次,植保用农药化肥随浇水执行。

2)工程量计算规则

乔灌木以株计算;绿篱以延长米计算;花卉、草坪、地被类以 m² 计算。

5.7　景观电气照明工程工程量计算方法

景观电气照明工程主要包括电缆工程、控制设备及低压电器工程、照明器具安装工程、电机检查接线及调试工程、电器调整试验工程、防雷接地工程等。

1)有关计算资料的统一规定

(1)小电器　包括按钮、照明开关、插座、小型安全变压器、电风扇、继电器等。

（2）普通吸顶灯及其他灯具　包括圆球吸顶灯、半圆球吸顶灯、方形吸顶灯、软线吊灯、吊链灯、防水吊灯、壁灯等。

（3）工厂灯　包括工厂罩灯、防水灯、防尘灯、俱鹤灯、投光灯、混光灯、高度标志灯、密封灯等。

（4）装饰灯　包括吊式艺术装饰灯、吸顶式艺术装饰灯、荧光灯艺术装饰灯、几何形组合艺术装饰灯、标志灯、诱导装饰灯、水下艺术装饰灯、点光源艺术灯、歌舞厅灯具、草坪灯具等。

2）工程量计算规则

（1）电缆工程量

①直埋电缆的挖、填土（石）方，除特殊要求外，可按表 5.15 计算土方量。

表 5.15　直埋电缆的挖、填土（石）方量

项目	电缆根数	
	1～2	每增一根
每米沟长挖方量/m^3	0.45	0.153

注：a.两根以内的电缆沟，系按上口宽度 600 mm、下口宽度 400 mm、深度 900 mm 计算的常规土方量（深度按规范的最低标准）；

　　b.每增一根电缆，其宽度增加 170 mm；

　　c.以上土方量系按埋深从自然地坪起算，如设计埋深超过 900 mm 时，多挖的土方量应另行计算。

②电缆沟盖板揭、盖基价，按每揭或每盖一次延长米计算。如又揭又盖，则按两次计算。

③电缆保护管长度，除按设计规定长度计算外，遇到下列情况，应按以下规定增加保护管长度：

a.横穿道路时，按路基宽度两端各增加 2 m 计算。

b.垂直敷设时，按管口距地面增加 2 m 计算。

c.穿过建筑物外墙时，按基础外缘以外增加 1 m 计算。

d.穿过排水沟时，按沟壁外缘以外增加 1 m 计算。

④电缆保护管埋地敷设，其土方量凡有施工图注明的，按施工图计算；无施工图的一般按沟深 0.9 m、沟宽按最外边的保护管两侧边缘外各增加 0.3 m 工作面计算。

⑤电缆敷设按单根以延米计算，一个沟内（架上）敷设三根各长 100 m 的电缆，应按 300 m 计算，以此类推。

⑥电缆敷设长度应根据敷设路径的水平和垂直敷设长度，按表 5.16 规定增加附加长度。

⑦电缆终端头及中间头均以"个"为单位。电力电缆和控制电缆均按一根电缆有两个终端头考虑。中间电缆头设计有图示的，按设计确定；设计没有规定的，按实际情况计算（平均 250 m 一个中间头考虑）。

表 5.16　电缆敷设附加长度

序号	项目	预留长度（附加）	说明
1	电缆敷设弛度、波形弯度、交叉	2.5%	按电缆全长计算
2	电缆进入建筑物	2.0 m	规范规定最小值

续表

序号	项目	预留长度(附加)	说明
3	电缆进入沟内或吊架时引上(下)预留	1.5 m	规范规定最小值
4	电力电缆终端头	1.5 m	规范规定最小值
5	电缆进控制、保护屏及模拟盘等	高+宽	按盘面尺寸
6	变电所进线、出线	1.5 m	规范规定最小值
7	电缆中间接头盒	两端各留2.0 m	检修余量最小值
8	高压开关柜、保护屏及模拟盘等	2.0 m	盘下进出线
9	电缆至电动机	0.5 m	从电机接线盒起算
10	电梯电缆与电缆架固定	每处0.5m	规范最小值
11	电缆绕过梁柱等增加长度	按实计算	按被绕物的断面情况计算

注:电缆附加及预留长度是电缆敷设长度的组成部分,应计入电缆长度工程量之内。

(2)控制设备及低压电器工程量

①控制箱、配电箱安装:均应根据其名称、型号、规格,以"台"为计量单位,按设计图示数量计算。其工程内容包括:基础槽钢、角钢的制作安装;箱体安装。

②盘、柜配线:分不同规格,以"m"为计量单位。

③铁构件制作安装:均按施工图设计尺寸,以成品重量"kg"为计量单位。

④焊压接线端子基价:只适用于导线。电缆终端头制作安装基价中已包括压接端子,不得重复计算。

⑤小电器安装:应根据其名称、型号、规格,以"个"(套)为计量单位,按设计图示数量计算。

(3)照明器具安装工程量

①普通吸顶灯及其他灯具安装:应根据其名称、型号、规格,以"套"为计量单位。按设计图示数量计算。其工程内容包括:支架制作、安装;组装;油漆。

②装饰灯安装:应根据其名称、型号、规格、安装高度,以"套"为计量单位。按设计图示数量计算。其工程内容包括:支架制作、安装;安装。

③工厂灯安装:应根据其名称、型号、规格、安装形式及高度,以"套"为计量单位。按设计图示数量计算。其工程内容包括:支架制作、安装;安装;油漆。

④荧光灯安装:应根据其名称、型号、规格、安装形式,以"套"为计量单位。按设计图示数量计算。其工程内容包括:安装。

⑤路灯安装工程:应区别不同臂长,不同灯数,以"套"为计量单位计算。

工厂厂区内、住宅小区内路灯安装执行本册基价,城市道路的路灯安装执行市政路灯的安装基价。

⑥成套型、组装型杆座安装工程量:按不同杆座材质,以杆座安装只数计算。

(4)电机检查接线及调试工程量的计算　普通小型直流电动机、可控硅调速直流电动机检查接线及调试,应根据其名称、型号、容量(kW)及类型,以"台"为计量单位,按设计图示数量计算。其工程内容包括:检查接线;干燥;系统调试。

(5)配管电线工程量的计算

①各种配管应区别不同敷设方式、敷设位置、管材材质、规格,以"延长米"为计量单位,不

扣除管路中间的接线箱(盒)、灯头盒、开关盒所占长度。其工程内容包括:刨沟槽;钢索架设(拉紧装置安装);支架制作、安装;电线管路敷设;接线盒(箱)、灯头盒、开关盒、插座盒安装;防腐油漆。

②管内穿线的工程量,应区别线路性质、导线材质、导线截面,以单线延长米计算。线路分支接头线的长度已综合考虑在基价中,不得另行计算。其工程内容包括:支持体(夹板、绝缘子、槽板等);钢索架设(拉紧装置安装);支架制作、安装;配线;管内穿线。

照明线路中的导线截面大于或等于 6 mm² 以上时,应执行动力线路穿线相应项目。

③动力配管混凝土地面刨沟工程量,应区别于管子直径,以延长米计算。

④灯具、明、暗开关、插座、按钮等的预留线,已分别综合在相应的基价内,不另行计算。配线进入开关箱、柜、板的预留线,按表 5.17 规定的长度,分别计入相应的工程量。

表 5.17　配线进入开关箱、柜、板的预留线(每一根线)

序号	项目	预留长度/m	说明
1	各种开关柜、箱、板	高 + 宽	盘面尺寸
2	单独安装(无箱、盘)的铁壳开关、闸刀开关、启动器、母线槽进出线盒等	0.3	以安装对象中心计算
3	由地面管子出口引至动力接线箱	1.0	从管口计算
4	电源与管内导线连接(管内穿线与软、硬线接点)	0.2	从管口计算
5	出户线	1.5	从管口计算

(6)电器调整试验工程量的计算

①电气调试系统的划分以电气原理系统图为依据。电气设备元件的本体试验均包括在相应基价的系统调试内,不得重复计算。

②送配电设备系统调试,系按一侧有一台断路器考虑的,若两侧均有断路器时,则应按两个系统计算。

③送配电系统调试,适用于各种供电回路(包括照明供电回路)的系统调试。

(7)防雷接地工程量的计算

①接地极制作安装以"根"为计量单位,其长度按设计长度计算,设计无规定时,每根长度按 2.5 m 计算。若设计有管帽时,管帽另按加工件计算。

②接地母线敷设,按设计长度以"m"为计量单位计算工程量。接地母线、避雷线敷设,均按延长米计算。其长度按施工图设计水平和垂直规定长度另加 3.9% 的附加长度(包括转弯、上下波动、避绕障碍物、搭接头所占长度)。计算主材费时应另增加规定的损耗率。

③接地跨接线以"处"为计量单位,按规程规定凡需作接地跨接线的工程内容,每跨接一次按一处计算,户外配电装置构架均需接地,每副构架按"一处"计算。

④避雷针的加工制作、安装,以"根"为计量单位,独立避雷针安装以"基"为计量单位。长度、高度、数量均按设计规定。独立避雷针的加工制作应执行"一般铁构件"制作基价或按成品计算。

⑤利用建筑物内主筋作接地引下线安装以每"10 m"为计量单位,每一柱子内按焊接两根主筋考虑,如果焊接主筋数超过两根时,可按比例调整。

【例5.21】　请根据某小区景观照明平面图(图5.69)、某小区景观照明系统图(图5.70),计算景观照明工程量,并在表5.18中填写工程量清单。

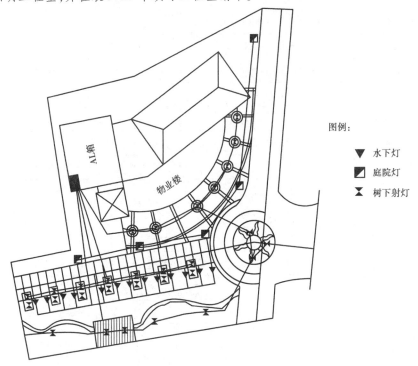

图5.69　某小区景观照明平面图

【解】　室外电气照明工程

(1)控制柜　1 800 ×1 000 ×800　$N=1$ 台

(2)N_1 回路

电缆 $VV_{22}4 \times 2.5$　　　　　$L=172$ m

N_2 回路

电缆 $VV_{22}5 \times 6$　　　　　$L=133$ m

N_3 回路

电缆 $VV_{22}5 \times 6$　　　　　$L=131$ m

N_4 回路

电缆 $VV_{22}5 \times 6$　　　　　$L=214$ m

(3)灯具

水下灯　　　　　$N=13$ 个

树下射灯　　　　$N=29$ 个

庭院灯　　　　　$N=5$ 个

(4)挖土方　$V = (16 \times 0.45 + 16 \times 0.153 \times 2 + 5 \times 0.45 + 5 \times 0.153 + 290 \times 0.45) \text{m}^3 = 146 \text{ m}^3$

(5)铺砂盖砖　　　　$L=311$ m

(6)电缆终端头　　　$N=4$ 个

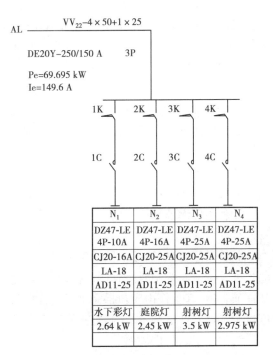

图5.70　某小区景观照明系统图

表5.18　工程量清单计价表

序号	项目编号	项目名称	单位	数量	综合单位/元	合计/元
1	030204018	控制柜安装 1 800×1 000×800	台	1	3 866.45	3 866
2	030208001	电缆敷设 VV$_{22}$4×2.5	m	172	25.12	4 321
3	030208001	电缆敷设 VV$_{22}$5×6	m	478	16.27	7 777
4	030208401	挖土方	m³	146	16.51	2 410
5	030208401	电缆沟铺砂盖砖	m	311	11.21	3 486
6	生项	混凝土基础	座	6	60	360
7	030213003	水下灯安装	套	13	367.86	4 782
8	030213003	射树灯安装	套	29	530.24	15 377
9	030213006	庭院灯安装	套	5	1 300.4	6 502
10	030208401	电缆终端头安装	个	4	93.36	373
11	030211002	系统调试	系统	1	211.18	211
12	合计					49 465
13	含税工程造价					51 152

注:其他费用计取略。

5.8　景观给排水及喷泉灌溉工程工程量计算方法

景观给排水及喷泉灌溉工程主要包括管道安装、阀门安装、低压器具和水表安装、风机和泵安装、刷油和防腐蚀工程。工程量计算规则如下。

(1)管道安装工程量

①各种管道,均以施工图所示中心长度,以"m"为计量单位,不扣除阀门、管件(包括减压器、疏水器、水表、伸缩器等组成安装)所占的长度。

②镀锌薄钢板套管制作,以"个"为计量单位,其安装已包括在管道安装基价内,不得另行计算。

③管道支架制作安装,室内管道公称直径32 mm以下的安装工程已包括在内,不得另行计算。公称直径32 mm以上的,可另行计算。

④各种伸缩器制作安装,均以"个"为计量单位。方形伸缩器的两臂,按臂长的两倍合并在管道长度内计算。

⑤管道压力试验,按不同的压力和规格不分材质以"m"为计量单位,不扣除阀门、管件所占的长度。调节阀等临时短管制作拆装项目,使用管道系统试压时需要拆除的阀件以临时短管代替连通管道,其工作内容包括完工后短管拆除和原阀件复位等。液压试验和气压试验已包括强度试验和严密性试验工作内容。

(2)阀门安装工程量

①一般阀门安装均应根据项目特征(名称、材质、连接形式、焊接方式、型号、规格、绝热及

保护层要求)以"个"为计量单位,按设计图纸数量计算。其工程内容包括:安装;操纵装置安装;绝热;保温盒制作;除锈;刷油;压力试验、解体检查及研磨;调试。法兰三阀门安装,如仅为一侧法兰连接时,基价所列法兰、带螺栓及垫圈数量减半,其余不变。

②各种法兰连接用垫片,均按石棉橡胶板计算,如用其他材料,不得调整。

③法兰阀(带短管甲乙)安装,均以"套"为计量单位,如接口材料不同时,可做调整。

④自动排气阀安装以"个"为计量单位,已包括了支架制作安装,不得另行计算。

⑤浮球阀安装均以"个"为计量单位,已包括了连杆及浮球的安装,不得另行计算。

⑥浮标液面计、水位标尺是按国际编制的,如设计与国标不符时,可做调整。

(3)低压器具、水表组成与安装工程量

①减压器、疏水器组成安装以"组"为计量单位,如设计组成与基价不同时,阀门和压力表数量可按设计用量进行调整,其余不变。

②减压器安装按高压侧的直径计算。

③法兰水表安装以"组"为计量单位。基价中旁通管及止回阀如设计规定的安装形式不同时,阀门及止回间可按设计规定进行调整,其余不变。

(4)风机、泵安装工程量

①泵安装以"台"为计量单位;以设备重量"t"分列基价项目。在计算设备重量,直联体的风机、泵,以本体及电机、底座的总重量计算。非直联式的风机和泵,以本体和底座的总重量计算,不包括电动机重量。

②深井泵的设备重量以本体、电动机、底座及设备扬水管的总重量计算。

③DB 型高硅铁离心泵以"台"为计量单位,按不同设备型号分列基价项目。

(5)刷油、防腐蚀、绝热工程工程量

①刷油工程和防腐工程中设备、管道以"m^2"为计量单位。一般金属结构和管廊钢结构以"kg"为计量单位;H 型钢制结构(包括大于 400 mm 以上的型钢)以"10 m^3"为计量单位。

②绝热工程中绝热层以"m^3"为计量单位,防潮层,保护层以"m^2"为计量单位。

③计算设备、管道内壁防腐蚀工程量时,当壁厚大于等于 10 mm 时,按其内径计算;当壁厚小于 10 mm 时,按其外径计算。

④按照规范要求,保温厚度大于 100 mm、保冷厚度大于 80 mm 时应分层安装,工程量应分层计算。

⑤保护层镀锌薄钢板厚度是按 0.8 mm 以下综合考虑的,若采用厚度大于 0.8 mm 时,其人工乘系数 1.2;卧式设备保护层安装,其人工乘以系数 1.05。

【例 5.22】 请根据某小区木平台喷泉管道平面图(图 5.71)、喷泉管道系统图(图 5.72),计算喷泉工程量,并在表 5.19 中填写喷泉工程量清单。

【解】

(1)潜水泵 QY40-17-3.0　$N = 2$ 台

(2)不锈钢管　　DN80　$L = 81$ m

　　　　　　　DN50　$L = 1$ m

　　　　　　　DN20　$L = 14$ m

(3)铜闸阀　　　DN20　$N = 14$ 个

(4)泄水阀　　　DN50　$N = 2$ 个

（5）喷头　　　　$N = 14$ 个

（6）挖土方　　　　$V = 12.15$ m³

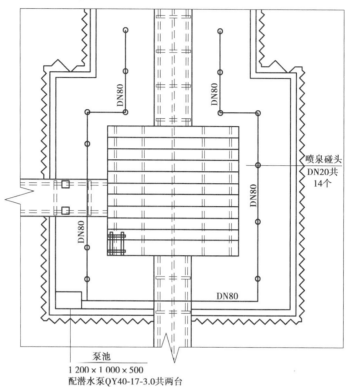

图 5.71　某小区木平台喷泉管道平面图

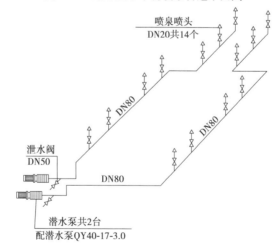

图 5.72　喷泉管道系统图

表 5.19　工程量清单计价表

序号	项目编号	项目名称	单位	数量	综合单价/元	合价/元
1	030109001	潜水泵 QY40-17-3.0	台	2	1 872.45	3 745
2	030801009	不锈钢管安装 DN80	m	81	191.81	15 537

续表

序号	项目编号	项目名称	单位	数量	综合单价/元	合价/元
3	030801009	不锈钢管安装 DN50	m	1	96.59	97
4	030801009	不锈钢管安装 DN20	m	14	44.2	618
5	030803001	铜闸阀 DN20	个	14	16.7	234
6	030803001	泄水阀 DN50	个	2	54.25	109
7	030208401	挖土方	m³	12.15	16.51	201
8	010103001	回填土	m³	12.15	8.33	101
9	030803001	喷头	个	14	92.08	1 289
10	合计					21 931
11	含税工程造价					22 679

注:其他费用计取略。

复习思考题

1.试简述园林工程量计算原则、步骤。

2.如何划分园林工程项目?

3.建筑面积的概念是什么?

4.试简述人工挖土放坡系数的规定。

5.挖地槽土方计算中地槽长度如何规定?

6.砌砖工程量计算中增减计算如何规定?

7.如何计算花卉种植与草坪铺栽工程量?

8.园路工程量如何计算?

9.绿化养护工程量如何计算?

实验实训

1 土方工程量计算

1.目的要求

熟悉园林建筑小品的基础平面施工图,了解土石方工程的定额分项,土石方工程量工作内容和计算规则。

2.实训工具、用品

土方工程施工方案、施工图纸、土方工程定额、计算纸和表格、其他文具用品。

3.内容与方法

根据图6.2至图6.11,按下列步骤分析和计算该花架工程的土方工程量。

（1）挖地槽、地坑土石方工程量的计算规则,包括:①无放坡、无工作面;②无放坡、有工作面;③有放坡、有工作面 3 种情况的区分。

（2）列出分项工程项目名称。根据花架工程的施工图纸,并结合施工方案的有关内容,按照一定的计算顺序逐一列出土方工程的分项工程项目名称。所列的分项工程项目名称必须与预算定额中相应项目名称一致。包括湿土排水、平基土方、平整场地、原土打夯、回填土、运土等项目的划分。

（3）列出工程量计算公式。

分项工程项目名称列出后,根据施工图纸所示的部位、尺寸和数量,按照工程量计算规则,分别列出工程量计算公式。工程量计算通常采用计算表格进行,见表 5.1。

4.实训报告

填写土方工程分部分项工程量计算表。

2　绿化工程量计算

1.目的要求

熟悉绿化施工平面图,了解绿化工程定额项目的分类、工作内容及定额中的有关规定,绿化工程量的计算规则。

2.实训工具、用品

园林绿化施工苗木表、施工定额、计算纸和表格、其他文具用品。

3.内容与方法

（1）掌握工程量的计算规则。

（2）熟悉计算工程量时应注意的问题。

（3）根据表 5.20 苗木表所示的品种、规格和数量,按照绿化工程量计算规则,分别列出工程量计算公式。工程量计算通常采用计算表格进行,见表 5.21。

表 5.20　苗木表

序号	品种	规格	数量	备注
1	红花紫荆	苗高 3.6 ~ 4.0 m,胸径 8 ~ 10 cm	249	
2	垂榕柱	苗高 3.2 m,冠幅 140 cm	479	
3	大红花球	冠幅 120 cm × 120 cm	246	
4	小叶黄叶	5 斤*袋	240	$16/m^2$
5	细叶蚌花	3 斤袋	720	$36/m^2$
6	香樟	胸径 10 ~ 12 cm,苗高 3.8 ~ 4 m	5	
7	大叶紫薇	胸径 7 ~ 8 cm,苗高 3.5 ~ 3.8 m	3	
8	美国结缕草		2 625	

＊ 1 斤 = 500 g。

表 5.21　绿化工程量计算表

序号	项目名称	规格			损耗	工程量计算	数量	单位	土球
		苗(干)高/m	冠幅/cm	规格					

4.实训报告

将施工图中绿化工程部分的工程量计算结果填写到绿化工程量计算表上。

3　钢筋工程量计算

1.目的要求

熟悉园林建筑小品的施工图纸,了解钢筋工程项目的分类、工作内容及定额中的有关规定和钢筋工程量的计算规则。

2.实训工具、用品

园林建筑小品施工图纸、施工定额、计算纸和表格、其他文具用品。

3.内容与方法

(1)掌握钢筋工程量的计算规则。

(2)熟悉计算工程量时应注意的问题。

(3)根据图 5.73 基础施工图所示的钢筋品种、规格和数量,按照钢筋工程量计算规则,分别列出各式钢筋的计算公式。

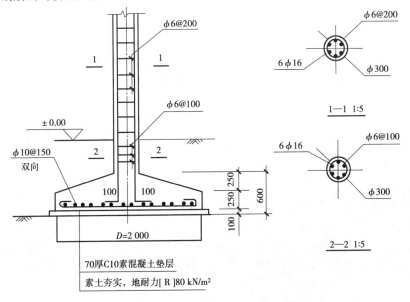

图 5.73　圆亭柱与基础详图

4. 实训报告

将施工图中钢筋工程的工程量计算过程和计算结果填写到工程量计算表上。

园林工程施工图预算的编制

【知识目标】

了解园林工程施工图预算的编制依据;熟悉园林工程施工图预算各项取费的计算方法、园林工程造价的计算程序;掌握园林工程施工图预算的概念、预算费用的组成、施工图预算编制方法和流程。

【技能目标】

能进行园林工程施工图预算的编制。

园林施工图预算是在工程建设项目各单项单位工程的施工图设计完成后,工程开工前,依据相关资料、规定,由建设投资单位及施工企业对建设项目进行预先计算和确定的一种比较详细、精确的工程造价文件,是确定工程造价的基础,是工程投标的核心内容。

编制园林工程施工图预算是以拟建园林工程已批准的施工图纸和既定的施工方法为依据,按照国家或省市颁发的工程量计算规则,分部分项地把各工程项目的工程量计算出来;并在此基础上,逐项地套用相应的现行预算定额确定各分项单价,累计其全部直接费;然后再根据国家或省市规定的工程建设项目中各项费用的取费标准,计算出工程所需的间接费、计划利润、税金和材料差价等费用;最后,综合计算出该工程的总造价和技术经济指标;另外,再根据各分项工程量分析材料和人工用量,汇总出各种材料和用工总量,编制完成规范的园林工程施工图预算书。

(1)对建设投资单位的作用

①是控制和修正建设投资成本的依据;

②是确定招标标底的依据;

③是拨付和结算工程价款的依据;

④是工程内容增减、调整投资的依据。

(2)对施工企业的作用

①是确定投标报价的依据;

②是组织生产、编制施工计划、统计工作量和实物量指标的依据;

③是拟定降低工程成本措施、加强经济核算、提高管理水平的依据;

④是编制施工预算,进行"两算"对比的依据。

(3)对其他方面的作用

①是工程咨询单位的水平、素质和信誉的体现;

②是工程造价管理部门监督和检查执行定额标准,合理确定工程造价,测算造价指数及审定招标标底的依据;

③是建设银行拨付工程款或贷款的依据;

④是建设主管部门考核工程效益的依据。

6.1　预算费用的组成

组成园林建设工程造价的各类费用,除定额直接费是按施工图纸和预算定额(国家定额、省市定额或企业定额等)计算外,其他的费用项目应根据国家及省市制订的费用定额及有关规定计算。一般都要采用工程所在地的省市统一定额,间接费额与预算定额一般应配套使用。

园林建设工程预算费用由直接费、间接费、计划利润、税金和其他费用5部分组成。

6.1.1　直接费

直接费是指建设工程施工中直接用于工程上的各项费用的总和。是根据施工图纸结合定额项目的划分,以每个工程项目的工程量乘以该工程项目的预算定额单价计算出来的。直接费由直接工程费(人工费、材料费、施工机械使用费等)、措施费和现场经费组成。

1)直接工程费

直接工程费是指施工过程中耗费的构成工程实体的各项费用,它由人工费、材料费、施工机械使用费组成。直接工程费是施工图预算的主要内容。

(1)人工费　人工费是指列入预算定额的直接从事工程施工的生产工人开支的各项费用总和,其内容包括:

①基本工资:是指发放生产工人的基本工资。

②工资性补贴:是指按规定标准发放的物价补贴,煤、燃气补贴,交通费补贴,住房补贴,流动施工津贴,地区津贴等。

③生产工人辅助工资:是指生产工人年有效施工天数以外非作业天数的工资,包括职工学习、培训期间的工资,调动工作、探亲、休假期间的工资,因气候影响的停工工资,女工哺乳时间的工资,病假在6个月以内的工资及产、婚、丧假期的工资。

④职工福利费:是指按规定标准计提的职工福利费。

⑤生产工人劳动保护费:是指按规定标准发放的劳动保护用品的购置费及修理费、徒工服装补贴、防暑降温费、在有碍身体健康的环境中施工的保健费用等。

(2)材料费　材料费是指施工过程中耗用的构成工程实体的材料、辅助材料、构配件、零件、半成品的费用和周转使用材料的摊销(或租赁)费用,其内容包括:

①材料原价(或供应价):预算价格中的材料原价按出厂价、批发价、市场价综合考虑。

②供销部门手续费:是指根据国家现行的物资供应体制,不能直接向生产厂采购、订货,需通过物资部门供应而发生的经营管理费用。不经物资供应部门的材料,不计供销部门手续费。

③包装费:是指为便于材料运输和保护材料进行包装所发生和需要的一切费用,包括水运、陆运的支撑、篷布、包装袋、包装箱、绑扎材料等费用。材料运到现场或使用后,要对包装品进行回收。

④材料运杂费:是指材料自来源地运至工地仓库或指定堆放地点的装卸费、运输费等。

⑤运输损耗费：是指材料在运输、装卸过程中不可避免的损耗。

⑥采购及保管费：是指在组织采购、供应和保管材料过程中所需的各项费用。采购及保管费所包含的具体费用项目有工资、职工福利费、办公费、差旅及交通费、固定资产使用费、工具用具使用费、劳动保护费、检验试验费、材料储存损耗及其他费用。

定额中的材料费一般是按取定的材料价格作为定额的预算基价，执行应按工程所在地工程造价规定的材料价差进行综合和单项调整。

定额中的材料费如果包括计价材料费（定额基价中的材料费）和未计价材料费（定额子目中注明的未计价材料的费用）两部分内容，则计价材料费包干使用，由省造价总站根据市场变化情况进行调整，各地造价站不再调整。对于未计价材料，应按定额中所列的用量套用工程所在地材料预算价格进行计算。这种情况的材料费是指计价材料费与未计价材料费之和。若定额中未标明规格的计价材料，执行时应按实际使用的材料规格计价。

（3）施工机械使用费　施工机械使用费是指列入预算定额的完成园林工程所需消耗的施工机械台班数与施工机械台班费用相应定额的乘积，是使用施工机械作业所发生的机械使用费以及机械安拆和进出场费用，其内容包括：

①折旧费：是指施工机械在规定的使用年限内，陆续收回其原值及购置资金的时间价值。

②大修理费：是指施工机械按规定的大修理间隔台班进行必要的大修理，以恢复其正常功能所需的费用。

③经常修理费：是指施工机械除大修理以外的各级保养和临时故障排除所需的费用。包括为保障机械正常运转所需更换设备与随机配备工具附具的摊销和维护费用，机械运转中，日常保养所需润滑与擦拭的材料费用及机械停滞期间的维护和保养费用等。

④安拆费及场外运输费：安拆费是指施工机械在现场进行安装与拆卸所需的人工、材料、机械和试运转费用及机械辅助设施的折旧、搭设、拆除等费用；场外运输费是指施工机械整体或分体自停放地点运至施工现场或由一施工地点运至另一施工地点的运输、装卸、辅助材料及架线等费用。

⑤燃料和动力费：是指施工机械在运转作业中所消耗的固体燃料（煤、木柴）、液体燃料（汽油、柴油）及水、电等。

⑥人工费：是指机上司机（司炉）和其他操作人员的工作日人工费及上述人员在施工机械规定的年工作台班以外的人工费。

⑦运输机械养路费、车船使用税及保险费：是指施工机械按照国家规定和有关部门规定应缴纳的养路费、车船使用税、保险费和年检费等。

2）措施费

措施费是指为完成工程项目施工，发生于该工程施工前和施工过程中发生的非工程实体项目的费用。这种费用是一种工程施工时必须开支的直接成本，具有直接费性质，但又不宜列入间接费和现场经费内，它由施工技术措施费和施工组织措施费组成。

（1）施工技术措施费

①混凝土、钢筋混凝土模板及支架费：是指混凝土施工过程中需要的各种钢模板、木模板和支架等的支、拆、运输费用及模板、支架的摊销（或租赁）费用。

②脚手架费：是指施工需要的各种脚手架搭、拆、运输费用及脚手架的摊销（或租赁）费用。

③施工排水、降水费：是指为确保工程在正常条件下施工，采取各种排水、降水措施所发生的各种费用。

④大型机械设备进出场及安拆费:指机械整体或分体自停入场地运至施工现场或由一个施工地点运至另一个施工地点,所发生的机械进出场运输和转移费用及机械在施工现场进行安装、拆卸所需的人工费、材料机械费、试运转费和安装所需的辅助设施的费用。

(2)施工组织措施费

①环境保护费:是指施工现场为了达到环境保护部门要求所支出的各项费用。

②安全文明施工费:是指施工现场安全文明施工所支出的各项费用。

③临时设施费:指施工企业为进行建筑工程施工所必须搭设的生活和生产用的临时建筑物、构筑物和其他临时设施费用等。

临时设施包括:临时宿舍、文化福利及公用事业房屋构筑物,仓库、办公室、加工厂以及在规定范围内道路、水、电、管线等临时设施和小型临时设施。

临时设施费用包括:临时设施的搭设、维修、拆除费或摊销费。

④夜间施工增加费:是指为了确保工程质量,需要在夜间连续施工而发生的照明设施、夜餐补助、劳动效率降低等费用。

⑤二次搬运费:是指由于施工场地条件限制而发生的材料、半成品、成品一次运输不能到达预定施工地点,必须进行二次或多次搬运的费用。

⑥已完工程及设备保护费:是指竣工验收之前,对已完工程及设备进行保护所需的各种费用。

⑦冬雨季施工增加费:是指在冬、雨季施工所需增加的临时设施(如防雨、防寒棚等)、劳保用品、防滑、排除雨雪的人工及劳动效率降低等费用(不包括冬、雨季施工蒸汽养护费用)。

⑧交叉作业施工增加费:是指园林工程与土建、装饰、安装工程其他生产施工发生冲突时,相互妨碍,影响工效及需要采取的各项防护措施费用。

3)现场经费

现场经费是指为施工准备、组织施工生产和管理所需费用。其内容包括如下:

①现场管理人员的基本工资、工资性补贴、职工福利费、劳动保护费等。

②现场办公费:是指现场管理办公用的文具、纸张、账表、印刷、邮电、书报、会议、水、电、烧水和集体取暖(包括现场临时宿舍取暖)用煤等费用。

③交通差旅费:是指职工因公出差期间的旅费,住勤补助费,市内交通费和误餐补助费,职工探亲路费,劳动力招募费,职工离退休、退职一次性路费,工伤人员就医路费,工地转移费以及现场管理使用的交通工具的油料、燃料、养路费及牌照费。

④固定资产使用费:是指现场管理及试验部门使用的属于固定自备的设备、仪器等的折旧、大修理、维修费或租赁费等。

⑤工具用具使用费:是指现场管理使用的不属于固定资产的工具、器具、家具、交通工具和检验、试验、测绘、消防用具等的购置、维修和摊销费。

⑥保险费:是指施工管理用财产、车辆保险,高空、井下、海上作业等特殊工种安全保险等。

⑦工程保修费:是指工程竣工交付使用后,在规定保修期以内的修理费用。

⑧其他费用:是指上述项目以外的其他必要的费用支出。

6.1.2　间接费

间接费是指园林绿化施工企业为组织施工和进行经营管理,以及间接为园林工程生产服务

的各项费用。间接费在施工中不直接发生在工程本身,由施工管理费、规费组成。

1)施工管理费

施工管理费是指施工企业为了组织与管理园林工程施工所需要的各项管理费用,以及为施工服务等所支出的人力、物力和资金等方面费用的总和。其内容包括:

(1)工作人员的工资 工作人员的工资是指施工企业的政治、经济、试验、警卫、消防、炊事和勤杂人员以及行政管理部门人员等的基本工资、辅助工资和工资性质的津贴。

(2)差旅交通费 差旅交通费是指施工企业职工因公出差、工作调动的差旅费,住勤补助费,市内交通及误餐补助费,职工探亲路费,劳动力招募费,离退休职工一次性路费及行政管理部门交通工具油料、燃料、牌照、养路费等。

(3)办公费 办公费是指施工企业办公用文具、纸张、账表、印刷、邮电、书报、会议、水、电、燃煤(气)等费用。

(4)固定资产折旧、修理费 固定资产折旧、修理费是指施工企业属于固定资产的房屋、设备、仪器等折旧及维修等费用。

(5)行政工具使用费 行政工具使用费是指施工企业行政管理使用,不属于固定资产的工具、用具、家具、交通工具、检验、试验、消防等摊销及维修费用。

(6)工会经费 工会经费是指施工企业按职工工资总额2%计提的供工会使用的费用。

(7)职工教育经费 职工教育经费是指施工企业为职工学习先进技术和提高文化水平按职工工资总额的1.5%计提的费用。

(8)保险费 保险费是指企业财产保险、管理用车辆等保险费用。

(9)利息 利息是指施工企业按照规定支付银行的计划内流动资金贷款利息。

(10)税金 税金是指施工企业按规定交纳的房产税、土地使用税、印花税及土地使用费等。

(11)工程保修费 工程保修费是指工程竣工交付使用后,在规定的保修期内的修理费。

(12)其他费用 其他费用是指上述条目以外的其他必要的费用开支。它包括:技术转让费、技术开发费、排污费、咨询费和按规定支付工程造价定额管理部门的定额编制及管理经费、定额测定费(不包括应交各级造价管理站的定额编制管理费和劳动定额管理费),以及按有关部门规定支付的上级管理费。

2)规费

规费是指政府和有关权力部门规定必须缴纳的费用,其内容包括:

(1)工程排污费 工程排污费是指施工现场按规定交纳的排污费用。

(2)工程定额测定费 工程定额测定费是指按规定支付工程造价(定额)管理部门的工程定额编制管理费及劳动定额测定费。

(3)社会保障费

①养老保险费:是指企业按照国家规定标准为职工缴纳的基本养老保险费。

②失业保险费:是指企业按照国家规定标准为职工缴纳的基本失业保险费。

③医疗保险费:是指企业按照国家规定标准为职工缴纳的基本医疗保险费。

(4)住房公积金 住房公积金是指企业按照国家规定标准为职工缴纳的住房公积金。

(5)危险作业意外伤害保险 危险作业意外伤害保险是指按照建筑法规定,企业为从事危险作业的建筑安装施工人员支付的意外伤害保险费。

6.1.3　计划利润

计划利润也称差别利润,是指施工企业完成所承包工程获得的盈利,按照国家规定向建设单位收取的费用,是施工企业职工为社会劳动所创造的那部分价值在建设工程造价中的体现。为适应招标投标竞争的需要,促进施工企业改善经营管理,从 1988 年 1 月 1 日开始,施工企业实行计划利润。企业因此而增加的收入,应用于发展增添技术装备。实行计划利润后,不再计取法定利润和计算装备费。

随着社会主义市场经济的迅速发展,企业参与市场的竞争,在规定的利润率范围内,施工企业决定利润率水平的自主权将会放宽。施工企业在投标报价时可以根据工程的难易程度、市场竞争情况和自身的经营管理水平自行确定合理的利润率。

6.1.4　税金

税金是指由施工企业按照国家规定计入园林建设工程造价内,由施工企业向税务部门缴纳的各项费用总和。税金包括施工企业按营业额为基础缴纳的营业税,以营业税为基础缴纳的城市建设维护税、教育附加费以及部分构配件的增值税等。

1)营业税

营业税是指对从事建筑业、交通运输业和各种服务业的单位和个人,就其营业收入征收的一种税。营业税应纳税额的计算公式为:

$$应纳税额 = 营业额 \times 适用税率$$

建筑业适用营业税的税率为3%。营业额是指从事建筑、安装、修缮、装饰及其他工程作业收取的全部收入(即工程造价),还包括建筑、修缮、装饰工程所用原材料及其他物资和动力的价款;当安装的设备的价值作为安装工程产值时,亦包括所安装设备的价款。但建筑业的总承包人将工程分包或转包给他人的,其营业额中不包括付给分包或转包人的价款。

2)城市建设维护税

城市建设维护税,是国家为了加强城市的维护建设,扩大和稳定城市维护建设资金来源,而对有经营收入的单位和个人征收的一种税。城市建设维护税与营业税同时缴纳,应纳税额的计算公式为:

$$应纳税额 = 营业税应纳税额 \times 适用税率$$

城市建设维护税实行差别比例税率。城市建设维护税的纳税人所在地为市区的,按营业税的7%征收;所在地为县城、镇的,按营业税的5%征收;所在地不在市区、县城或镇的,按营业税的1%征收。

3)教育费附加

教育费附加是指为加快发展地方教育事业,扩大地方教育资金来源而征收的一种地方税。教育费附加应纳税额的计算公式为:

$$应纳税额 = 营业税应纳税额 \times 适用税率$$

教育费附加一般为营业税的3%,并与营业税同时缴纳。

6.1.5　其他费用

其他费用是指在现行规定内容中没有包括,但随着国家和地方各种经济政策的推行而在施工中不可避免地发生的费用,如按规定按实计算的费用,包括城市排水设施有偿使用费、超标污水和超标噪声排污费等;在有影响健康的扩建、改建工程中进行施工时,建设单位职工享有特种保健者,施工单位进入现场的职工也应同样享受特种保健津贴,其保健津贴费用按实向建设单位结算。

除了以上5种费用构成园林建设工程预算费之外,有些工程复杂、编制预算中未能预先计入的费用,如变更设计,调整材料预算单价等发生的费用,在编制预算中列入不可预见费一项,以工程造价为基数,乘以规定费率计算。

图6.1说明了园林建设工程预算费用的组成以及相互之间的关系。

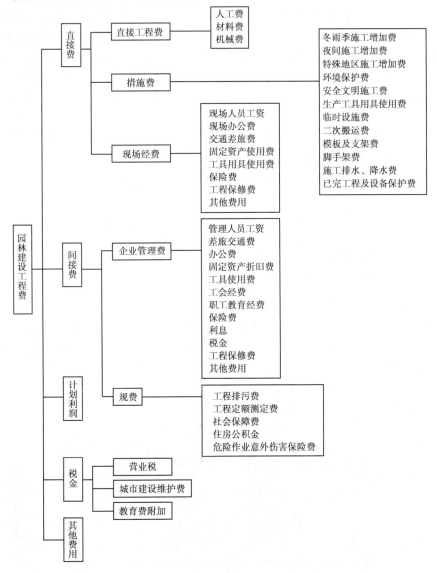

图6.1　园林建设工程预算费用组成

6.2 各项取费的计算方法

园林建设工程施工图预算费用由直接费、间接费、计划利润、税金和其他费用5部分组成。

6.2.1 直接费

直接费由直接工程费(人工费、材料费、施工机械使用费)和措施费等组成。

直接费的计算可用下式来表示:

$$直接费 = \sum(预算定额基价 \times 项目工程量) + 措施费$$

1)直接工程费的计算

直接工程费是人工费、材料费、机械费之和。分项工程直接费由分项工程工程量乘定额基价,分部工程直接费由各分部分项工程直接费之和,单位工程直接费由各分部工程直接费之和,定额基价是由定额中各项目的定额含量(包括各类人工、材料、机械台班)乘相应的定额预算单价,将所有的人工费相加等于定额基价的人工费,将所有的材料费相加等于定额基价的材料费,将所有的机械台班费相加等于定额基价的机械费。材料费根据定额规定各按市场信息价进行价差调整。

(1)人工费、材料费、施工机械使用费的计算公式

①人工费的计算可用下式表示:

$$人工费 = \sum(预算定额基价人工费 \times 项目工程量)$$

②材料费的计算可用下式表示:

$$材料费 = \sum(预算定额基价材料费 \times 项目工程量)$$

③施工机械使用费的计算可用下式表示:

$$施工机械使用费 = \sum(预算定额基价机械费 \times 项目工程量)$$

(2)计算工程量　工程预算的内容由预算定额基价和项目工程量两个因素决定。因此,当预算定额的每个分项工程的预算单价可以从预算定额单价表中套用时,项目工程量的计算就成为预算工作的基础和重要组成部分。项目工程量计算是否正确,会直接影响到施工图预算的质量。所以,预算人员在做预算之前必须充分理解和熟悉施工图纸内容,依据施工图上的地点、位置、尺寸、数量等要素,严格遵守预算定额和工程量计算规则,列出工程量计算公式,准确地计算出各项工程的工程量,并填写工程量计算表格(表6.1)。

表6.1　工程量计算表

序号	分项工程名称	单位	工程数量	计算公式

①根据施工图纸列出分项工程项目名称,并结合施工方案的有关内容,按照一定的计算顺序,逐一列出单位工程施工图预算的分项工程项名称。所列的分项工程名称必须与预算定额中相应项目名称一致。

②列出工程量计算公式。分项工程项目名称列出后,根据施工图上标注位置、尺寸、数量,按照工程量计算规则,分别列出工程量计算公式。

③调整计量单位工程量计算通常都是采用米(m)、平方米(m^2)、立方米(m^3)等为计算单位,但在预算定额中有些是以 10 米(10 m)、10 平方米(10 m^2)、10 立方米 (10 m^3)等为计量单位,因此还需将计算的工程量单位按预算定额中相应项目规定的计量单位进行调整,使工程量与预算定额的计量单位前后一致,便于以后的计算。

④计算分项工程量套用公式计算出各分项工程的工程量,并填入表 6.1 中。

(3)套用预算定额单价　各项工程量计算完毕并经校核后,就可以着手编制单位工程施工图预算书。预算书以表格形式加文字说明来编制,预算书的表格形式见表 6.2。

表 6.2　园林工程预算表

工程名称:　　　　　　　年　　月　　日　　　　　　　单位:元

序号	定额编号	分项工程名称	工程量		造价		其中						备注
			单位	数量	单价	合价	人工费		材料费		机械费		
							单价	合价	单价	合价	单价	合价	

表格制作完成后,可分 3 步来完成预算编制工作。

①填写分项工程名称和工程量。按照预算定额编号的排列顺序,将分部工程项目名称和分项工程项目名称、工程量填写到预算表格的相应栏目中,同时将预算定额中相应分项工程的定额编号和计量单位一同填入表格中,以便套用预算单价时对照。

②翻查预算定额,填写预算单价。填写预算单价,就是将预算定额中相应分项工程的预算单价填入预算书中。在填写预算单价时,必须注意区分定额中哪些分项工程的单价可以直接套用,哪些必须经过换算(指施工时,使用的材料或做法与定额不同)后才能套用。

此外,由于某些工程预算的应取费用标准是以人工费为计算基础的,而各地区取费标准不尽相同,有增调人工费和机械费的规定。为此,应将预算定额中的人工费、材料费和机械费的单价逐项填入预算书相应栏中。

③计算合价和小计。前两步工作完成后,即可计算合价。计算合价,是指用预算书中各分项工程的数量乘以预算单价所得的积数。各项合价均应计算填入表中,这样就完成了预算书表格中的各分项横向数列内容,然后再将一个分部工程中的全部分项工程的合价内容竖向相加,得到该分部工程的定额直接费(包括人工费、材料费、机械费)。将各分部工程的小计均竖向相加,即可得出该单位工程的定额直接费。定额直接费是计算各项应取费用的基础数据,必须认

真计算,以防出错。

2)措施费的计算

措施费是指在施工过程中发生的具有直接费性质但未包含在预算定额之内的费用。措施费包括施工技术措施费、施工组织措施费。

(1)施工技术措施费

①大型机械设备进出场及安拆费。

②混凝土、钢筋混凝土模板及支架费。

③脚手架费。

④施工排水、降水费。

⑤其他施工技术措施费。

以上费用按实际发生计算。

(2)施工组织措施费　施工组织措施费各项费率按表6.3计算(以仿古建筑及园林工程为例)。

表6.3　建筑工程施工组织措施费费率

定额编号	项目名称		计算基数	费率/%
E1	施工组织措施费			
E1-1	环境保护费		人工费 + 机械费	0.1 ~ 0.3
E1-2	文明施工费			
E1-21	其中	非市区工程	人工费 + 机械费	0.6 ~ 1.0
E1-22		市区一般工程	人工费 + 机械费	1.0 ~ 2.1
E1-23		市区临街工程	人工费 + 机械费	2.1 ~ 3.5
E1-3	安全施工费		人工费 + 机械费	0.3 ~ 1.0
E1-4	临时设施费		人工费 + 机械费	4.0 ~ 4.4
E1-5	夜间施工增加费		人工费 + 机械费	0.0 ~ 0.1
E1-6	缩短工期增加费		人工费 + 机械费	
E1-61	其中	缩短工期10%以内	人工费 + 机械费	0.0 ~ 2.7
E1-62		缩短工期20%以内	人工费 + 机械费	2.7 ~ 4.0
E1-63		缩短工期30%以内	人工费 + 机械费	4.0 ~ 5.5
E1-7	材料二次搬运费		人工费 + 机械费	0.2 ~ 0.3
E1-8	已完工程及设备保护费		人工费 + 机械费	0.0 ~ 0.2

6.2.2　规费

规费是指政府和有关部门规定必须缴纳的费用(简称规费)。规费的通用计算公式为:

$$规费 = 计算基数 \times 规费费率$$

规费费率按表6.4中规定计算(以仿古建筑及园林工程为例)。

表 6.4 规费费率

定额编号	项目名称	计算基数	费率/%
E3	规费	直接费+综合费用	5.85

6.2.3 税金

根据国家现行规定,税金是由营业税、城市建设维护税、教育费附加 3 部分组成。税金费率按表 6.5 中的规定计算(以仿古建筑及园林工程为例)。

表 6.5 税金费率

定额编号	项目名称	计算基数	费率/%		
			市区	城(镇)	其他
E4	税金	直接费+综合费用+规费	3.513	3.448	3.320
E4-1	税费	直接费+综合费用+规费	3.413	3.348	3.220
E4-2	水利建设基金	直接费+综合费用+规费	0.100	0.100	0.100

6.2.4 综合费用费率

1)综合费用费率表

仿古建筑及园林绿化工程综合费用按表 6.6 计算(以仿古建筑及园林工程为例)。

表 6.6 仿古建筑及园林工程综合费用费率

定额编号	项目名称		计算基数	费率/%		
				一类	二类	三类
E2	综合费用					
E2-1	仿古建筑工程		人工费+机械费	60~46	50~36	39~30
E2-11	其中	企业管理费	人工费+机械费	36~28	30~22	24~18
E2-12		计划利润	人工费+机械费	24~18	20~14	15~12
E2-2	园林景区工程		人工费+机械费	54~41	45~33	36~27
E2-21	其中	企业管理费	人工费+机械费	32~25	27~20	22~16
E2-22		计划利润	人工费+机械费	22~16	18~13	14~11
E2-3	绿化工程		人工费+机械费	—	40~29	31~24
E2-31	其中	企业管理费	人工费+机械费	—	24~18	19~14
E2-32		计划利润	人工费+机械费	—	16~11	12~10

2)仿古建筑及园林绿化工程类别划分

仿古建筑及园林工程综合费用计算时,综合费率取定先按工程类别划分表中的条件确定工

程类别,再在综合费率表(表6.7)中查得相应的综合费率进行计算。

表6.7　仿古建筑及园林工程综合费用费率表

类别 工程	一类	二类	三类
仿古建筑工程	1.单项1 000 m² 以上或单体700 m² 以上仿古建筑; 2.国家级文物古迹复建和古建筑修缮; 3.高度27 m以上古塔; 4.高度10 m以上牌楼、牌坊	1.单项500 m² 以上或单体300 m² 以上仿古建筑; 2.省级文物古迹复建和古建筑修缮; 3.高度15 m以上古塔; 4.高度7 m以上牌楼、牌坊	1.单项500 m² 以下或单体300 m² 以下仿古建筑; 2.市县级文物古迹复建和古建筑修缮; 3.高度15 m以下古塔; 4.高度7 m以下牌楼、牌坊
园林景区工程	1.60亩以上综合园林建筑; 2.直径40 m以上或占地1 257 m² 以上的喷泉; 3.高度8 m以上城市雕像; 4.堆砌7 m以上假山石、塑石、立峰	1.30亩以上综合园林建筑; 2.直径20 m以上或占地314 m² 以上的喷泉; 3.高度4 m以上城市雕像; 4.缩景模型制作安装; 5.堆砌7 m以下假山石、塑石、立峰	1.30亩以下综合园林建筑; 2.直径20 m以下或占地314 m² 以下的喷泉; 3.高度4 m以下城市雕像; 4.园林围墙、园路、园桥小品
单独绿化工程	—	1.国家级风景区、省级风景区绿化工程; 2.公园、度假村、高尔夫球场、广场、街心花园、室内花园等绿化工程	1.公共建筑环境、企事业单位与居住区的绿化工程; 2.道路绿化工程; 3.片林、风景林等工程

3)仿古建筑及园林工程工程类别划分说明

①仿古建筑及园林工程以仿古建筑工程、园林景区工程、单独绿化工程来划分工程类别,划分标准参照"施工取费定额"。

②综合园林建设按园林建设规模划分类别,建设面积以工程立项批准文件为准。游乐场及公园式墓园类别划分同综合性园林建设。

③在同一个类别工程中,有几个特征时,凡符合其中特征之一者,即为该类工程。

④园林景区内按市政标准设计的道路、广场,按市政工程相应类别划分。

⑤仿古建筑及园林工程中的一般安装工程按三类工程取费。

6.2.5　材料差价

材料差价是指材料的预算价格和实际市场价格之间的差额。由于在市场经济条件下原材料的实际价格在不断地波动,与预算价格不相符。因此在确定单位工程造价时,必须进行差价调整。

材料差价一般采用两种方法计算。

1) 国拨材料价差的计算

国拨材料(如钢材、木材、水泥、玻璃等)差价的计算是在编制施工图预算时,在各分项工程量计算出来以后,按预算定额中相应项目给定的材料消耗定额计算出使用的材料数量,汇总后,用实际购入单价减去预算单价再乘以材料数量即为某材料的差价。将各种价差的材料差价汇总,就是该工程的材料差价,列入工程造价。

材料差价的计算公式表示如下:

某种材料差价 =(实际购入单价 − 预算定额材料单价)× 材料数量

2) 地方材料价差的计算

为了计算方便,地方材料差价的计算一般采用调价系数进行调整,调价系数由各地区依据本地的经济发展水平自行测定。其计算公式表示如下:

某种材料差价 = 定额直接费 × 调价系数

表 6.8 是我国部分地区常用的园林建设工程费用计算方法。

表 6.8 我国部分地区常用的园林建设工程费用计算方法汇总表

项目费用名称			参考计算方法
园林建设工程总费用	直接费	直接工程费 · 人工费	$\sum$(预算定额基价人工费 × 项目工程量)
		直接工程费 · 材料费	$\sum$(预算定额基价材料费 × 项目工程量)
		直接工程费 · 机械使用费	$\sum$(预算定额基价机械费 × 项目工程量)+ 施工机械进出场费
		措施费	园建工程:(人工费 + 材料费 + 机械使用费)× 规定费率 绿化工程:人工费 × 规定费率
		现场经费	
	间接费	企业管理费	园建工程:直接费 × 规定费率 绿化工程:人工费 × 规定费率
		规费	
	计划利润		园建工程:(直接费 + 间接费)× 计划利润率 绿化工程:人工费 × 计划利润率
	税金		(直接费 + 间接费 + 计划利润)× 规定费率

6.3   园林工程施工图预算的编制依据

编制施工图预算应严格遵守国家现行的政策法令、各省市地区的文件、统一的工程计量规则、定额单价和取费标准,在编制预算前应掌握和熟悉下述有关资料。

6.3.1   已经批准的初步设计概算书

概算所确定的是工程造价的最高限额,施工图预算应在此限额控制下编制,一般不能超过。对某一单项工程的施工图预算,也可能会超过或低于相应的概算,但对所有工程项目总和来讲,不应超过,否则就应及时进行原因分析,考虑是否要对概算进行调节或调整。

6.3.2　已经批准的施工图纸

施工图纸必须是经过建设单位、设计单位和施工企业会审的最终全套图纸,主要包括园林建筑施工图、结构施工图、地形改造图、植物种植设计施工图和项目设计总说明以及设计人员选用的有关通用图集和标准图集。在项目总说明中所提出的施工技术和质量标准适用于所有相关的单项工程,必须首先理解。标准图集属于国标或省标的习惯上由施工单位自备,属于院标或厂标的应向设计院或工厂索取。示意图或草图一般不是编制预算的依据,但若能满足施工要求时也可作为补充性资料采用估算方法列入预算造价。有条件时应取得有关设计交底或图纸会审的记录,据此以订正设计图纸中的错误。设计变更文件和增加的修改图纸,只要在编制预算当时能收到的均应考虑进去,尽量使预算编制内容更完善些。上述的施工图纸及资料表明了工程的具体内容、技术结构特征、建筑构造尺寸、植物种植状况等,是编制施工图预算的重要依据。

6.3.3　施工组织设计和施工方案

一般大中型工程项目,都应编制施工组织设计,重要的特殊工程应编制施工方案。施工组织设计是由施工单位根据工程特点、现场情况等各种有关条件编制的,用来确定施工方案、布置现场、安排进度。编制预算时应注意施工组织设计和施工方案中影响工程费用的因素,例如土方工程中的余土外运或缺土的来源,大宗施工材料的堆放地点,预制件的运输距离,超限设备和构件的运输和吊装方法,特殊工程的技术培训方案,非一般性的安全防火设施等,诸如此类因素都是单凭图纸和定额是无法提出的,只有按施工组织设计和施工方案的要求来补充和计算。

施工组织设计和施工方案必由建设单位事先批准或同意,是编制施工图预算的主要依据。

6.3.4　察看现场

编制园林工程施工图预算前,应赴现场进行实地观察,例如土方工程的土壤类别,现场有无施工障碍需要拆除清理,现场有无足够的材料堆放场,超重设备的运输路线和路基的状况等。在改建、扩建工程中有些工程内容与原有建筑物或装置有连带关系,在图纸、施工方案无法详细表示或不能完全说明问题时,必须到现场估算或实测,以补充上述资料的不足处。

6.3.5　现行园林工程预算定额、取费标准、工程量计算规则和材料预算价格

现行园林工程预算定额或计价定额及取费标准是编制预算的重要依据,编制施工图预算要严格执行。但是,随着市场经济的发展及价格的变化,各地工程造价(定额)管理部门将根据市场价格变化的情况,对前期发布的定额及取费规定的有关内容做出解释和相应的调整。特殊订货的材料要通过动态调价或询价来获得其价格。同时,要随时了解各地区定额或工程造价管理

部门发出的有关调价文件(人工工资、材料价格和机械台班价格的调价),以及在定额应用、计费办法等方面公布的综合性解释文件等。

国家和各地区工程造价管理部门对各专业工程量计算发布的相应预算工程量计算规则也是工程量计算、施工图预算的依据。按照施工图纸和施工方案计算工程量时,必须按本专业工程量计算规则进行。

现行的园林工程预算定额、取费标准、统一的工程量计算规则和地区材料预算价格及动态调价规定,这类经济资料构成了完整的基建价格体系,在编制施工图预算时应注意其配套性,即预算定额、各项费率标准、工程量计算规则和材料预算价格四者是配套使用的。

6.3.6　工程承包经济合同或协议书

工程承包合同是确定签约双方之间的经济关系,明确各自的权利和义务,具有法律效力,受国家法律保护的一种经济契约。工程承包合同中有关条款规定是编制预算的重要依据。例如承包工程的范围,现场水电供应,设备的交付方式,工程结算方式,主要材料的供应分工,总分包之间的关系,建设单位能提供的临时设施状况等因素都与确定承包工程的预算编制有关。对于合同中未规定的内容在施工图预算编制说明中应予以说明。

6.3.7　预算工作手册和有关工具书

预算工作手册和工具书汇编了各种单位换算,具有计算各种长度、面积和体积的公式,钢材、木材等用量数据,金属材料理论质量等资料。预算工作人员应该具有这方面的工具书,以便计算工程量时查阅,从而提高计算效率。

总之,施工图纸是编制预算的主要依据,但许多图纸以外的影响造价的因素是多方面的,对这些资料和情况掌握得越具体越全面,越能合理地计算建筑安装工程的预算费用。

6.4　园林工程施工图预算的编制步骤

编制园林工程施工图预算,就是根据拟建园林工程已批准的施工图纸和既定的施工方案,按照国家或省市颁发的工程量计算规则,分部分项地把拟建工程各工程项目的工程量计算出来,在此基础上,逐项地套用相应的现行预算定额,从而确定其单位价值,累计其全部直接费用,再根据规定的各项费用的取费标准,计算出工程所需的间接费,最后,综合计算出该单位工程的造价和技术经济指标。另外,再根据分项工程量分析材料和人工用量,最后汇总出各种材料和用工总量。

常用的施工图预算的编制方法可分为工料单价法、综合单价法两种。

工料单价法是指采用预算定额(计价定额)基价与各分项工程量相乘计算定额的直接费后另加上间接费、计划利润、税金等编制出施工图的预算。

综合单价法即分项工程全费用单价,它综合了人工费、材料费、机械费,有关文件规定的调价、利润、税金,现行取费中有关费用、材料价差,以及采用固定价格的工程所测算的风险金等全部费用。

6.4.1 准备工作

针对编制预算的工程内容准备有关预算定额、各项费用的取费标准、材料预算价格表、预算调价文件和地方有关技术经济资料等。熟悉并掌握预算定额的使用范围、具体内容、工程量计算规则和计量单位、应取费项目、费用标准和计算公式,以便为工程项目的准确列项、计算、套用定额子目做好准备。

对拟施工的现场进行实际勘察,作细致的了解。深入施工现场,了解土质、排水、标高、地面障碍物等情况,看施工现场实际情况是否与设计图纸相吻合。

6.4.2 熟悉施工图纸及施工组织设计

按照施工图纸计算工程量是编制施工图预算的基本工作。在编制施工图预算之前,必须对施工图纸和设计说明书进行全面细致的熟悉和审查。检查施工图纸是否齐备,内容是否清楚,通晓施工图及其文字说明,了解设计意图,掌握工程全貌;分析施工图纸,熟悉分部分项情况,理解全部内容。对施工图纸中的疑点差错要与设计单位、建设单位协商解决取得一致意见,以免在预算时发生错误。

了解施工方案或方案中影响工程造价的有关内容。例如,工期要求,施工进度计划;劳动定额及劳动力计划;材料消耗定额及材料计划;主要施工技术;施工组织措施。还需了解施工方案或方法中哪些不是定额中规定的方案或方法。

只有在对工程全貌、施工图纸和有关设计资料有了全面、详细的了解以后,才能正确使用定额结合各分部分项工程项目计算出相应工程量。

6.4.3 划分工程项目,计算工程量并汇总

工程项目的划分及工程量的计算,必须根据设计图纸和施工说明书提供的工程构造、设计尺寸和做法要求,结合施工现场的施工条件,按照预算定额的项目划分、工程量的计算规则和计量单位的规定,对每个分项工程的工程量进行具体计算。它是工程预算编制工作中最繁重、细致的环节,工程量计算的正确与否将直接影响预算的编制质量和速度。

1)确定工程项目

在熟悉施工图纸及施工组织设计的基础上,根据工程的内容,结合施工现场的施工条件,严格按照定额的项目确定工程项目,要求工程项目名称与定额子目的名称相一致,计量单位要一致,以便于定额的套用。为了防止重项、漏项的情况发生,在编制项目时应首先将工程分为若干分部工程。如基础工程、主体工程、门窗工程、园林建筑小品工程、水景工程、绿化工程等。这样在编制预算时才能做到项目齐全,计量准确。

2)计算工程量

计算工程量主要是把设计图纸的内容转化成按定额的分项工程项目划分的工程数量,是一项工作量大又十分细致的工作。工程量是编制预算的基本数据,直接关系到工程造价的准确性。

在确定了工程项目的基础上,严格按照预算定额规定的分项工程量计算规则,以施工图纸所标注的位置与尺寸为依据进行各分项工程量计算。计算工程量时,要遵循一定的计算顺序依次进行计算,避免漏算或重复计算;一般采用列表计算,表中应指明该工程项目对应的施工图图号及部位,计算表达式要清楚、正确,便于计算结果的复核。

3)工程量汇总

各分项工程量计算完毕,并经复核无误后,按预算定额规定的分部分项工程定额编号顺序逐项汇总,调整列项,填入工程量汇总表内,以便套用预算定额基价。

6.4.4 套用预算定额基价

套用预算定额基价时要严格按照预算定额中的子目及有关规定进行,将工程预算项目按定额顺序编号,根据汇总工程量和预算定额填写工程预算表,表中应填入定额编号、项目名称、计量定位、工程量、定额基价,并填写人工费、材料费和机械费。使用基价要正确,每一分项工程的定额编号,工程项目名称、规格、计量定位、基价均应与定额要求相符,要防止错套、漏套,以免影响预算的质量。

6.4.5 计算定额直接费,进行工料分析

按工程预算表逐项计算各分项定额直接费,并给予汇总。

工料分析是在编写预算时,根据分部分项工程项目的数量和相应定额中的项目所列的用工及用量的数量,算出各工程项目所需的人工及用料数量,然后进行统计汇总,计算出整个工程的工料所需数量。

6.4.6 计算其他各项费用并汇总

定额直接费计算完毕后,即可以定额直接费或定额人工费为基础,按有关部门规定的各项取费费率计算其他直接费、间接费、计划利润、税金等费用。

汇总直接费、间接费、计划利润、税金等费用最后求得工程预算总造价。

6.4.7 校核

校核是在施工图预算编制出来后,由有关人员对编制预算所列的项目、工程量计算公式、数字结果、套用的预算定额基价,用各种费用定额等对各项内容进行全面检查核对,以便及时发现、消除差错,保证工程预算的准确性。

6.4.8 编写说明、填写封面、装订成册

编制说明是施工图预算书的组成部分,编制施工图预算时应进行编写,其一般包括如下内容:

①工程概况:通常要写明工程编号、工程名称、结构形式、建筑面积、层数、装修等级等内容。

②编制依据:是对编制施工图预算时所采用的施工图名称、标准图集、材料做法及设计变更文件和对采用的定额、材料预算价格及各种费用定额等资料的说明。

③其他说明:通常是指在施工图预算中无法表示,需要用文字补充说明的内容。

封面是施工图预算书的首页,通常需填写工程编号、工程名称、建设单位名称、建设规模、工程预算造价、编制单位及日期等。

最后将封面、编制说明、工程预算表、补充预算单价等组成的施工图预算书的全部文件按顺序编排、封底,装订成册。

6.4.9 复核、签章及审批

工程预算编制出来后,由本企业的有关人员对所编制预算的主要内容及计算情况进行一次全面检查核对,以便及时发现可能出现的差错并及时纠正,提高工程预算准确性,审核无误并经上级部门审阅、签字、加盖公章批准后,送交建设单位和建设银行审批,施工图预算最后完成。

6.5 工程造价的计算程序

为了适应和促进社会主义市场经济发展的需要,贯彻落实国家有关规定精神,各地对现行的园林建设工程费用构成进行了不同程度的改革和尝试,反映在工程造价的计算方法上存在着一些差异。为此,在编制园林工程施工图预算时,必须执行木地区的有关规定,准确、客观地反映出工程造价。

一般情况下,计算工程施工图预算造价的程序如下:

①计算工程直接费。

②计算间接费。

③计算计划利润。

④计算税金。

⑤确定工程预算造价。

工程预算造价 = 直接费 + 间接费 + 计划利润 + 税金

工程造价的具体计算程序目前无统一规定,应以各省市主管部门制订的费用标准为准。

表6.9、表6.10为广东省园林绿化工程清单计价程序表和园林绿化工程定额造价程序表。表6.11、表6.12为广东省园林建筑工程清单计价程序表和园林建筑工程定额造价程序表。表6.13、表6.14为黑龙江省单位工程费用计算程序表(工程量清单计价)和单位工程费用计算程序表(定额计价)。

表6.9　园林绿化工程工程量清单计价程序表

(引自:《广东省建设工程计价依据》　粤建市〔2010〕15号)

序号	名称	计算方法
1	分部分项工程费	$\sum$(清单工程量 × 综合单价)
2	措施项目费	2.1 + 2.2

续表

序号	名称	计算方法
2.1	安全文明施工费	2.1.1 + 2.1.2
2.1.1	按相关定额子目计算	按照规定计算(包括利润)
2.1.2	按系数计算	人工费 × 5.25%
2.2	其他措施项目费	按照规定计算(包括利润)
3	其他项目费	3.1 + 3.2 + 3.3 + 3.4 + 3.5 + 3.6 + 3.7 + 3.8
3.1	暂列金额	1 × (10% ~ 15%)
3.2	暂估价	按照规定计算
3.3	计日工	
3.4	总承包服务费	
3.5	材料检验试验费	
3.6	预算包干费	1 × (0 ~ 2%)
3.7	工程优质费	按规定执行
3.8	其他项目费	按照规定计算
4	规费	4.1 + 4.2 + 4.3 + 4.4
4.1	工程排污费	(1 + 2 + 3) × 0.2%,结算时按实际发生数额计算
4.2	施工噪音排污费	
4.3	防洪工程维护费	(1 + 2 + 3) × 0.1%
4.4	危险作业意外伤害保险费	(1 + 2 + 3) × 0.1%
5	税金	(1 + 2 + 3 + 4) × 相应税率
6	含税工程造价	1 + 2 + 3 + 4 + 5

表6.10 园林绿化工程定额计价程序表

(引自:《广东省建设工程计价依据》 粤建市〔2010〕15号)

序号	名称	计算方法
1	分部分项工程费	1.1 + 1.2 + 1.3
1.1	定额分部分项工程费	$\sum$(工程量 × 子目基价)
1.2	价差	$\sum$[数量 × (编制价 − 定额价)]
1.3	利润	人工费 × 18%
2	措施项目费	2.1 + 2.2
2.1	安全文明施工费	2.1.1 + 2.1.2
2.1.1	按相关定额子目计算	按照规定计算(包括利润)
2.1.2	按系数计算	人工费 × 5.25%

续表

序号	名称	计算方法
2.2	其他措施项目费	按照规定计算(包括利润)
3	其他项目费	3.1 + 3.2 + 3.3 + 3.4 + 3.5 + 3.6 + 3.7 + 3.8
3.1	暂列金额	1 × (10% ~ 15%)
3.2	暂估价	
3.3	计日工	
3.4	总承包服务费	按照规定计算
3.5	材料检验试验费	
3.6	预算包干费	1 × (0 ~ 2%)
3.7	工程优质费	按规定执行
3.8	其他费用	按照规定计算
4	规费	4.1 + 4.2 + 4.3 + 4.4
4.1	工程排污费	(1 + 2 + 3) × 0.2%,结算时按实际发生数额计算
4.2	施工噪音排污费	
4.3	防洪工程维护费	(1 + 2 + 3) × 0.1%
4.4	危险作业意外伤害保险费	(1 + 2 + 3) × 0.1%
5	税金	(1 + 2 + 3 + 4) × 相应税率
6	含税工程造价	1 + 2 + 3 + 4 + 5

表 6.11　建筑与装饰工程工程量清单计价程序表

(引自:《广东省建设工程计价依据》　　粤建市〔2010〕15 号)

序号	名称	计算方法
1	分部分项工程费	$\sum$ (清单工程量 × 综合单价)
2	措施项目费	2.1 + 2.2
2.1	安全文明施工费	2.1.1 + 2.1.2
2.1.1	按子目计算的安全文明施工费	按照规定计算(包括利润)
2.1.2	按系数计算的其他安全文明施工措施费	1 × 3.18%(建筑工程) 1 × 2.52%(单独装饰装修工程)
2.2	其他措施项目费	按照规定计算(包括利润)
3	其他项目费	3.1 + 3.2 + 3.3 + 3.4 + 3.5 + 3.6 + 3.7 + 3.8
3.1	材料检验试验费	1 × 0.3%(单独承包土石方工程除外)
3.2	工程优质费	按规定执行
3.3	暂列金额	1 × (10% ~ 15%)

续表

序号	名称	计算方法
3.4	暂估价	按照规定计算
3.5	计日工	
3.6	总承包服务费	
3.7	材料保管费	
3.8	预算包干费	$1 \times (0 \sim 2\%)$
4	规费	$4.1 + 4.2 + 4.3 + 4.4$
4.1	工程排污费	$(1 + 2 + 3) \times 0.2\%$,结算时按实际发生数额计算
4.2	施工噪音排污费	
4.3	防洪工程维护费	$(1 + 2 + 3) \times 0.1\%$
4.4	危险作业意外伤害保险费	建筑面积$(m^2) \times 2(元 / m^2)$
5	税金	$(1 + 2 + 3 + 4) \times$ 相应税率
6	含税工程造价	$1 + 2 + 3 + 4 + 5$

表 6.12　建筑与装饰工程定额计价程序表

(引自:《广东省建设工程计价依据》　粤建市〔2010〕15 号)

序号	名称	计算方法
1	分部分项工程费	$1.1 + 1.2 + 1.3$
1.1	定额分部分项工程费	$\sum (工程量 \times 子目基价)$
1.2	价差	$\sum [数量 \times (编制价 - 定额价)]$
1.3	利润	人工费 $\times 18\%$
2	措施项目费	$2.1 + 2.2$
2.1	安全文明施工费	$2.1.1 + 2.1.2$
2.1.1	按子目计算的安全文明施工费	按照规定计算(包括利润)
2.1.2	按系数计算的其他安全文明施工措施费	$1 \times 3.18\%$(建筑工程) $1 \times 2.52\%$(单独装饰装修工程)
2.2	其他措施项目费	按照规定计算(包括利润)
3	其他项目费	$3.1 + 3.2 + 3.3 + 3.4 + 3.5 + 3.6 + 3.7 + 3.8$
3.1	材料检验试验费	$1 \times 0.3\%$(单独承包土石方工程除外)
3.2	工程优质费	按规定执行
3.3	暂列金额	$1 \times (10\% \sim 15\%)$

续表

序号	名称	计算方法
3.4	暂估价	按照规定计算
3.5	计日工	
3.6	总承包服务费	
3.7	材料保管费	
3.8	预算包干费	$1 \times (0 \sim 2\%)$
4	规费	$4.1 + 4.2 + 4.3 + 4.4$
4.1	工程排污费	$(1 + 2 + 3) \times 0.2\%$,结算时按实际发生数额计算
4.2	施工噪音排污费	
4.3	防洪工程维护费	$(1 + 2 + 3) \times 0.1\%$
4.4	危险作业意外伤害保险费	建筑面积$(m^2) \times 2(元/m^2)$
5	税金	$(1 + 2 + 3 + 4) \times$ 相应税率
6	含税工程造价	$1 + 2 + 3 + 4 + 5$

表6.13　黑龙江省单位工程费用计算程序表(工程量清单计价)

序号	费用名称	计算方法	备注
(一)	分部分项工程费	$\sum$(分部分项工程量 × 综合单价)	
(A)	其中:计费人工费	$\sum$工日消耗量 × 人工单价(53元/工日)	53元/工日为计费基础
(二)	措施费	$(1) + (2)$	
(1)	定额措施费	$\sum$(定额措施项目工程量 × 综合单价)	
(B)	其中:计费人工费	$\sum$工日消耗量 × 人工单价(53元/工日)	53元/工日为计费基础
(2)	通用措施费	$[(A) + (B)] \times$ 费率	
(三)	其他费用	$(3) + (4) + (5) + (6)$	
(3)	暂列金额	$(一) \times$ 费率	工程结算时按实际调整
(4)	专业工程暂估价	根据工程情况确定	工程结算时按实际调整
(5)	计日工	根据工程情况确定	工程结算时按实际调整
(6)	总承包服务费	供应材料费用、设备安装费用或单独分包专业工程的费用(分部分项工程费 + 措施费) × 费率	

续表

序号	费用名称	计算方法	备注
（四）	安全文明施工费	（7）＋（8）	工程结算时按评价、核定的标准计算
（7）	环境保护等5项费用	［（一）＋（二）＋（三）］×费率	
（8）	脚手架费	按计价定额项目计算	
（五）	规费	［（一）＋（二）＋（三）］×费率	工程结算时按核定的标准计算
（六）	税金	［（一）＋（二）＋（三）＋（四）］×3.41%	3.35%,3.22%（哈尔滨市区3.44%）
（七）	单位工程费用	（一）＋（二）＋（三）＋（四）＋（五）＋（六）	

表6.14　黑龙江省单位工程费用计算程序表（定额计价）

序号	费用名称	计算方法	备注
（一）	分部分项工程费	按计价定额实体项目计算的基价之和	
（A）	其中:计费人工费	∑工日消耗量×人工单价（53元/工日）	53元/工日为计费基础
（二）	措施费	（1）＋（2）	
（1）	定额措施费	按计价定额措施项目计算的基价之和	
（B）	其中:计费人工费	∑工日消耗量×人工单价（53元/工日）	53元/工日为计费基础
（2）	通用措施费	［（A）＋（B）］×费率	
（三）	企业管理费	［（A）＋（B）］×费率	
（四）	利润	［（A）＋（B）］×费率	
（五）	其他费用	（3）＋（4）＋（5）＋（6）＋（7）＋（8）＋（9）	
（3）	人工费价差	合同约定或省建设行政主管部门发布的人工单价－人工单价	
（4）	材料费价差	材料实际价格（或信息价格、价差系数）与省计价定额中材料价格的（±）差价	采用固定价格时可以计算风险费（相应材料费×费率）
（5）	机械费价差	省建设行政主管部门发布的机械费价格与省计价定额中机械费的（±）差价	采用固定价格时可以计算风险费（相应机械费×费率）
（6）	暂列金额	（一）×费率	工程结算时按实际调整
（7）	专业工程暂估价	根据工程情况确定	工程结算时按实际调整
（8）	计日工	根据工程情况确定	工程结算时按实际调整
（9）	总承包服务费	供应材料费用、设备安装费用或单独分包专业工程的费用（分部分项工程费＋措施费）×费率	

续表

序号	费用名称	计算方法	备注
（六）	安全文明施工费	（10）+（11）	
（10）	环境保护等5项费用	［（一）+（二）+（三）+（四）+（五）］×费率	
（11）	脚手架费	按计价定额项目计算	
（七）	规费	［（一）+（二）+（三）+（四）+（五）］×费率	工程结算时按核定的标准计算
（八）	税金	［（一）+（二）+（三）+（四）+（五）+（六）+（七）］×3.41%	3.35%,3.22%（哈尔滨市区3.44%）
（九）	单位工程费用	（一）+（二）+（三）+（四）+（五）+（六）+（七）+（八）	

6.6　园林工程施工图预算编制实例

由于我国幅员辽阔,各省市的经济发展不平衡,不同地区对园林工程概预算中的费用组成、各项费用计算标准、工程造价计算程序及使用的园林工程预算定额不尽相同,因此,园林工程预算具有强烈的地区性。各地区在编制园林工程概预算时,必须严格按照本地区的规定执行。

6.6.1　某小区庭园绿化工程预算实例

表6.15为某小区庭园绿化苗木表,请用定额计价法编制该庭园绿化工程预算。步骤如下:

①收集资料,包括设计图纸、苗木表、定额工具书、取费标准、其他相关文件。

②熟悉工程概况,分析苗木表,结合定额项目划分工程项目(见表6.16)。

③根据定额计算规则,计算工程量(见表6.17)。

④根据预算定额计算定额直接费和人工、材料、施工机械的价差分析(见表6.18)。

⑤根据本地区的园林工程取费标准和"园林绿化工程造价计算表"计算各项费用,汇总得出园路总造价(见表6.19)。

表6.15　某小区庭园绿化工程苗木表

序号	品种	规格	数量	备注
1	大王椰子	干1.5~2.0 m,地径30~35 cm	4	
		干2.0~2.5 m,地径35~40 cm	4	
2	垂榕柱	冠幅1.4 m×1.4 m,苗高3.2 m	41	

续表

序号	品种	规格	数量	备注
3	花叶大红花球	冠幅 1 m × 1 m	6	
4	朱蕉	7 斤盆	72	9/m²
5	幌伞枫	胸径 15 ~ 20 cm，苗高 4.5 ~ 5 m	3	
6	荷花玉兰	胸径 10 ~ 12 cm，苗高 3.8 ~ 4 m	3	
7	白皮细叶榕	胸径 25 ~ 30 cm，苗高 4 ~ 4.5 m	3	
8	红绒球	冠幅 1.2 m × 1.2 m	8	
9	金露花	3 斤袋苗	360	36/m²
10	美国槐	冠幅 1.5 m × 1.5 m	5	
11	大叶紫薇	胸径 7 ~ 8 cm，苗高 3.5 ~ 3.8 m	6	
12	细叶紫薇	冠幅 1.2 m × 1.2 m，苗高 1.2 ~ 1.5 mm	7	
13	双荚槐	5 斤袋	730	16/m²
14	水石榕	胸径 7 ~ 8 cm，苗高 2.5 ~ 3 m	2	
15	花叶良姜	5 斤袋	32	16/m²
16	桂花	苗高 1.2 ~ 1.6 m	8	四季桂
17	希美莉	5 斤袋	80	16/m²
18	古榕	胸径 70 ~ 80 cm，苗高 6 m	1	
19	山瑞香球	冠幅 1.2 m × 1.2 m	6	
20	细叶蚌花	3 斤袋苗	360	36/m²
21	万年麻	冠幅 0.6 m × 0.6 m	5	
22	霸王棕	自然高 1.5 ~ 2 m	3	
23	长春花	5 斤袋苗	160	16/m²
24	美国结缕草		765 m²	

表 6.16　某小区庭园绿化工程量计算表

序号	项目名称	规格			损耗	工程量计算	数量	单位	土球
		苗高/m	冠幅/cm	胸(地)径/cm					
乔木、棕榈植物									
1	大王椰	1.5 ~ 2.0		30 ~ 35	1.16	4 × 1.16	4.64	株	80
2	大王椰	2.0 ~ 2.5		35 ~ 40	1.16	4 × 1.16	4.64	株	90
3	垂榕柱	3.2	140 × 140		1.16	41 × 1.16	47.56		70
4	荷花玉兰	3.8 ~ 4		10 ~ 12	1.16	3 × 1.16	3.48		80

续表

序号	项目名称	规格			损耗	工程量计算	数量	单位	土球
		苗高/m	冠幅/cm	胸(地)径/cm					
5	白皮细叶榕	4～4.5		25～30	1.18	3×1.18	3.54		180
6	大叶紫薇	3.5～3.8		7～8	1.16	6×1.16	6.96		60
7	水石榕	2.5～3		7～8	1.16	2×1.16	2.32		60
8	古榕	6		70～80	1.18	1×1.18	1.18		200
9	霸王棕	1.5～2	(有形)		1.16	3×1.16	3.48		60
10	幌伞枫	4.5～5		15～20	1.18	3×1.18	3.54		100
灌木、地被植物									
11	花叶大红花球		100×100		1.14	6×1.14	6.84		50
12	朱蕉		7斤盆		1.06	72×1.06	76.32	盆	
						72/9	8	m²	
13	红绒球		120×120		1.14	8×1.14	9.12	株	60
14	金露花		3斤袋苗		1.06	360×1.06	381.6	袋	
						360/36	10	m²	
15	美国槐		150×150		1.14	5×1.14	5.7	株	60
16	细叶紫薇	1.2～1.5	120×120		1.12	7×1.12	7.84	株	40
17	双荚槐		5斤袋苗		1.06	730×1.06	773.8	袋	
						730/16	45.625	m²	
18	花叶良姜		5斤袋苗		1.06	32×1.06	33.92	袋	
						32/16	2	m²	
19	桂花	1.2～1.6	(四季桂)		1.14	8×1.14	9.12	株	50
20	希美莉		5斤袋苗		1.06	80×1.06	84.8	袋	
						80/16	5	m²	
21	山瑞香球		120×120		1.14	6×1.14	6.84	株	50
22	细叶蚌花		3斤袋苗		1.06	360×1.06	381.6	袋	
						360/36	10	m²	
23	万年麻		60×60		1.12	5×1.12	5.6	株	30
24	长春花		5斤袋苗		1.06	160×1.06	169.6	袋	
						160/16	10	m²	
25	美国结缕草				1.05	765×1.05	803.25	m²	
26	种植土球200 cm						1	株	

续表

序号	项目名称	规格			损耗	工程量计算	数量	单位	土球
		苗高/m	冠幅/cm	胸(地)径/cm					
27	种植土球 180 cm						3	株	
28	种植土球 100 cm						3	株	
29	种植土球 90 cm						4	株	
30	种植土球 80 cm					4 + 3	7	株	
31	种植土球 70 cm						41	株	
32	种植土球 60 cm					6 + 2 + 3	11	株	
33	种植土球 60 cm					8 + 5	13	株	
34	种植土球 50 cm					6 + 8 + 6	20	株	
35	种植土球 40 cm						7	株	
36	种植土球 30 cm						5	株	
37	混栽					8 + 10 + 45.625 2 + 5 + 10 + 10	91	m²	
38	种植草皮						765	m²	
39	保养土球 200 cm					3 + 1	4		
40	保养土球 100 cm					4 + 4 + 3 + 3	14		
41	保养土球 70 cm					41 + 6 + 2 + 3	52		
42	保养土球 50 ~ 60 cm					6 + 8 + 5 + 8 + 6	33		
43	保养土球 20 ~ 40 cm					7 + 5	12		
44	保养混栽						91	m²	
45	保养地被						765	m²	

表 6.17　定额分部分项工程费汇总表

序号	编制依据	项目名称及规格	单位	数量	基价	合价
		某小区庭院绿化工程				
		苗木费				
1	M 11021	垂叶柱,苗高 3.2 m,土球直径 70 cm,土球深度 70 cm	株	48.00	410.00	19 680.00
2	M 10087	荷花玉兰,胸径 10 ~ 12 cm,苗高 3.6 ~ 4 m,土球直径 80 cm,土球深度 180 cm	株	3.00	387.00	1 162.65
3	M 10028	白皮细叶榕,胸径 25 ~ 30 cm,苗高 4 ~ 4.5 m,土球直径 180 cm,土球深度 180 cm	株	4.00	12 000.00	48 000.00

续表

序号	编制依据	项目名称及规格	单位	数量	基价	合价
4	M 10105	大叶紫薇,胸径 7～8 cm,苗高 3.4～3.7 m,土球直径 60 cm,土球深度 60 cm	株	7.00	125.00	878.64
5	M 10089	水石榕,胸径 7～8 cm,苗高 2.5～3 m,土球直径 60 cm,土球深度 60 cm	株	2.00	142.00	284.00
6	M 1002	古榕,胸径 70～80 cm,苗高 6 m,土球直径 200 cm,土球深度 200 cm	株	1.00	2 000.00	20 000.00
7	M 1002	幌伞枫,胸径 15～20 cm,苗高 4.5～5 m,土球直径 100 cm,土球深度 100 cm	株	4.00	3 500.00	14 000.00
8	M 50004	大王椰子,净干高 1.1～1.5 m,地径 31～35 cm,土球直径 80 cm,土球深度 80 cm	株	5.00	1 024.00	5 123.95
9	M 50005	大王椰子,净干高 1.6～2.0 m,地径 36～40 cm,土球直径 90 cm,土球深度 90 cm	株	5.00	1 640.00	8 200.00
10	M 5002	霸王棕,净干高 1.2～2.0 m,土球直径 60 cm,土球深度 60 cm	丛	3.00	250.00	750.00
11	M 21222	花叶大红花球,苗高×冠幅 100 cm×100 cm	株	7.00	40.00	280.00
12	M 20031	红绒球,苗高×冠幅 120 cm×120 cm,土球直径 60 cm,土球深度 60 cm	株	9.00	50.00	450.00
13	M 20033	美国槐,苗高×冠幅 150 cm×150 cm,土球直径 60 cm,土球深度 60 cm	株	6.00	55.00	330.00
14	M 20057	细叶紫薇,苗高×冠幅 120 cm×120 cm,土球直径 40 cm,土球深度 40 cm	株	8.00	53.00	429.60
15	M 20034	四季桂花,苗高 120～160 cm,土球直径 180 cm,土球深度 180 cm	株	9.00	181.00	1 629.60
16	M 20011	山瑞香球,苗高×冠幅 120 cm×120 cm,土球直径 50 cm,土球深度 50 cm	株	7.00	93.84	656.88
17	M 2000	万年麻,苗高×冠幅 60 cm×60 cm,土球直径 30 cm,土球深度 30 cm	株	6.00	15.00	90.00
18	M 40002	朱蕉 7 斤花盆,苗高×冠幅 40 cm×40 cm	盆	76.00	4.00	304.00
19	M 22024	金露花,苗高 20～25 cm 3 斤袋	袋	382.00	1.35	515.70
20	M 2200	双荚槐,苗高 40～45 cm 3 斤袋	袋	774.00	1.80	1 393.20
21	M 42012	花叶良姜 3 枝以上 5 斤袋	袋	34.00	7.69	261.46
22	M 22011	希美丽,苗高 40～45 cm 5 斤袋	袋	85.00	3.04	258.40
23	M 42007	细叶蚌花,苗高 15～20 cm 3 斤袋	袋	382.00	1.17	446.94
24	M 2201	长春花　5 斤袋	袋	170.00	1.20	204.00
25	M 41004	马尼拉草（30×30) cm /件	m²	803.00	5.25	4 215.75
		[苗木费]直接费合计				129 544.41
		[种植费]				
1	E11-152	土球规格　（cm 内）200	100 株	0.01	42 943.88	429.43

续表

序号	编制依据	项目名称及规格	单位	数量	基价	合价
2	E11-151	土球规格　（cm 内）180	100 株	0.03	41 915.15	1 257.45
3	E11-147	土球规格　（cm 内）100	100 株	0.03	13 875.81	416.26
4	E11-146	土球规格　（cm 内）90	100 株	0.04	11 683.55	467.34
5	E11-145	土球规格　（cm 内）80	100 株	0.07	8 639.48	604.76
6	E11-144	土球规格　（cm 内）70	100 株	0.41	3 509.07	1 438.72
7	E11-143	土球规格　（cm 内）60	100 株	0.11	2 294.10	252.35
8	E11-157	土球规格　（cm 内）60	100 丛	0.13	2 645.17	343.87
9	E11-156	土球规格　（cm 内）50	100 丛	0.20	1 760.63	352.13
10	E11-155	土球规格　（cm 内）40	100 丛	0.07	1 213.27	84.93
11	E11-154	土球规格　（cm 内）30	100 丛	0.05	626.61	31.34
12	E11-164	栽植露地花卉　混栽花坛	100 m²	0.71	1 276.67	906.43
13	E11-163	栽植露地花卉　毛毡花坛	100 m²	0.20	1 170.07	234.01
14	E11-165	栽植露地花卉　铺草皮	100 m²	7.65	537.08	4 108.66
		[种植费]直接费合计				10 927.70
		[保养费]				
		[成活养护 3 个月]				
1	E11-182 换	土球规格　（直径:cm）200 内	100 株	0.04	5 042.94	201.72
2	E11-179 换	土球规格　（直径:cm）200 内	100 株	0.14	2 163.54	302.89
3	E11-178 换	土球规格　（直径:cm）70 内	100 株	0.52	1 437.23	747.36
4	E11-184 换	土球规格　（直径:cm）50 ~ 60	100 株	0.33	1 131.71	373.47
5	E11-183 换	土球规格　（直径:cm）20 ~ 40	100 株	0.12	947.15	113.65
6	E11-202 换	多品种图案花坛混栽人工灌溉	100 m²	0.71	936.20	664.69
7	E11-200 换	多品种图案花坛毛毡人工灌溉	100 m²	0.20	1 061.62	212.32
8	E11-203	地被　第 1 个月	100 m²	7.65	157.30	1 203.34
9	E11-204 换	地被　1 个月后	100 m²	7.65	210.94	1 613.69
		[成活养护 3 个月]直接费合计				5 433.13
		[保存养护 3 个月]				
1	E11-210 换	土球规格　（直径:cm）200 内	100 株	0.04	2 017.04	80.68
2	E11-207 换	土球规格　（直径:cm）100 内	100 株	0.14	865.22	121.12
3	E11-206 换	土球规格　（直径:cm）70 内	100 株	0.52	574.92	298.95
4	E11-212 换	土球规格　（直径:cm）50 ~ 60	100 株	0.33	436.21	143.96
5	E11-211 换	土球规格　（直径:cm）20 ~ 40	100 株	0.12	365.05	43.81

续表

序号	编制依据	项目名称及规格	单位	数量	基价	合价
6	E11-230 换	多品种图案花坛混栽人工灌溉	100 m²	0.71	374.77	266.09
7	E11-228 换	多品种图案花坛毛毡人工灌溉	100 m²	0.20	424.65	84.94
8	E11-231 换	地被	100 m²	7.65	118.31	905.08
		［保存养护 3 个月］直接费合计				1 944.64
		［保养费］直接费合计				7 377.77
		［庭院绿化工程］直接费合计				147 849.88
		［分部分项工程项目］直接费合计				147 849.88

表 6.18　人工、材料、机械价差表

序号	材料编号	材料名称及规格	产地、厂家	单位	数量	定额/元	编制价/元	价差/元	合价/元
		分部分项工程项目							
1	000001	一类工		工日	0.00	22.00	30.00	8.00	0.00
2	000002	二类工		工日	364.49	20.00	30.00	10.00	3 644.85
		人工［小计］							3 644.85
1	B2	荷花玉兰,胸径 7~8 cm,苗高 3.6~4.0 m,土球直径 60 cm,土球深度 60 cm		株	3	387.55	450.00	62.45	187.35
2	B5	水石榕,胸径 7~8 cm,苗高 3.4~3.7 m,土球直径 60 cm,土球深度 60 cm		株	2	142.03	180.00	37.97	75.94
3	B4	大叶紫薇,胸径 7~8 cm,苗高 3.1~3.5 m,土球直径 60 cm,土球深度 60 cm		株	7	125.52	150.00	24.48	171.36
4	B1	垂叶榕,苗高 2.7~3.0 m,圆柱形,土球直径 70 cm,土球深度 70 cm		株	48	410.00	300.00	-110.00	-5 280.00
5	B16	山瑞香,3 枝以上苗高×冠幅 120 cm×100 cm,土球直径 50 cm,土球深度 50 cm		株	7	93.84	80.00	-13.84	-96.88
6	B15	桂花 3 枝以上,苗高×冠幅 150 cm×100 cm,土球直径 50 cm,土球深度 50 cm		株	9	181.02	130.00	-51.02	-459.18

续表

序号	材料编号	材料名称及规格	产地、厂家	单位	数量	定额/元	编制价/元	价差/元	合价/元
7	B14	细叶紫薇3枝以上,苗高×冠幅150 cm×100 cm,土球直径80 cm,土球深度40 cm		株	8	53.70	45.00	-8.70	-69.60
8	B22	希美利,苗高40~45 cm,5斤袋		袋	85	3.04	1.80	-1.24	-105.40
9	290150	熟耕土		m³	45.76	58.50	70.00	11.50	526.24
10	B25	马尼拉草(30×30)cm/件		m²	803	5.25	5.10	-0.15	-120.45
11	B23	细叶蚌花,苗高15~20 cm,3斤袋		袋	382	1.17	0.80	-0.37	-141.34
12	B21	花叶良姜,3枝以上,5斤袋		袋	34	7.69	5.00	-2.69	-91.46
13	B8	大王椰子,净干高1.1~1.5 m,地径31~35 cm,土球直径80 cm,土球深度80 cm		株	5	1 024.79	400.00	-624.79	-3 123.95
14	B9	大王椰子,净干高1.6~2.0 m,地径36~40 cm,土球直径90 cm,土球深度90 cm		株	5	1 064.00	600.00	-1 040.00	-5 200.00
15	B19	金露花,苗高20~25 cm,3斤袋		袋	382	1.35	0.70	-0.65	-248.30
		材料[小计]							-13 975.6
1	903028	汽车式起重机,提升重量8 t		台班	3.24	408.64	425.84	17.20	55.70
2	904043	洒水车,罐容量4 000 L		台班	8.58	258.67	266.67	8.00	68.60
		机械[小计]							124.30
		[合计]							-10 206.5
		[庭园绿化工程]合计							-10 206.5

表 6.19　工程总价表

序号	名称	计算办法	费率/%	金额/元
1	分部分项工程费	[1.1]+[1.2]		137 643.37
1.1	定额分部分项工程费			147 849.88
1.1.1	其中人工费			7 289.69
1.2	价差	[1.2.1]+[1.2.2]+[1.2.3]		−10 206.52
1.2.1	人工差			3 644.85
1.2.2	材料差			−13 975.67
1.2.3	机械差			124.30
2	分部分项工程利润(20%~35%)	[1.1.1]+[1.2.1]	27.50	3 007.00
3	措施项目费	[3.1]+[3.2]+[3.3]+[3.4]		3 344.72
3.1	定额措施项目费			0.00
3.1.1	其中人工费			0.00
3.2	价差	[3.2.1]+[3.2.2]+[3.2.3]		0.00
3.2.1	人工差			
3.2.2	材料差			
3.2.3	机械差			
3.3	措施项目利润(20%~35%)	[3.1.1]+[3.2.1]	27.50	0.00
3.4	措施其他项目费	[3.4.1]+[3.4.4]		3 344.72
3.4.1	临时设施费(1.00%~1.60%)	[1]	1.30	1 789.36
3.4.2	工程保险费(0.02%~0.04%)	[1]	0.03	41.29
3.4.3	工程保修费	[1]	0.10	137.64
3.4.4	预算包干费(0~2%)	[1]	1.00	1 376.43
4	其他项目费			0.00
5	规费	[5.1]+[5.2]+[5.3]+[5.4]		6 753.38
5.1	社会保险费	[1]+[2]+[3]+[4]	3.31	4 766.24
5.2	住房公积金	[1]+[2]+[3]+[4]	1.28	1 843.14
5.3	工程定额测定费	[1]+[2]+[3]+[4]	0.10	144.00
5.4	工程排污费(工程发生,按0.33%计算)	[1]+[2]+[3]+[4]	0.00	0.00
6	不含税工程造价	[1]+[2]+[3]+[4]+[5]		150 748.47
7	防洪工程维护费	[6]	0.13	195.97
8	税金	[6]	3.41	5 140.52
9	含税工程造价	[6]+[7]+[8]		156 084.96

6.6.2 花架廊绿化工程预算实例

下文为某小区花架廊工程预算书,结构图见图 6.2 至图 6.11。

[封面]

定额计价

建　设　单　位:_____(略)_____

投标总价(小写): 16 859.08 元

（大写）: 壹万陆仟捌佰伍拾玖元零捌分

投　标　人:_____(略)_____（单位盖章签字）

法定代表人:_____(略)_____（盖章签字）

编　制　时　间:_____(略)_____

编制说明

1.　工程概况

1.1　建筑面积:21.22 m²。

1.2　结构形式:钢筋混凝土。

1.3　装饰标准。

1.3.1　地面:混凝土地台、面白色磨水石米。

1.3.2　柱面:面白色磨水石米、梁面批水泥砂、梁面花架条、面扫白灰水、白色磨水石米平凳。

1.3.3　柱面浅黄色水磨石、梁面白色水磨石、天花纸筋灰批挡、檐口线批水泥砂浆、扫乳胶漆。

2.　编制依据

2.1　执行 2008 年国家《建设工程工程量清单计价规范》、2006 年《××省园林建筑绿化工程计价办法》。

2.2　以工程计价案例——花架廊工程设计图纸为依据。

2.3　参照 2006 年《××省园林建筑绿化工程综合定额》进行报价。

2.4　主要人工、材料、机械台班单价参照×××市 2003 年第二季度价格。

2.5　规费、措施项目费:按 2006 年《××省园林建筑绿化工程计价办法》规定计算。

2.6　防洪工程维护费:按 0.13% 计算。

2.7　税金:按 3.14% 计算。

2.8　施工噪声排污费、工程排污费和环境保护费暂不考虑。

3.　其他说明

3.1　本案例钢筋的工程量暂按建筑面积以 50 kg/m² 计算,其中 φ10 内圆钢按占总量 0.5% 计算,φ12~φ25 内的螺纹钢按占总量 77.5% 计算,φ10 内的箍筋圆钢按占总量的 22% 计算。

3.2　土方外运的运距按 10 km 考虑。

3.3　所有混凝土按现场搅拌机搅拌考虑。

工程总价表

序号	名称	计算办法	费率/%	金额/元	备注
1	分部分项工程费	[1.1] + [1.2]		11 818.79	
1.1	定额分部分项工程费			9 952.34	
1.1.1	其中人工费			2 812.20	
1.2	价差	[1.2.1] + [1.2.2] + [1.2.3]		1 866.46	
1.2.1	人工差			654.94	
1.2.2	材料差			1 185.52	
1.2.3	机械差			26.00	
2	分部分项工程利润(20%~35%)	[1.1.1] + [1.2.1]	27.5	1 099.37	
3	措施项目费	[3.1] + [3.2] + [3.3] + [3.4]		2 640.98	
3.1	定额措施项目费			1 820.59	
3.1.1	其中人工费			613.02	
3.2	价差	[3.2.1] + [3.2.2] + [3.2.3]		280.33	
3.2.1	人工差			306.43	
3.2.2	材料差			-28.30	
3.2.3	机械差			2.20	
3.3	措施项目利润(20%~35%)	[3.1.1] + [3.2.1]	27.5	252.85	
3.4	措施其他项目费	[3.4.1] + [3.4.5]		281.29	
3.4.1	临时设施费(1.00%~1.60%)	[1]	1.3	153.64	
3.4.2	文明施工措施费(0.02%~0.05%)	[1]	0	0.00	
3.4.3	工程保险费(0.02%~0.04%)	[1]	0.03	3.55	
3.4.4	工程保修费	[1]	0.05	5.91	
3.4.5	预算包干费(0~2%)	[1]	1	118.19	

序号	名称	计算办法	费率/%	金额/元	备注
4	其他项目费			0.00	
5	规费	[5.1]+[5.2]+[5.3]+[5.4]		729.44	
5.1	社会保险费	[1]+[2]+[3]+[4]	3.31	514.81	
5.2	住房公积金	[1]+[2]+[3]+[4]	1.28	199.08	
5.3	工程定额测定费	[1]+[2]+[3]+[4]	0.1	15.55	
5.4	工程排污费	[1]+[2]+[3]+[4]	0	0.00	
6	不含税工程造价	[1]+[2]+[3]+[4]+[5]		16 282.67	
7	防洪工程维护费	[6]	0.13	21.17	
8	税金	[6]	3.41	555.24	
9	含税工程造价	[6]+[7]		16 859.08	

定额分部分项工程费汇总表

工程名称:花架廊工程　　　　　　　　　　　　　　　　　　　第1页　共1页

序号	定额号	名称及说明	单位	数量	基价/元	合价/元
		[分部分项工程项目]				
1	E1-7	挖基础土方	10 m³	1.36	115.81	157.50
2	E1-11	平整场地	10 m²	4.24	12.29	52.11
3	E1-15	回填夯实	10 m³	0.88	57.25	50.38
4	E1-88 换	人工装自卸汽车运土石方　土方　运距10 km	10 m³	0.47	154.52	72.62
5	E4-55	1:3:6碎砖三合土垫层	m³	0.59	137.65	81.21
6	E4-20	现场搅拌混凝土(搅拌机)碎石最大粒径20 mm C15	m³	1.56	184.64	288.03
7	E4-48	混凝土基础　浇捣	m³	1.54	26.01	40.06
8	E4-21	现场搅拌混凝土(搅拌机)碎石最大粒径20 mm C20	m³	10.28	193.03	1 984.35
9	E4-52	基础梁　浇捣	m³	1.97	22.78	44.87
10	E4-50	柱　浇捣	m³	1.25	48.15	60.20
11	E4-53	矩形梁　浇捣	m³	1.12	27.87	31.32
12	E4-69 换	地坪　厚度15 cm	10 m²	3.27	74.79	244.56
13	E4-71	预制花架条制作	m³	0.80	74.03	59.23
14	E4-74	预制花架条安装	m³	0.8	126.02	100.82
15	E4-78	现浇构件圆钢 φ10 内	t	0.006	2 766.16	16.60

续表

序号	定额号	名称及说明	单位	数量	基价/元	合价/元
16	E4-81	现浇构件螺纹钢 φ25 内	t	0.702	2 889.00	2 028.09
17	E4-82	现浇构件箍筋 φ10 内	t	0.188	2 865.39	538.70
18	E4-93	预制构件钢筋　螺纹钢 φ25 内	t	0.126	2 889.65	364.09
19	E4-94	预制构件钢筋　箍筋 φ8 内	t	0.046	2 874.09	132.21
20	E8-18	地台面白色水磨石	10 m²	3.27	389.52	1 273.73
21	E8-21	地台边线白色水磨石	10 m²	0.42	538.21	226.05
22	E8-139 换	圆柱面　白色水磨石	10 m²	1.33	555.47	738.77
23	E8-100	梁面　批水泥砂	10 m²	2.36	60.33	142.37
24	E8-344	梁面扫白灰水	10 m²	2.36	7.27	17.16
25	E8-344	花架条面扫白灰水	10 m²	3.32	7.27	24.14
26	E10-60	白色水磨石飞来椅　现浇	10 m	0.77	1 536.59	1 183.19
		[分部分项工程项目]直接费合计				9 952.34

措施项目费汇总表

工程名称:花架廊工程

第 1 页　共 1 页

序号	定额号	名称及说明	单位	数量	基价/元	合价/元
		[措施项目]				
		[模板工程]				
1	E13-3	独立基础模板	10 m²	0.77	187.21	144.16
2	E13-8	矩形柱模板(周长 m)1.2 以内	10 m²	0.77	173.52	133.61
3	E13-11	圆形柱模板	10 m²	1.33	368.68	490.35
4	E13-16	矩形梁(梁宽 cm)20 内	10 m²	1.92	220.06	422.51
5	E13-38	花架条模板	m³	0.80	267.69	214.14
		[模板工程]直接费合计				1 404.78
		[脚手架工程]				
	E14-5	单排脚手架　高度 10 m 以内	10 m²	17.80	23.36	415.81
		[脚手架工程]直接费合计				415.81
		[措施项目]直接费合计				1 820.59

措施项目费分析表

工程名称:花架廊工程　　　　　　　　　　　　　　　　　　　　　第 1 页　共 1 页

序号	措施项目名称	单位	数量	金额/元					
				人工费	材料费	机械费	管理费	利润	小计
1	[模板工程]	项	1						1 795.62
1.1	独立基础模板	10 m²	0.77	6.96	11.22	1.23	1.37	1.91	174.71
1.2	矩形柱模板　(周长 m)1.2 以内	10 m²	0.77	7.92	9.22	1.23	1.52	2.18	169.94
1.3	圆形柱模板	10 m²	1.33	12.60	23.78	1.53	2.34	3.46	581.34
1.4	矩形梁　(梁宽 cm)20 以内	10 m²	1.92	9.87	11.79	1.51	1.90	2.71	533.38
1.5	梁柱及花架条	m³	0.8	254.1	53.23	2.02	41.08	69.88	336.25
2	脚手架工程	项	1						567.82
2.1	单排脚手架　高度(m 以内)10	10 m²	17.8	1.37	1.12	0.17	0.15	0.38	567.82
	小计								2 363.44

其他项目费汇总表

工程名称:花架廊工程　　　　　　　　　　　　　　　　　　　　　第 1 页　共 1 页

序号	名称及说明	单位	金额/元	备注

零星工作项目计价表

工程名称:花架廊工程　　　　　　　　　　　　　　　　　　　　第1页　共1页

序号	名称	计量单位	数量	综合单价	合价

（金额/元）表头下分"综合单价"与"合价"两列。

人工、材料、机械价差表

工程名称:花架廊工程　　　　　　　　　　　　　　　　　　　　第1页　共2页

序号	材料编号	材料名称及规格	产地、厂家	单位	数量	定额/元	编制价/元	价差/元	合价/元
	—	[分部分项工程项目]							
1	000001	一类工		工日	86.72	22.00	30.00	8.00	693.74
2	000002	二类工		工日	33.34	20.00	30.00	10.00	333.40
3	000003	三类工		工日	13.20	18.00	30.00	12.00	158.38
		人工[小计]							1 185.52
1	010001	圆钢 ϕ10 以内		t	0.276	2 352.25	2 941.17	588.92	162.31
2	010005	螺纹钢 ϕ10 ~ ϕ25		t	0.865	2 505.26	3 111.57	606.31	524.62
3	030003	松杂原木(综合) ϕ100 ~ ϕ280		m³	0.01	584.31	612.62	28.31	0.18
4	030012	松杂木枋板材(周转材,综合)		m³	0.11	1 095.23	1045.18	−50.05	−5.40
5	040002	32.5(R)水泥		t	4.663	279.95	288.46	8.51	39.69
6	040009	32.5(R)白水泥		t	0.728	535.98	597.52	61.54	44.78

续表

序号	材料编号	材料名称及规格	产地、厂家	单位	数量	定额/元	编制价/元	价差/元	合价/元
7	050068	石灰		t	0.104	131.01	132.60	1.59	0.17
8	050086	中沙		m³	9.25	26.36	28.56	2.20	20.35
9	050089	碎石 10 mm		m³	0.24	56.45	54.06	-2.39	-0.58
10	050090	碎石 20 mm		m³	10.30	68.19	53.55	-14.64	-150.80
11	050102	白石米		t	0.974	174.17	191.77	17.60	17.13
12	140024	镀锌铁丝 φ0.7		kg	4.44	3.59	4.15	0.56	2.49
		材料[小计]							654.94
1	904002	载货汽车 装载重量4 t		台班	0.03	193.42	201.42	8.00	0.26
2	904004	载货汽车 装载重量6 t		台班	0.21	247.18	255.18	8.00	1.71
3	904039	机动翻斗车 装载重量[1](t)		台班	0.12	80.34	88.34	8.00	0.96
4	904052	人力胶轮车 载重量2 t以内		台班	0.19	122.90	166.10	43.20	8.19
5	905009	电动卷扬机(单筒慢速)牵引力 50 kN		台班	0.08	69.95	77.95	8.00	0.61
6	906002	滚筒式混凝土搅拌机(电动)出料容量 400 L		台班	0.73	83.92	93.92	10.00	7.34
7	906024	灰浆搅拌机拌筒容量 200 L		台班	0.38	41.01	49.01	8.00	3.04

人工、材料、机械价差表

工程名称:花架廊工程

第2页 共2页

序号	材料编号	材料名称及规格	产地、厂家	单位	数量	定额/元	编制价/元	价差/元	合价/元
8	907002	钢筋切断机,直径40 mm		台班	0.13	40.40	40.40	0.00	
9	907003	钢筋弯曲机,直径40 mm		台班	0.44	22.09	22.09	0.00	
10	909014	交流电焊机(综合)		台班	0.41	89.36	97.36	8.00	3.27
11	909018	对焊机,容量75 kV·A		台班	0.08	140.95	148.95	8.00	0.62
		机械[小计]							26.00
		[合计]							1 866.46

续表

序号	材料编号	材料名称及规格	产地、厂家	单位	数量	定额/元	编制价/元	价差/元	合价/元
	—	[措施项目]							
1	000001	一类工		工日		22.00	30.00	8.00	
2	000002	二类工		工日	30.64	20.00	30.00	10.00	306.43
		人工[小计]							306.43
1	030012	松杂木枋板材(周转材,综合)		m³	0.60	1 095.23	1 045.18	−50.05	−30.14
2	140010	铁件		kg	1.68	3.40	4.50	1.10	1.84
		材料[小计]							−28.30
1	904004	载货汽车 装载重量6 t		台班	0.27	247.18	255.18	8.00	2.20
		机械[小计]							2.20
		[合计]							280.33
		[花架廊工程]合计							2 146.79

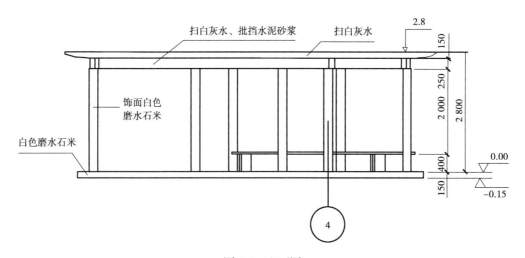

图 6.2　立面图

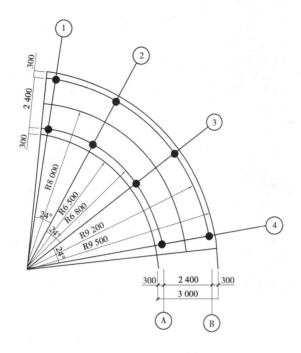

图 6.3 平面图

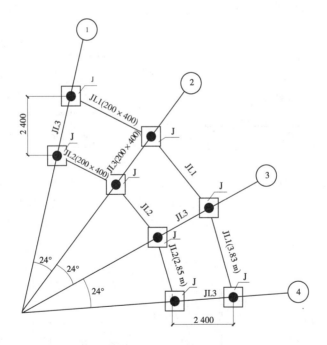

图 6.4 基础平面图

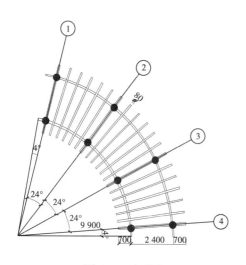

图 6.5　天面图

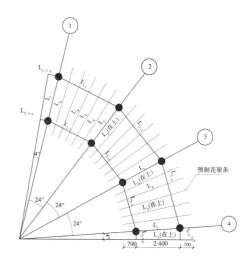

图 6.6　天面结构图

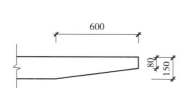

图 6.7　L_A 尺寸

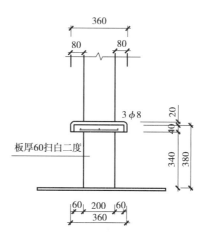

图 6.8　凳大样

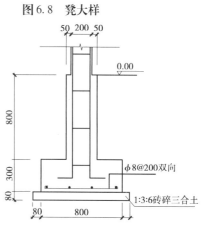

图 6.9　柱大样图　　　　图 6.10　JL 大样图　　　　图 6.11　基础大样

说明:1. 单位:mm(除注明外);

　　　2. 混凝土强度等级除柱基为 C15 外,其余均为 C20;

　　　3. L_A 为预制花架条,面扫白灰水;

　　　4. 梁面批挡水泥砂浆,扫白灰水;

　　　5. 圆柱、地台及边线白色磨水石米;

　　　6. 梁截面 $L_1,L_2 = 150 \times 250$

　　　　　　　$L_{1\text{-}1,2,3} = 150 \times 250$

　　　　　　　$L_{2\text{-}1,2,3} = 150 \times 250$

　　　　　　　$L_A = 80 \times 150$

　　　　　　　$L_{1\text{-}1\text{-}p},L_{1\text{-}3\text{-}p} = 150 \times 250$

　　　　　　　$L_{2\text{-}1\text{-}p},L_{2\text{-}3\text{-}p} = 150 \times 250$

复习思考题

　1. 叙述园林工程施工图预算费用的组成。

　2. 简述园林工程施工图预算编制的依据和程序。

　3. 试述园林工程施工图预算各项取费的计算方法。

　4. 工程造价的计算程序。

实验实训

编制园林工程施工图预算模拟训练

1. 目的要求

　　通过组织学生进行园林绿化工程和景观工程施工图预算的模拟,熟悉园林建筑绿化工程量的计算,能分析园林工程各项费用的组成及相互关系,掌握施工图预算编制的依据与步骤。

2. 实训工具与用品

　　笔、纸、计算器、园林施工图纸与设计说明、园林工程预算定额书、取费标准、材料信息价等。

3. 内容与方法

　　(1)园林工程量的计算。

　　(2)园林工程预算定额与费用定额的查阅与运用。

　　(3)编制园林工程施工图预算文件。

4. 步骤和方法

　　(1)搜集编制工程预算各类依据资料。

　　(2)熟悉施工图纸和施工说明书。

　　(3)熟悉施工组织设计和了解现场情况。

　　(4)学习并掌握工程预算定额及其有关规定。

　　(5)确定工程项目计算工程量。

（6）编制工程预算书。

①正确套用定额并计算定额直接费和人工、材料用量。

②计算出其他直接费、间接费、利润和税金等，最后汇总出工程总造价。

（7）编写"工程预算书的编制说明"，填写工程预算书的封面。

（8）复核、装订、签章及审批。

5. 实训报告

按照格式要求编制一份完整的园林工程施工图预算。

7 园林工程量清单计价

7.1 概　述

　　在市场经济条件下,传统的定额计价模式适应不了形势发展的需要,也保证不了投资方控制成本的需要,更满足不了向国际接轨的需要。招标投标制的建立,工程造价计价模式的改革得到了不断深化和发展。我国于 2001 年 12 月 1 日起施行《建筑工程施工发包与承包计价管理办法》,迈出了推行工程量清单计价模式的重要一步。随后又于 2002 年 1 月 1 日实行《全国建筑装饰装修工程量清单计价暂行办法》。2003 年 7 月 1 日实施了《建设工程工程量清单计价规范》(GB 50500—2003),在此基础上进行了修编,2008 年 12 月 1 日开始实施《建设工程工程量清单计价规范》(GB 50500—2008),修编了不尽合理、可操作性不强的条款及表格格式,特别是增加了采用工程量清单计价如何编制工程量清单和招标控制价、投标报价、合同价款约定以及工程计量与价款支付、工程价款调整、索赔、竣工结算、工程计价争议处理等内容,并增加了条文说明等一系列的措施,使工程量清单管理模式得到进一步完善。为了满足和规范市场,国家住房和城乡建设部门在 2003 版和 2008 版规范的基础上,针对实施过程中存在的一些实际问题,编制了 2013 版《建设工程工程量清单计价规范》(GB 50500—2013,以下简称《清单计价规范》)。2013 版规范的出台将解决工程项目中实际存在的问题,如:对项目特征描述不符、清单缺项、承包人报价浮动率、提前竣工(赶工补偿)、误期补偿等实际问题提供了依据。

7.1.1　工程量清单简介

1)工程量清单概念

　　工程量清单是表现拟建工程的分部分项工程项目、措施项目、其他项目名称和相应数量的明细清单,是由招标人按照《建设工程工程量清单计价规范》附录中统一的项目编码、项目名称、计量单位和工程量计算规则进行编制,包括分部分项工程量清单、措施项目清单、其他项目清单。工程量清单是合同文件之一,它反映出每一个相对独立项目内容和概算数量,通常以个体工程为对象,按分部分项工程列出工程数量。

2)工程量清单的产生

　　工程量清单是依据招标文件规定、施工设计图纸、施工现场条件和国家制订的统一工程量计算规则、分部分项工程的项目划分规则、计量单位及其有关法定技术标准,计算出的构成工程实体各分部分项工程的、可提供编制标底和投标报价的实物工程量的汇总清单。工程量清单是编制招标工程标底和投标报价的依据,也是支付工程进度款和办理工程结算、调整工程量以及工程索赔的依据。

　　工程量清单是在 19 世纪 30 年代产生的,西方国家把计算工程量、提供工程量清单专业化作为业主估价师的职责,所有的投标都要以业主提供的工程量清单(SMM)从而使得最后的投标结果具有可比性。1992 年英国出版了标准的工程量计算规则(SMM),在英联邦国家中被广泛使用。我国现正在与国际惯例接轨,2001 年 10 月 25 日建设部第四十九次常务会议审议通过,自 2001 年 12 月 1 日起施行《建筑工程施工发包与承包计价管理办法》,从 2003 年 7 月 1 日起施行《建设工程工程量清单计价规范》(GB 50500—2003)。历经两次修编,目前实施的是 2012 年 12 月 25 日发布的《建设工程工程量清单计价规范》(GB 50500—2013)。

3)工程量清单的作用

　　①工程量清单是编制招标工程标底和投标报价的依据。工程量清单为编制工程标底、投标报价提供了共同的基础。

　　②工程量清单是调整工程量、支付工程进度款的依据。在施工过程中,可参考工程量清单确定工程量的增减和支付阶段进度款。

　　③工程量清单是办理工程结算及工程索赔的依据。在办理工程结算或工程索赔时,可参考工程量清单单价来计算。

7.1.2　工程量清单计价简介

1)工程量清单计价的概念

　　工程量清单管理模式的内涵是"量价分离",充分体现市场竞争机制,是国际上通用的工程计价模式,不同于我国过去一直沿用的定额计价模式。工程量清单计价,是建设工程招标投标中,招标人按照国家统一的工程量计算规则提供工程量清单,投标人依据工程量清单、拟建工程的施工方案,结合自身实际情况并考虑风险后自主报价的工程造价计价模式。工程量清单由具有工程量清单编制能力的招标人或受其委托的具有相应资质的工程造价咨询机构及具有工程量清单编制能力的招标代理机构进行编制,投标报价由投标人编制。这与以往做法完全不同,是由两个不同的行为人分阶段操作,从程序上规范了工程造价的形成过程。

推行工程量清单计价办法,其目的就是由招标人提供工程量清单,由投标人对工程量清单复核,结合企业管理水平、技术装备、施工组织措施等,依照市场价格水平、行业成本水平及所掌握的价格信息,由企业自主报价。通过工程量清单的统一提供,使构成工程造价的各项要素如人工费、材料费、机械费、管理费、措施费、利润等的最终定价权交给了企业。同时,也向企业提出了更高的要求,企业要获得最佳效益,就必须不断改进施工技术,资源合理调配,降低各种消耗,更新观念,不断提高企业的经营水平,并且要求企业不断挖掘潜力,积极采用新技术、新工艺、新材料,努力降低成本。

2) 实行工程量清单计价的意义

(1)实行工程量清单计价,是工程造价深化改革的产物   长期以来,工程预算定额是我国发、承包计价,定价的主要依据。现行预算定额中规定的消耗量是按社会平均水平编制的,以此为依据形成的工程造价基本上属于社会平均价格,这种平均价格可作为市场竞争的参考价格,但不能反映参与竞争企业的实际消耗和管理水平,在一定程度上限制了企业的公平竞争。20世纪90年代国家提出了"控制量、指导价、竞争费"的改革措施,将工程预算定额中的人工、材料、机械的消耗量和相应的单价分离,国家控制量以保证质量,价格逐步走向市场化,这一措施走出了向传统工程预算定额改革的第一步,在我国社会主义市场经济初期起到了积极的作用。但随着建设市场化进程的发展,这种做法仍然难以改变工程预算定额中国家指令性内容较多的状况,难以满足招标投标和评标的需求,其根源是控制量反映的是社会平均消耗水平,不能准确地反映各施工企业的实际消耗量,不能全面地体现企业技术装备水平、管理水平和劳动生产率,不能体现市场公平竞争的原则。因此改变以往工程预算定额的计价模式,适应招标投标的需要,推行工程量清单计价办法十分必要。

(2)实行工程量清单计价,是工程造价改革与国际接轨的需要   随着我国加入WTO,我国的经济融入世界经济一体化的进程不断加快,我们将面临开放的国际市场竞争,对工程造价管理而言,面临改革和创新。工程量清单计价将是我国工程造价计价工作逐步实现"政府宏观调控、企业自主报价、市场形成价格"目标的重要手段之一。同时有利于提高国内建设各方主体参与国际化竞争的能力。

(3)营造了平等竞争、优胜劣汰的环境   所有的投标单位根据由招标单位出具建设项目的工程量清单,在工程量一样的前提下,按照统一的规则(统一的编码、统一的计量单位、统一的工程量计算规则、统一的工程内容),根据企业管理水平和技术能力,充分考虑市场和风险因素,并根据投标竞争策略进行自主报价。企业自主报价是企业综合实力和管理水平的真正较量。

(4)实现了量价分离、风险共担   工程量清单计价本质上是单价合同的计价模式。首先,它反映"量价分离"的真实面目,"量由招标人提,价由投标人报";其次,有利于实现工程风险的合理分担。建设工程一般都比较复杂,建设周期长,工程变更多,因而建设的风险比较大,采用工程量清单计价,投标人只对自己所报单价负责,而工程量变更的风险由业主承担,这种格局符合风险合理分担与责权利关系对等的一般原则。

(5)促进了企业管理水平的提高   因为工程量清单计价反映的是工程的个别成本,而不是社会的平均成本,所以,投标企业在报价过程中,必须通过对单位工程成本、利润进行分析、统筹考虑、精心选择施工方案,并根据企业自身的情况合理确定人工、材料、机械等要素的投入与配置,优化组合,确定投标价。这就要求投标企业提高施工的管理水平,改善施工技术条件,注重市场信息的搜集和施工资料的积累,提高企业的管理水平。同时,因为招标单位要提供准确的工程量,将促进招标单位逐步提高自身的管理水平。

(6)规范建设市场秩序 采用工程量清单招标,工程量是公开的,提高了透明度,为投标人提供一个共同的起点。同时,标底的主要作用是控制中标价不能突破工程概算,而在评标过程中并不像现行的招投标那样重要,甚至有时不编制标底。这样将避免工程招标中的弄虚作假、暗箱操作、盲目压价等不规范行为,从根本上消除了标底的准确性和标底泄漏所带来的负面影响,有利于净化建筑市场,促进了建筑市场的健康发展。

3)工程量清单计价的应用范围

实行工程量清单计价招标投标的建设工程,其招标标底、投标报价的编制、合同价款的确定与调整、工程结算与索赔反索赔均应按《清单计价规范》执行。

建设工程招标投标活动实行工程量清单计价,是指招标人公开提供工程量清单,投标人依据该工程量清单自主报价,或招标人编制标底,双方签订合同价款,工程竣工结算等活动。显然,工程量清单是招标文件的重要的不可分割的一部分。工程量清单也是编制投标报价的主要依据之一。

(1)应用工程量清单计价编制招标与标底价文件 采用工程量清单招标,是指由招标单位提供统一招标文件(包括工程量清单),投标单位以此为基础,根据招标文件中的工程量清单和有关要求、施工现场实际情况及拟定的施工组织设计,按企业定额或参照建设行政主管部门发布的现行消耗量定额以及造价管理机构发布的市场价格信息进行投标报价,招标单位择优选定中标人的过程。一般来说,工程量清单招标的程序主要有以下几个环节:

①在招标准备阶段,招标人首先编制或委托有资质的工程造价咨询单位(或招标代理机构)编制招标文件,包括工程量清单。在编制工程量清单时,若该工程"全部使用国有资金投资或国有资金投资为主的大中型建设工程"应严格执行建设部颁发的《建设工程工程量清单计价规范》规定。

②工程量清单编制完成后,作为招标文件的一部分,发给各投标单位。投标单位在接到招标文件后,可对工程量清单进行简单的复核,如果没有大的错误,即可进行工程报价;如果投标单位发现工程量清单中工程量与有关图纸的差异较大,可要求招标单位进行澄清,但投标单位不得擅自变动工程量。

③投标报价完成后,投标单位在约定的时间内提交投标文件。

④评标委员会根据招标文件确定的评标标准和方法进行评定标。由于采用清单计价方法,所有投标单位都站在同一起跑线上,因而竞争更为公平合理。

(2)应用工程量清单计价编制投标报价文件 投标单位根据招标文件及有关计价办法,计算出投标报价,并在此基础上研究投标策略,提出更有竞争力的报价。可以说,投标报价对投标单位竞标的成败和将来实施工程的盈亏起着决定性的作用。

①应用工程量清单计价编制投标报价文件的方法。采用工程量清单招标后真正有了报价的自主权,但企业在合理发挥自身优势自主定价时,投标报价应根据招标文件中的工程量清单和有关要求、施工现场实际情况及拟定的施工方案或施工组织设计,依据企业定额和市场价格信息,或参照建设行政主管部门发布的社会平均消耗量定额进行编制。

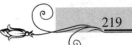

②应用工程量清单计价投标报价的程序。建筑工程投标的程序是:取得招标信息→准备资料报名参加→提交资格预审资料→通过预审得到招标文件→研究招标文件→准备与投标有关所有资料→实地考察工程场地并对招标人进行考查→确定投标策略→核算工程量清单→编制施工组织设计及施工方案→计算施工方案工程量→采用多种方法进行询价→计算工程综合单价→确定工程成本价→报价分析决策及确定最终报价→编制投标文件→投送投标文件→参加开标会议。

(3)应用工程量清单计价进行开标、评标与定标活动 在工程招投标活动中,开标、评标与定标是保证招投标工作成功的重要环节,是最终确定最优秀最合适的承包商的关键,是顺利进入工程实施阶段的保证。

开标,是指招标人将所有投标人的投标文件启封揭晓。开标应在招标文件确定的提交投标文件截止时间的同一时间和招标文件(投标通告)确定的地点公开进行。开标由招标人主持,邀请所有投标人参加。开标时,应依次当众宣读投标人名称、投标价格、有无撤标情况以及招标单位认为其他合适的内容。投标单位法定代表人或授权代表未参加开标会议的视为自动弃权。评标,是指由招标人依法组建的评标委员会负责选择中标人的活动。

(4)应用工程量清单计价编制施工合同 招标人与中标人应自中标通知书发出之日起30日内,按照招标文件和中标人的投标文件订立书面合同。

①施工合同的主要条款。施工合同的内容,包括工程范围、建设工期、中间交工工程的开工和竣工时间、工程质量、工程造价、技术资料交付时间、材料和设备供应责任、拨款和结算、竣工验收、质量保修范围和质量保证期、双方相互合作等条款。

②工程量清单与施工合同主要条款的关系。

a.工程量清单是合同文件的组成部分。施工合同不仅仅指发包人和承包人的协议书,它还应包括与建设项目施工有关的资料和施工过程中的补充、变更文件。《清单计价规范》颁布实施后,工程造价采用工程量清单计价模式的,其施工合同也即通常所说视为"工程量清单合同"或"单价合同"。对于招标工程而言,工程量清单是合同的组成部分。非招标的建设项目,其计价活动也必须遵守《清单计价规范》,作为工程造价的计算方式和施工履行的标准之一,其合同内容也必须涵盖工程量清单。因此,无论招标还是非招标的建设工程,工程量清单都是施工合同的组成部分。

b.工程量清单是计算合同价款和确认工程量的依据。工程量清单中所列的工程量是计算投标价格、合同价款的基础,承发包双方必须依据工程量清单所约定的规则,最终计量和确认工程量。

c.工程量清单是计算工程变更价款和追加合同价款的依据。工程施工过程中,因设计变更或追加工程量影响工程造价时,合同双方应依据工程量清单及合同其他约定调整合同价格。

d.工程量清单是支付工程进度款和竣工结算的计算基础。工程施工过程中,发包人应按照合同约定和施工进度支付工程款,依据已完项目工程量和相应单价计算工程进度款。工程竣工验收通过,承发包人应按照合同约定办理竣工结算,依据工程量清单约定的计算规则和竣工图纸对实际工程进行计量,调整工程量清单中的工程量,并依此计算工程结算价款。

e.工程量清单是索赔的依据之一。在合同履行过程中,对于并非自己的过错,而是应由对方承担责任的情况造成的实际损失,合同一方可向对方提出经济补偿和(或)工期顺延的要求,即"索赔"。当一方向另一方提出索赔要求时,要有正当索赔理由,且有索赔事件发生时的有效

证据,工程量清单作为合同文件的组成部分也是索赔的理由和证据。当承包人按照设计图纸和技术规范进行施工,其工作内容是工程量清单所不包含的,则承包人可以向发包人提出索赔;当承包人履行的工作内容不符合工程量清单要求时,发包人可以向承包人提出反索赔要求。

(5)应用工程量清单计价编制工程价款的结算　工程价款的结算是指承包商在工程实施过程中,依据承包合同中关于付款条款的规定和已经完成的工程量,并按照规定的程序向建设单位(业主)即发包方收取工程价款的一种经济活动。工程价款是反映工程进度和考核经济效益的主要指标,也是造价控制工作的一项十分重要的内容。现行的工程价款结算方式主要有以下几种:

①按月定期结算,指每月由施工企业提出已完成工程月报表,连同工程价款结算账单,经建设单位签证,交建设银行办理工程价款结算的方法。

②分段结算,指以单项(或单位)工程为对象,按施工形象进度将其划分为不同施工阶段,按阶段进行工程价款结算。如开工后,按合同工程造价拨付40%;基础完成后拨付20%;工程主体完成后,拨付30%;竣工验收后,拨付5%;工程尾留款5%。

③竣工后一次结算,指建设项目或单项工程全部建筑安装工程建设期在1年以内,或者工程承包合同价值在100万元以下的,可以实行工程价款每月预支或分阶段预支,竣工后一次结算工程价款的方式。

7.1.3　工程量清单计价的费用组成

工程量清单由分部分项工程量清单、措施项目清单、其他项目清单等组成。

1)分部分项工程量清单费用

工程量清单计价采用综合单价计价,综合单价应由完成一个规定计量单位工程所需的全部费用组成。包括人工费、材料费、机械使用费、管理费、规费、利润和税金等,并考虑风险费用。

(1)人工费　人工费是指直接完成工程量清单中各个分项工程施工的生产工人开支的各项费用。

(2)材料费　材料费是指施工过程中耗用的构成工程实体各种材料费用的总和。

(3)施工机械使用费　施工机械使用费是指使用施工机械作业所发生的机械使用费。

(4)管理费　管理费是指投标企业为组织施工生产经营活动所发生的管理费用。

(5)规费　规费是指各省市、自治区规定的有关费用,如定额编制管理费等。

(6)利润　利润是指按企业经营管理水平和市场的竞争能力,完成工程量清单中各个分项工程应获得并计入清单项目中的利润。

(7)税金　税金是指国家税法规定应计入清单项目中的税金。

(8)风险费用　风险费用是指投标企业在确定综合单价时,客观上产生的不可避免误差以及在施工过程中遇到的施工现场条件复杂,恶劣的自然条件,施工中意外事故,物价暴涨以及其他风险因素所发生的费用。

2)措施项目清单费用

措施项目是指施工企业为完成工程项目施工,应发生于该工程施工前和施工过程中技术、生活、安全等非工程实体项目,应包括为完成工程项目施工必须采取的各种措施所发生的费用。

措施项目清单费用根据工程性质不同,具体包括以下项目:

(1)通用项目

①环境保护费。

②大型机械设备进出使用费。

③混凝土、钢筋混凝土模板及支架使用费。

④临时设施费。

⑤文明施工费。

⑥安全施工费。

⑦已完工程及设备保护费。

⑧夜间施工费。

⑨二次搬运费。

(2)建筑工程

①脚手架使用费。

②人工降水费。

③机械使用费。

④脚手架使用费。

⑤垂直运输机械使用费。

⑥室内空气污染测试费。

(3)安装工程

①组装平台费。

②现场施工围栏费。

③临时水工保护设施费。

④设备、管道施工安全、防冻和焊接保护措施费。

⑤管道安装后的充气保护措施费。

⑥压力容器和高压管道的检验费。

⑦长输管道施工便道费。

⑧焦炉施工大棚费。

⑨焦炉烘炉、热态工程费。

⑩隧道内施工的通风、照明、通信设施费。

⑪施工排水、降水费。

⑫管道跨越或穿越施工措施费。

⑬地下管道穿越地上建筑物的保护措施费。

⑭长输管道工程施工队伍调遣费。

⑮格架式抱杆使用费。

以上措施项目,招标人在编制措施项目清单时,可根据拟建工程的具体情况增减。

3)其他项目清单费用

其他项目清单包括招标人部分和投标人部分。

(1)招标人部分

①不可预见费。招标人在工程招标范围内为可能发生的工程变更而预备的金额。

②工程分包和材料购置费。招标人将按国家规定准予分包的工程指定分包人或者指定供应商供应材料等而预留的金额。

③其他。

(2)投标人部分

①总承包服务费。投标人配合协调招标人工程分包和材料采购所发生的费用。

②零星工作费。施工过程中应招标人要求,而发生的不是以实物计量和定价的零星项目所发生的费用,工程竣工时按实结算。

③其他。

7.1.4　工程量清单计价与定额计价的关系

1)两者的联系

①定额计价在我国已使用多年,具有一定的科学性和实用性,清单计价规范的编制以定额为基础,参照和借鉴了定额的项目划分、计量单位、工程量计算规则等。

②定额计价可作为清单计价的组价方式。在确定清单综合单价时,可以参考地方预算定额或企业定额进行计算。

2)两者的区别

(1)计价依据的区别　传统的定额计价模式是定额加费用的指令性计价模式,这种计价模式的价格都是指令性价格,不能真实反映投标企业的实际消耗量、实际单价和费用发生的真实情况。

工程量清单计价采用的是市场计价模式,由企业自主定价,实行市场调节的"量价分离"的计价模式。它是根据招标文件统一提供的工程量清单,将实体项目与非实体项目分开计价。实体性项目采用相同的工程量,由投标企业根据自身的特点及综合实力自主填报单价。而非实体项目则由施工企业自行确定。采用的价格完全由市场决定,能够结合施工企业的实际情况,与市场经济相适应。

(2)单价构成的区别　定额计价采用的单价为定额基价,不包括间接费、计划利润、独立费及风险,其单价构成是不完整的,不能真实反映建筑产品的真实价格,与市场价格缺乏可比性。

工程量清单计价采用的单价为综合单价,它包含了完成规定的计量单位项目所需的人工费、材料费、机械费、管理费、计划利润,以及合同中明示或暗示的所有责任及一般风险,其价格构成完整,与市场价格十分接近,具有可比性,而且直观,简单明了。

(3)费用划分的区别　定额计价将工程费用划分为定额直接费、其他直接费、间接费、计划利润、税金,而清单计价则将工程费用划分为分部分项工程量清单、措施项目清单、规费、税金。两种计价模式的费用表现形式不同,但反映的工程造价内涵是一致的。

(4)子目设置的区别　定额计价的子目一般按施工工序进行设置,所包含的工程内容较为单一,细化。而工程量清单的子目划分则是按一个"综合实体"考虑的,一般包括多项工作内容,它将计量单位子目相近、施工工序相关联的若干定额子目,组成一个工程量清单子目,也就是在全国统一的预算定额子目的基础上加以扩大和综合。

(5)计价规则的区别　工程量清单的工程量一般指净用量,它是按照国家统一颁布的计算规则,根据设计图纸计算得出的工程净用量。它不包含施工过程中的操作损耗量和采取技术措施的增加量,其目的在于将投标价格中的工程量部分固定不变,由投标单位自报单价,这样所有参与投标的单位均可在同一条起跑线和同一目标下开展工作,可减少工程量计算失误,节约投标时间。

定额计价的工程量不仅包含净用量,还包含施工操作的损耗量和采取技术措施的增加量,计算工程量时,要根据不同的损耗系数和各种施工措施分别计量,得出的工程量往往不一样,容易引起不必要的争议。

此外定额计价的工程量计算规则全国各地都不相同,差别较大。而工程量清单的计算规则是全国统一的,确定工程量时不存在地域上的差别,给招投标工作带来很大便利。

(6)计算程序的区别   定额计价法是首先按施工图计算单位工程的分部分项工程量,并乘以相应的人工、材料、机械台班单价,再汇总相加得到单位工程的人工、材料和机械使用费之和,然后在此和的基础上按规定的计费程序和指导费率计算其他直接费、间接费、计划利润、独立费和税金,最终形成单位工程造价。

工程量清单的计算程序是首先计算工程量清单,其次是编制综合单价,再将清单各分项的工程量与综合单价相乘,得到各分项工程造价,最后汇总分项造价,形成单位工程造价。相比之下,工程量清单的计算程序显得简单明了,更适合工程招标采用,特别便于评标时对报价的拆分及对比。

(7)招标评标办法的区别   采用定额计价招标,标底的计算与投标报价的计算是按同一定额,同一工程量,同一计算程序进行计价,因而评标时对人工、材料、机械消耗量和价格的比较是静态的,是工程造价计算准确度的比较,而非投标企业的施工技术、管理水平等综合实力的比较。

工程量清单报价采用的是市场计价模式,由施工单位自行定价,充分实现投标报价与工程实际和市场价格相吻合,科学、合理地反映工程造价。评标时对报价的评定,不再以接近标底为最优,而是以"合理低价标价,不低于企业成本价"的标准来评定。评标的重点是对报价的合理性进行判断,找出不低于企业成本的合理低标价,可促使投标单位把投标的重点放到如何合理地确定企业的标价上来,有利于招投标的公平竞争、优胜劣汰。

综上所述,工程量清单计价与传统的定额计价区别很大,它是对我国传统计价模式的重大改革,是一种全新的市场计价模式,与我国建筑市场的发展相适应,是一种先进、合理、可行的计价办法。

7.2 《建设工程工程量清单计价规范》简介

2013 年 7 月,我国建设部发布了《建设工程工程量清单计价规范》(GB 50500—2013),并规定于 2013 年 7 月 1 日起,作为国家标准执行。标志着我国工程量清单计价模式的进一步完善和发展,也是工程量清单管理模式向主导地位迈出的重要一步。现对《建设工程工程量清单计价规范》的相关内容进行简介。

7.2.1 《建设工程工程量清单计价规范》的指导思想

《建设工程工程量清单计价规范》(以下简称《清单计价规范》)是根据建设部《建筑工程施

工发包与承包计价管理办法》(107 号令），结合我国工程造价管理的现状,总结有关省市工程量清单试点的经验,并参照国际上有关工程量清单计价的通行做法,编制中遵循的指导思想是按照政府宏观调控、企业自主报价、市场竞争形成价格的要求,创造公平、公正、公开竞争的市场环境,以建立全国统一、开放、健康、有序的建设市场,既要与国际惯例接轨,又要考虑我国国情的实际。具体体现在两方面。

（1）政府宏观调控

①规定了全部使用国有资金或国有资金投资为主的大中型建设工程要严格执行《清单计价规范》的有关规定,与招标投标法规定的政府投资要公开招标是相适应的。

②《清单计价规范》统一了项目编码、项目名称、计量单位、工程量计算规则,为建立全国统一建设市场和规范计价行为提供了依据。

③《清单计价规范》没有规定人工、材料、机械的消耗量,必然促使企业提高管理水平,引导企业编制自己的消耗量定额,以适应市场需要。

（2）市场竞争形成价格　由于《清单计价规范》没有规定人工、材料、机械的消耗量,为企业自主报价提供了自由空间,投标企业可结合自身的生产效率、消耗量水平和管理能力与已储备的本企业报价资料,按《清单计价规范》规定的原则和方法投标报价。工程造价的最终确定,由发承包双方在市场竞争中按价值规律通过合同确定。

7.2.2　《建设工程工程量清单计价规范》的特点

1 个标准。《清单计价规范》于 2013 年 7 月 1 日以住房和城乡建设部第 1567 号公告形式批准为国家标准,编号为 GB 50500—2013。

两个必须:一是全部使用国有资金的建设工程必须执行《清单计价规范》;二是国有投资为主的大中型建设工程必须执行《清单计价规范》。

3 个组成:工程量清单由分部分项工程量清单、措施项目清单、其他项目清单 3 部分组成。

4 个统一:项目编码、项目名称、计量单位、工程量计算规则要统一。

9 个专业:5 个附录:附录 A,房屋建筑与装饰工程;附录 B,仿古建筑工程;附录 C,安装工程;附录 D,市政工程;附录 E,园林绿化工程;附录 F,矿山工程;附录 G,构筑物工程;附录 H,城市轨道交通工程;附录 I,爆破工程。

15 个强制性条款:主要在《清单计价规范》的适用范围、分部分项工程量清单编制、各项费用计算上做了强制性规定。

上述 6 点概括起来主要表现在以下几个方面:

（1）强制性　一是由建设主管部门按照强制性国家标准的要求批准颁布,规定全部使用国有资金为主的大中型建设工程应按计价规范规定执行;二是明确工程量清单是招标文件的组成部分,并规定了招标人在编制工程量清单时必须遵守的原则,做到"四个统一",即统一项目编码、统一项目名称、统一计量单位、统一工程量计算规则。

（2）实用性　附录中工程量清单项目及计算规则的项目名称表现的是工程实体项目,项目名称明确清晰,工程量计算规则简洁明了;特别还列有项目特征和工程内容,易于编制工程量清单。

（3）竞争性　一是《清单计价规范》中的措施项目在工程量清单中只列"措施项目"一栏,具体采用什么措施,如模板、脚手架、临时设施、施工排水等详细内容由投标人根据企业的施工组织设计,视具体情况报价,因为这些项目在各个企业间各有不同,属于企业竞争的项目,是留给企业竞争的空间;二是《清单计价规范》中人工、材料和施工机械没有具体的消耗量,投标企业可以依据企业定额和市场价格信息,也可以参照建设行政主管部门发布的社会平均消耗量定额进行报价,《清单计价规范》将报价权交给了企业。

(4)通用性　采用工程量清单计价将与国际惯例接轨,符合工程量计算方法标准化、工程量计算规则统一化、工程造价确定市场化的要求。

7.2.3 《建设工程工程量清单计价规范》的主要内容

《建设工程工程量清单计价规范》包括正文和附录两大部分,两者具有同等效力。

正文共5章,包括总则、术语、工程量清单编制、工程量清单计价、工程量清单及计价格式,并分别就《建设工程工程量清单计价规范》的适用范围、遵循的原则、编制工程量清单应遵循原则、工程量清单计价方法、工程量清单及其计价格式做了明确规定。

附录包括:附录A,房屋建筑与装饰工程工程量清单项目及计算规则;附录B,仿古建筑工程工程量清单项目及计算规则;附录C,安装工程工程量清单项目及计算规则;附录D,市政工程工程量清单项目及计算规则;附录E,园林绿化工程工程量清单项目及计算规则;附录F,矿山工程工程量清单项目及计算规则;附录G,构筑物工程工程量清单项目及计算规则;附录H,城市轨道交通工程工程量清单项目及计算规则;附录I,爆破工程工程量清单项目及计算规则。每个附录均包括项目编码、项目名称、项目特征、计量单位、工程量计算规则和工程内容,其中项目编码、项目名称、计量单位、工程量计算规则为四统一,要求招标人在编制工程量清单时必须执行。

7.2.4 规范中相关术语

(1)工程量清单　建设工程的分部分项工程项目、措施项目、其他项目、规费项目和税金项目的名称和相应数量等的明细清单。

(2)工程量清单计价　建设工程招标投标工作中,招标人按照国家统一的工程量计算规则提供工程数量,由投标人依据工程量清单自主报价,并按照经评审低价中标的工程造价计价方式。

(3)综合单价　完成一个规定计量单位的分部分项工程量清单项目或措施清单项目所需的人工费、材料费、施工机械使用费和企业管理费与利润,以及一定范围内的风险费用。

(4)措施项目　为完成工程项目施工,发生于该工程施工前和施工过程中技术、生活、安全等方面的非工程实体项目。

(5)暂列金额　招标人在工程量清单中暂定并包括在合同价款中的一笔款项。用于施工合同签订时尚未确定或者不可预见的所需材料、设备、服务的采购,施工中可能发生的工程变更、合同约定调整因素出现时的工程价款调整以及发生的索赔、现场签证确认等的费用。

(6)暂估价　招标人在工程量清单中提供的用于支付必然发生但暂时不能确定的材料的单价以及专业工程的金额。

(7)企业定额　施工企业根据本企业的施工技术和管理水平以及有关工程造价资料制订的,并供本企业使用的人工、材料和机械台班消耗量。

(8)项目编码　项目编码采用 12 位阿拉伯数字表示。1~9 位为统一编码,其中 1,2 位为附录顺序号,3,4 位为专业工程顺序码,5,6 位为分部工程顺序码,7,8,9 位为分项工程项目名称顺序码,10~12 位为清单项目名称顺序码。

(9)直接费　直接费由直接工程费和措施费组成。其中,直接工程费包括人工费、材料费(消耗的材料费总和)和施工机械使用费。

(10)间接费　间接费包括规费和施工管理费。

(11)计日工　在施工过程中,完成发包人提出的施工图纸以外的零星项目或工作,按合同中约定的综合单价计价。

(12)人工费　直接从事建设工程施工的生产工人的开支和各项费用。

(13)材料费　施工过程中耗用的构成工程实体的原材料、辅助材料、构配件、零件、半成品的费用和周转使用材料的摊销(或租赁)费用。

(14)施工机械使用费　使用施工机械作业所发生的机械使用费以及机械安装、拆除和进出场费用。

(15)规费　按照国家或省、自治区、直辖市人民政府规定,允许计入工程造价的排污费、定额测定费、住房公积金和意外伤害保险等。

(16)利润　施工企业在生产经营收入中所获得的不属于直接成本、间接成本的部分。

(17)税金　国家规定应计入工程造价内的营业税、城乡建设维护税及教育费附加。

(18)分部分项工程费　完成在工程量清单列出的各分部分项清单工程量所需的费用,包括人工费、材料费(消耗的材料费总和)、机械使用费、管理费、利润以及风险费。

(19)措施项目费　由"措施项目一览表"确定的工程措施项目金额的总和,包括人工费、材料费、机械使用费、管理费、利润以及风险费。

(20)其他项目费　预留金、材料购置费(仅指由招标人购置的材料费)、总承包服务费、零星工作项目费的估算金额等的总和。

(21)总承包服务费　总承包人为配合协调发包人进行的工程分包自行采购的设备、材料等进行管理、服务以及施工现场管理、竣工资料汇总整理等服务所需的费用。

(22)招标控制价　招标人根据国家或省级、行业建设主管部门颁发的有关计价依据和办法,按设计施工图纸计算的,对招标工程限定的最高工程造价。

(23)索赔　在合同履行过程中,对于非己方的过错而应由对方承担责任的情况造成的损失,向对方提出补偿的要求。

(24)现场签证　发包人现场代表与承包人现场代表就施工过程中涉及的责任事件所做的签证证明。

(25)竣工结算价　发承包双方依据国家有关法律、法规和标准规定,按照合同约定的最终工程造价。

(26)工程造价咨询员　取得工程造价咨询资质等级证书,接受委托从事建设工程造价咨询活动的企业。

(27)发包人　具有工程发包主体资格和支付工程价款能力的当事人以及取得该当事人资格的合法继承人。

(28)承包人　被发包人接受的具有工程施工承包主体资格的当事人以及取得该当事人资

格的合法继承人。

(29)造价工程师　取得《造价工程师注册证书》,在一个单位注册从事建设工程造价活动的专业人员。

(30)造价员　取得《全国建设工程造价员资格证书》,在一个单位注册从事建设工程造价活动的专业人员。

7.3　工程量清单的编制

7.3.1　工程量清单的编制原则

①能满足工程建设施工招投标计价的需要,可对工程造价进行合理确定和有效控制。

②编制实物工程量清单要四统一,即统一工程量计算规则、统一分部分项工程分类、统一计量单位、统一项目编码。

③能满足控制实物工程量、实行市场调节价、竞争形成工程造价的价格运行机制的要求。

④能促进企业的经营管理、技术进步,增加施工企业在国际、国内建筑市场的竞争能力。

⑤有利于规范建设工程市场的计价行为。

⑥适度考虑我国目前工程造价管理工作的现状。

7.3.2　工程量清单的编制依据

①计价规范。

②国家或省级、行业建设主管部门颁发的计价依据和办法。

③建设工程设计文件。

④与建设工程项目有关的标准、规范、技术资料。

⑤招标文件及其补充通知、答疑纪要。

⑥施工现场情况、工程特点及常规施工方案。

⑦其他相关资料。

7.3.3　工程量清单的内容和编制程序

一个拟建项目的全部工程量清单包括分部分项工程量清单、措施项目清单和其他项目清单3部分。

分部分项工程量清单是表明拟建工程的全部分项实体工程名称和相应数量的工程量清单;措施项目清单是为完成分项实体工程而必须采取的一些措施性方案的清单;其他项目清单是招标人提出的一些与拟建工程有关的特殊要求的项目清单。

措施项目清单有通用项目清单和专业项目清单。通用项目11条;建筑工程项目1条;装饰装修工程项目2条;安装工程项目14条;市政工程项目7条。通用项目清单主要有安全文明施工、临时设施、二次搬运、模板及脚手架等。专业项目清单根据各专业的要求列项。

其他项目清单主要有预留金、材料购置费、总承包服务费和零星工作服务费等4项清单。措施项目清单和其他项目清单根据设计要求列项。对《建设工程工程量清单计价规范》中的列项,根据拟建工程的实际情况可以增减。在三部分清单项目中,主要是分部分项工程量清单。

工程量清单编制程序如图7.1所示。

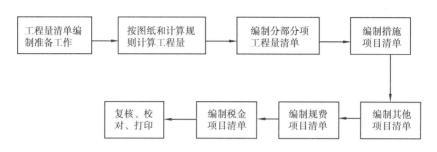

图7.1　工程量清单编制程序

7.3.4　工程量清单的编制

工程量清单是表现拟建工程的分部分项工程项目、措施项目、其他项目名称和相应数量的明细清单,工程量清单由招标人提供,是招标文件的组成部分,应由具有工程量清单编制能力的招标人或受其委托的具有相应资质的工程造价咨询机构及具有工程量清单编制能力的招标代理机构进行编制。

编制分部分项工程量清单时,项目编码、项目名称、计量单位、计算规则应统一按《建设工程工程量清单计价规范》规定执行,不得因工程情况不同而变动;《建设工程工程量清单计价规范》未包括的项目,编制人可作相应补充。编制措施项目和其他项目清单时,根据省、市工程造价管理部门发布的项目,可进行适当的补充和调整。工程类别由招标人自行确认,根据《建设工程费用参考标准》,以规定格式向市工程造价管理部门报告。市工程造价管理部门自接到工程类别确认文件3个工作日内,加盖"工程类别确认报告收讫"后,返给招标人作为招标文件的组成内容。

1)分部分项工程量清单编制

分部分项工程量清单的项目设置,原则上是以形成生产或工艺作用的工程实体为主,对附属或次要部分不设置工程项目,项目必须包括完成实体部分的全部内容。如水泥砂浆楼地面项目,实体部分指楼地面水泥砂浆,完成该项目还包括垫层、找平层、防水层等。垫层找平层、防水层也是实体,但对于楼地面水泥砂浆而言则属于附属项目。个别工程项目既不能形成工程实体,又不能综合在某一实物量中,如安装工程的系统调试,它是某设备安装工程不可或缺的内容,因此在《建设工程工程量清单计价规范》中,系统调试项目作为工程量清单项目单列。

分部分项工程量清单以表7.1的形式表现,《建设工程工程量清单计价规范》各附录以表7.2的形式表现,清单编制时可按《建设工程工程量清单计价规范》各附录的相关内容及拟建工程的实际情况确定。两个表格中的"项目编码、计量单位"一一对应,清单项目与定额子目对应表中的"项目名称、项目特征、工程内容"共同组成了分部分项工程量清单中的"项目名称",分部分项工程量清单中"工程数量"应按各附录的工程量计算规则确定。

表7.1　分部分项工程量清单

序号	项目编码	项目名称	计量单位	工程数量

表 7.2 《建设工程工程量清单计价规范》各附录表格

项目编码	项目名称	项目特征	计量单位	工程内容

分部分项工程量清单由招标人按《建设工程工程量清单计价规范》的要求,根据附录 A、附录 B、附录 C、附录 D、附录 E 规定的项目编码、项目名称、计量单位和工程量计算规则(四统一)进行编制,不得因情况不同而变动。在清单项目设置时,应以《建设工程工程量清单计价规范》附录中的项目名称为主体,考虑该项目的规格、型号、材质等特征要求,结合拟建工程的实际情况,在工程量清单中应详细描述出影响工程计价的有关因素。分部分项工程量清单各列的编制要求如下所述:

(1)项目编码 《建设工程工程量清单计价规范》对每一个分部分项工程量清单项目均给定一个编码,项目编码应采用 12 位阿拉伯数字表示,1~9 位为统一编码,应按相应附录的规定设置;10~12 位为清单项目名称顺序码,应根据拟建工程的实际由编制人设置,并自 001 起顺序编制。如果同一规格、同一材质的项目,特征不同时应分别编码列项,此时项目编码的前 9 位相同,后 3 位不同。12 位编码由五级组成,具体表示如下:

编码　　××　　　××　　　××　　　×××　　　×××
级　　　一级　　二级　　三级　　四级　　五级

①第一级编码(二位码)附录顺序码。

01——建筑工程编码

02——装饰装修工程编码

03——安装工程编码

04——市政工程编码

05——园林绿化工程编码

06——矿山工程编码

07——构筑物工程编码

08——城市轨道交通工程编码

09——爆破工程编码

②第二级编码(二位码)表示的是专业工程顺序码。

园林绿化工程共分 3 项专业工程,相当于 3 章。

E.1 绿化工程……………………………………编码 0501

E.2 园路、园桥、假山工程………………………编码 0502

E.3 园林景观工程………………………………编码 0503

③第三级编码(二位码)表示的是分部工程顺序码,是附录中各章的节。

绿化工程,共分 3 个分部。

E.1.1 绿地整理…………………………………编码 050101

E.1.2 栽植花木…………………………………编码 050102

E.1.3 绿地喷灌…………………………………编码 050103

园路、园桥、假山工程,共分为 3 个分部。

E.2.1 园路桥工程………………………………编码 050201

E.2.2 堆塑假山…………………………………编码 050202

E.2.3 驳岸……………………………………………编码 050203

园林景观工程,共分为 6 个分部。

E.3.1 原木、竹物件………………………………　编码 050301

E.3.2 亭廊屋面……………………………………　编码 050302

E.3.3 花架…………………………………………　编码 050303

E.3.4 园林桌椅……………………………………　编码 050304

E.3.5 喷泉安装……………………………………　编码 050305

E.3.6 杂项…………………………………………　编码 050306

④第四级编码(三位码)表示的是分项工程项目名称顺序码。

以 E.1 绿化工程分部为例:

伐树、挖树根………………………………………　编码 050101001

砍挖灌木丛…………………………………………　编码 050101002

挖竹根………………………………………………　编码 050101003

挖芦苇根……………………………………………　编码 050101004

清除草皮……………………………………………　编码 050101005

整理绿化用地………………………………………　编码 050101006

屋顶花园基底处理…………………………………　编码 050101007

⑤第五级编码(三位码)表示的是清单项目名称顺序码。主要区别同一分项工程具有不同特征的项目。

该编码由清单编制人在全国统一的 9 位编码基础上自行设置。如基础管沟挖三类土和四类土,项目编码应表示为 010101006001 和 010101006002,当然项目编码也可以表示为管沟挖四类土 010101006001,管沟挖三类 010101006002。

编制分部分项工程量清单,出现附录 A、附录 B、附录 C、附录 D、附录 E 中未包括的项目,编制人可作相应补充。补充项目应填写在工程量清单相应分部工程项目之后,在"项目编码"栏中以"补"字示之,并应报省、市工程造价管理机构备案。

(2)项目名称　项目名称应严格按《建设工程工程量清单计价规范》规定设置,不得随意改变。在描述清单项目名称时,可根据实际情况进一步阐述,如建筑工程项目编码 010302004 为"填充墙",清单的项目名称可表示为"空心砖填充墙""加气块填充墙"等。

(3)项目特征　分部分项工程量清单的项目特征是清单项目设置的基础和依据,作为项目名称的补充,在设置清单项目时,应对项目的特征做全面的描述。通过对项目特征的描述,使清单项目名称清晰化、具体化、详细化。即使是同一规格、同一材质,如果施工工艺或施工位置不同时,原则上分别设置清单项目,做到具有不同特征的项目应分别列项。只有描述清单项目清晰、准确,才能使投标人全面、准确地理解招标人的工程内容和要求,做到正确报价。

例如绿化工程栽植乔木,按照计价规范"项目特征"栏的规定,就必须描述:①乔木种类:是带土球乔木还是裸根乔木;②乔木胸径:可根据实际图纸要求结合计价规范来描述;③养护期。由此可见,这些描述均不可少,因为其中任何一项都会影响栽植乔木项目的综合单价的确定。

(4)工程内容　由于清单项目原则上是按实体设置的,而实体是由多个项目综合而成的,所以清单项目的表现形式是由主体项目(《清单计价规范》中的项目名称)和辅助项目(《清单计价规范》中的工程内容)构成。辅助项目作为项目名称的补充,供清单编制人根据拟建工程实际情况有选择性地对项目名称进行描述。如果实际完成的工程项目与《清单计价规范》附录工程内容不同时,可以进行增减,不能以《清单计价规范》附录中没有该工程内容为理由不予描述,也不能把《清单计价规范》附录中未发生的工程内容在项目名称中全部描述。

(5)计量单位　《清单计价规范》中,计量单位均为基本计量单位如 m,kg,m² 等,不能使用扩大单位如 10 m,100 kg 等,清单编制时应按《清单计价规范》相关附录规定的计量单位和小数点后保留位数计量。各专业有特殊计量单位的,需另行加以说明。

①计算质量——吨或千克(t 或 kg),保留小数点后两位数字,第三位四舍五入。

②计算体积——立方米(m^3),保留小数点后两位数字,第三位四舍五入。

③计算面积——平方米(m^2),保留小数点后两位数字,第三位四舍五入。

④计算长度——米(m),保留小数点后两位数字,第三位四舍五入。

⑤其他——个、套、块、樘、组、台……取整数。

⑥没有具体数量的项目——系统、项……取整数。

(6)工程量计算　《清单计价规范》的工程量计算规则是以实体安装就位的净尺寸计算,这与国际通用做法(FIDIC)一致,如"挖基础土方",项目的计算规则为"按设计图示尺寸以基础垫层底面积乘以挖土深度计算"。

图 7.2 挖基础土方工程量: $V = LaH$(式中,L 为基础的长度)。

由于分部分项工程量清单的项目设置,原则上是以形成生产或工艺作用的工程实体为主,对附属或次要部分不设置工程项目。因此,《清单计价规范》只给定了所列项目即主要工序的计算规则,附属或次要工序的计算规则不做说明,由投标人在计价中考虑。

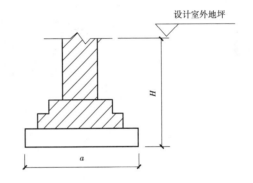

图7.2　挖基础土方设计图

(7)分部分项工程量清单的编制程序　在进行分部分项工程量编制时,其编制程序如图7.3 所示。

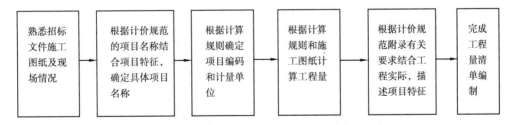

图7.3　分部分项工程量编制程序

【例7.1】　某 2 m 宽的园路,总长为 55 m,具体做法如图7.4 所示,计算各分项工程量并依《清单计价规范》附录 E(参照表 7.3 园路清单项目及相关内容)编制其项目清单。

【解】　根据《清单计价规范》附录 E.2 园路、园桥、假山工程,园路工程分 4 个清单项目,即园路,路牙铺设,树池围牙、盖板,嵌草砖铺装。项目编码为050201001—050201004,其项目名称、特征描述、计量单位、工程量计算规则及工程内容如表 7.3 所示。

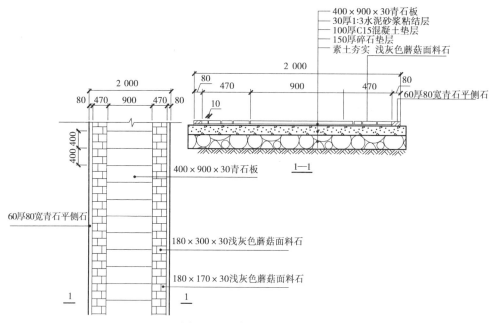

图7.4　园路平面图、剖面图

1. 计算各分项工程量

①素土夯实

$$S = 长 \times 宽 = (55 + 0.05 \times 2)\,\text{m} \times (2 + 0.05 \times 2)\,\text{m} = 115.71\ \text{m}^2$$

②150 厚碎石垫层

$$V = 长 \times 宽 \times 厚 = (55 + 0.05 \times 2)\,\text{m} \times (2 + 0.05 \times 2)\,\text{m} \times 0.15\ \text{m} = 17.36\ \text{m}^3$$

③100 厚 C15 素混凝土垫层

$$V = 长 \times 宽 \times 厚 = (55 + 0.05 \times 2)\,\text{m} \times (2 + 0.05 \times 2)\,\text{m} \times 0.1\ \text{m} = 11.57\ \text{m}^3$$

表 7.3　园路清单项目及相关内容

项目编码	项目名称	项目特征	计量单位	工程量计算规则	工程内容
050201001	园路	1. 垫层厚度、宽度、材料种类 2. 路面厚度、宽度、材料种类 3. 混凝土强度等级 4. 砂浆强度等级	m²	按设计图示尺寸以面积计算，不包括路牙	1. 园路路基、路床整理 2. 垫层铺筑 3. 路面铺筑 4. 路面养护
050201002	路牙铺设	1. 垫层厚度、材料种类 2. 路牙材料种类、规格 3. 混凝土强度等级 4. 砂浆强度等级	m	按设计图示尺寸以长度计算	1. 基层清理 2. 垫层铺设 3. 路牙铺设
050201003	树池围牙、盖板	1. 围牙材料种类、规格 2. 铺设方式 3. 盖板材料种类、规格			1. 基层清理 2. 围牙、盖板运输 3. 围牙、盖板铺设
050201004	嵌草砖铺装	1. 垫层厚度 2. 铺设方式 3. 嵌草砖品种、规格、颜色 4. 镂空部分填土要求	m²	按设计图示尺寸以面积计算	1. 原土夯实 2. 垫层铺设 3. 铺砖 4. 填土

④ 400×900×30 青石板面层,30 厚 1:3 水泥砂浆黏结层

$$S = 长 \times 宽 = 55 \text{ m} \times 0.9 \text{ m} = 49.5 \text{ m}^2$$

⑤ 180×300×30 浅灰色蘑菇石面层,30 厚 1:3 水泥砂浆黏结层

$$S = 长 \times 宽 = 55 \text{ m} \times 0.3 \text{ m} \times 2 = 33 \text{ m}^2$$

⑥ 180×170×30 浅灰色蘑菇石面层,30 厚 1:3 水泥砂浆黏结层

$$S = 长 \times 宽 = 55 \text{ m} \times 0.17 \text{ m} \times 2 = 18.7 \text{ m}^2$$

⑦ 60 厚 80 宽青石平侧石

$$L = 55 \text{ m} \times 2 = 110 \text{ m}$$

2. 依据表 7.4,计算园路项目工程量清单

园路面层:$S = 55 \text{ m} \times 1.84 \text{ m} = 101.2 \text{ m}^2$　或 $S = 49.5 \text{ m}^2 + 33 \text{ m}^2 + 18.7 \text{ m}^2 = 101.2 \text{ m}^2$

路牙铺设:$L = 55 \text{ m} \times 2 = 110 \text{ m}$

根据以上计算内容,编制分部分项工程量清单如表 7.4 所示。

表 7.4　园路分部分项工程量清单

序号	项目编码	项目名称	项目特征描述	计量单位	工程量
1	050201001001	园路	面层材料为 400×900×30 厚青石板,180×300×30,180×170×30 浅灰色蘑菇石面料石,30 厚 1:3 水泥砂浆黏结层;100 厚 C15 素混凝土垫层;150 厚碎石垫层;素土夯实	m²	101.2
2	050201002001	路牙	60 厚 80 宽青石路牙	m	110

备注:路牙铺设垫层利用园路垫层,工程量计入园路中,路牙项目内不计。

2)措施项目清单编制

(1)措施项目清单　措施项目清单是以表格形式表现的,具体形式见表 7.5。

表 7.5　措施项目清单

工程名称:　　　　　　　　　　　　　　　　　　　　　　　　　　第 页 共 页

序号	项目名称

(2)措施项目的列项　措施项目是指为完成工程项目施工,发生于该工程施工前和施工过程中技术、生活、安全等方面的非工程实体的明细清单。措施项目清单根据拟建工程的具体情况。在编制时应考虑多种因素,除工程本身的因素以外,还涉及水文、气象、环保、安全等方面和施工企业的实际情况。措施项目清单以"项"为计量单位,相应数量为"1"。表 7.6 中"通用措施项目"所列内容,是指各专业工程的"措施项目清单"中均可列的措施项目。《清单计价规范》提供的措施项目仅作为列项的参考,对于表中未列的措施项目,清单编制人应作补充,补充项目应列在清单项目最后,并在"序号"栏中以"补"字示之。

表 7.6   通用措施项目一览表

序号	项目名称
1	安全文明施工(含环境保护、文明施工、安全施工、临时设施)
2	夜间施工
3	二次搬运
4	冬雨期施工
5	大型机械设备进出场及安拆
6	施工排水
7	施工降水
8	地上地下设施、建筑物的临时保护设施
9	已完工程及设备保护

措施项目清单在编制时分为两类:一类是可以计算出工程量的措施项目清单,则利用分项工程量清单的方式编制,列出项目编码、项目名称、项目特点、计量单位和工程量计算规则。例如混凝土浇捣的模板工程、脚手架工程等。另一类是不能计算出工程量的措施项目,则利用"项"为计量单位进行编制。例如安全文明施工费、二次搬运费、已完工程及设备保护费等。

3)其他项目清单编制

其他项目清单是以表格形式表现的,其表格形式见表 7.7。

表 7.7   其他项目清单与计价汇总

序号	项目名称	计量单位	金额/元	备注
1				
2				

其他项目清单是指除分部分项工程量清单、措施项目清单外的,由于招标人的特殊要求而设置的项目清单。

其他项目清单的具体内容主要取决于工程建设标准的高低、工程的复杂程度、工程的工期长短、工程的组成内容、发包人对工程管理的要求等因素。

其他项目清单宜按下列内容列项:

(1)暂列金额   它是指招标人在工程量清单中暂定并包括在合同条款中的一笔款项。在实际工程结算中只有按照合同约定程序实际发生后,才能成为中标人的应得金额,纳入合同结算价款中,如没有发生或有余额均归招标人所有。

(2)暂估价   它是指招标阶段直至签订合同协议时,招标人在招标文件中提供的用于支付必然要发生但暂时不能确定价格的材料以及需另行发包的专业工程金额。包括材料暂估单价和专业工程暂估价两部分。

(3)计日工   它是指为了现场发生的零星工程的计价而设立的。计日工以完成零星工作所消耗的人工工时、材料数量、机械台班进行计量,并按照计日工表中填报的适用项目的单价进行支付。

（4）总承包服务费　它是指招标人按国家有关规定允许条件,系对专业工程进行分包及自行供应材料、设备时,要求总承包人对发包人和分包方进行协调管理、服务、资料归档工作时,向总承包人支付的费用。

4）规费项目清单编制

规费项目清单是以表格形式表现的,其表格形式见表7.8。

表7.8　其他项目清单与计价汇总

序号	项目名称	计算基础	费率/%	金额/元
1				
2				

规费项目清单应按照下列内容列项:

①工程排污费。

②工程定额测定费。

③社会保障费:包括养老保险费、失业保险费、医疗保险费。

④住房公积金。

⑤危险作业意外伤害保险。

⑥各省市有关行政主管部门规定需补充的费用。

7.3.5　工程量清单格式

工程量清单应按《清单计价规范》规定的统一格式填写,由封面、总说明、分部分项工程量清单、措施项目清单、其他项目清单、零星工作项目表、主要材料价格表等组成(表7.9至表7.21),其填写的内容应符合以下规定:

①工程量清单应由招标人填写,封面由造价师或造价员签字盖章。

②填表须知除规范内容外,可根据具体情况进行补充。

③总说明应按下列内容填写。

a.工程概况:建设规模、工程特征、计划工期、施工现场实际情况、交通运输情况、自然地理条件、环境保护要求等。

b.工程招标和分包范围。

c.工程量清单编制依据。

d.工程质量、材料、施工等特殊要求。

e.特殊材料、设备情况说明等。

f.其他需要说明的问题。

1）封面

封面见表7.9,由投标人按规定的内容填写、签字、盖章。

表7.9　封面

_____工 程

工 程 量 清 单

工程造价

招标人：_____　　咨询人：_____

（单位盖章）　　　　　　　　　　　　　（单位资质专用章）

法定代表人　　　　　　　　　　　　　法定代表人
或其授权人：_____　　或其授权人：_____

（签字或盖章）　　　　　　　　　　　　（签字或盖章）

编制人：_____　　复核人：_____

（造价人员签字盖专用章）　　　　　　　（造价工程师签字盖专用章）

编制时间：　　　年　　　月　　　日　　　复核时间：　　　年　　　月　　　日

2) 编制总说明 (表7.10)

表7.10　总说明

1. 工程概况：建设规模、工程特征、计划工期、施工现场实际情况、交通运输情况、自然地理条件、环境保护要求等。
2. 招投标范围。
3. 清单编制依据：《清单计价规范》、施工设计图文件、施工组织设计等。
4. 工程质量、材料价格等要求。
5. 特殊材料、设备情况说明。
6. 其他需特殊说明的问题。

3) 投标总价

投标总价见表7.11，应按工程项目表合计金额填写。

表 7.11　投标总价

投标总价

招　标　人：＿＿＿＿＿＿＿＿＿＿＿＿＿＿＿＿＿＿＿＿＿

工程名称：

投标总价(小写)：

　　　　(大写)：

投　标　人：＿＿＿＿＿＿＿＿＿＿＿＿＿＿＿＿＿＿＿＿＿
　　　　　　　　　　　　　　　　　　　(单位盖章)

法定代表人

或其授权人：＿＿＿＿＿＿＿＿＿＿＿＿＿＿＿＿＿＿＿＿＿
　　　　　　　　　　　　　　　　　　(签字或盖章)

编　制　人：＿＿＿＿＿＿＿＿＿＿＿＿＿＿＿＿＿＿＿＿＿
　　　　　　　　　　　　　　　(造价人员签字盖专用章)

编制时间：　　　年　　　月　　　日

4)分部分项工程量清单计价表(表7.12)

表 7.12　分部分项工程量清单计价表

工程名称：　　　　　　　　　标段：　　　　　　　　　　第　页　共　页

序号	项目编码	项目名称	项目特征描述	计量单位	工程量	金额/元		
						综合单价	合价	其中：暂估价
本页小计								
合计								

注:根据建设部、财政部发布的《建筑安装工程费用组成》(建标〔2003〕206号)的规定,为计取规费等的使用,可在表中增设其中:"直接费""人工费"或"人工费＋机械费"。

5）工程量清单综合单价分析表（表 7.13）

表 7.13　工程量清单综合单价分析表

工程名称：　　　　　　　　标段：　　　　　　　　第　页　共　页

项目编码				项目名称				计量单位			
清单综合单价组成明细											
定额编号	定额名称	定额单位	数量	单价/元				合价/元			
				人工费	材料费	机械费	管理费和利润	人工费	材料费	机械费	管理费和利润
人工单价				小计							
元/工日				未计价材料费							
清单项目综合单价											
材料费明细	主要材料名称、规格、型号				单位	数量	单价/元	合价/元	暂估单价/元	暂估合价/元	
	其他材料费						—		—		
	材料费小计						—		—		

注：1. 如不使用省级或行业建设主管部门发布的计价依据，可不填定额项目、编号等。

　　2. 招标文件提供了暂估单价的材料，按暂估的单价填入表内"暂估单价"栏及"暂估合价"栏。

6）措施项目清单与计价表（表 7.14、表 7.15）

表 7.14　措施项目清单与计价表（一）

工程名称：　　　　　　　　标段：　　　　　　　　第　页　共　页

序号	项目名称	计算基础	费率/%	金额/元
1	安全文明施工费			
2	夜间施工费			
3	二次搬运费			
4	冬雨季施工			
5	大型机械设备进出场及安拆费			
6	施工排水			
7	施工降水			
8	地上、地下设施和建筑物的临时保护设施			

续表

序号	项目名称	计算基础	费率/%	金额/元
9	已完工程及设备保护			
10	各专业工程的措施项目			
11				
12				
	合计			

注:1. 本表适用于以"项"计价的措施项目。

　　2. 根据建设部、财政部发布的《建筑安装工程费用组成》(建标〔2003〕206 号)的规定,"计算基础"可为"直接费""人工费"或"人工费 + 机械费"。

表 7.15　措施项目清单与计价表(二)

工程名称:　　　　　　　　标段:　　　　　　　　第　页　共　页

序号	项目编码	项目名称	项目特征描述	计量单位	工程量	金额/元	
						综合单价	合价
本页小计							
合计							

注:本表适用于以综合单价形式计价的措施项目。

7)其他项目清单与计价汇总表(表 7.16)

表 7.16　其他项目清单与计价汇总表

工程名称:　　　　　　　　标段:　　　　　　　　第　页　共　页

序号	项目名称	计量单位	金额/元	备注
1	暂列金额			
2	暂估价			
2.1	材料暂估价		—	
2.2	专业工程暂估价			
3	计日工			
4	总承包服务费			
5				
	合计			

注:材料暂估单价进入清单项目综合单价,此处不汇总。

8)暂列金额明细表(表7.17)

表7.17 暂列金额明细表

工程名称:　　　　　　　　　　标段:　　　　　　　　　　　　　第　页　共　页

序号	项目名称	计量单位	暂定金额/元	备注
合计				—

注:此表由招标人填写,也可只列暂定金额总额,投标人应将上述暂列金额计入投标总价中。

9)材料暂估单价表(表7.18)

表7.18 材料暂估单价表

工程名称:　　　　　　　　　　标段:　　　　　　　　　　　　　第　页　共　页

序号	材料名称、规格、型号	计量单位	单价/元	备注

注:1.此表由招标人填写,并在备注栏说明暂估价的材料拟用在哪些清单项目上,投标人应将上述材料暂估单价计入工程量清单综合单价报价中。

　　2.材料包括原材料、燃料、构配件以及按规定应计入建筑安装工程造价的设备。

10)专业工程暂估价表(表7.19)

表7.19 专业工程暂估价表

工程名称:　　　　　　　　　　标段:　　　　　　　　　　　　　第　页　共　页

序号	工程名称	工程内容	金额/元	备注
合计				—

注:此表由招标人填写,投标人应将上述专业工程暂估价计入投标总价中。

11)计日工表(表7.20)

表7.20 计日工表

工程名称:　　　　　　　　　　标段:　　　　　　　　　　　　　第　页　共　页

编号	项目名称	单位	暂定数量	综合单价	合价
一	人工				
1					
2					
人工小计					

续表

编号	项目名称	单位	暂定数量	综合单价	合价
二	材料				
1					
2					
材料小计					
三	施工机械				
1					
2					
施工机械小计					
合计					

注:此表项目名称、数量由招标人填写,编制招标控制价时,单价由招标人按有关计价规定确定;投标时,单价由投标人自助报价,计入投标总价中。

12) 总承包服务费计价表(表 7.21)

表 7.21 总承包服务费计价表

工程名称:　　　　　　　　标段:　　　　　　　　第 页 共 页

序号	工程名称	项目价值/元	服务内容	费率/%	金额/元
1	发包人发包专业工程				
2	发包人供应材料				
合计					

注:此表由招标人填写,投标人应将上述专业工程暂估价计入投标总价中。

13) 规费、税金项目清单与计价表(表 7.22)

表 7.22 规费、税金项目清单与计价表

工程名称:　　　　　　　　标段:　　　　　　　　第 页 共 页

序号	项目名称	计算基础	费率/%	金额/元
1	规费			
1.1	工程排污费			
1.2	社会保障费			
(1)	养老保险费			
(2)	失业保险费			
(3)	医疗保险费			
1.3	住房公积金			
1.4	危险作业意外伤害保险			

续表

序号	项目名称	计算基础	费率/%	金额/元
1.5	工程定额测定费			
2	税金	分部分项工程费＋措施项目费＋其他项目费＋规费		
合计				

注:根据建设部、财政部发布的《建筑安装工程费用组成》(建标〔2003〕206号)的规定,"计算基础"可为"直接费""人工费"或"人工费＋机械费"。

14)费用索赔申请(核准)表(表7.23)

表7.23　费用索赔申请(核准)表

工程名称:　　　　　　　标段:　　　　　　　编号:

致:＿＿＿＿＿＿＿＿＿＿＿＿＿＿＿＿＿＿＿＿＿＿＿＿＿＿＿(发包人全称)
根据施工合同条款第＿＿＿＿条的约定,由于＿＿＿＿＿＿＿＿原因,我方要求索赔金额(大写)＿＿＿＿＿元,(小写)＿＿＿＿＿元,请予核准。 附:1.费用索赔的详细理由和依据: 　　2.索赔金额的计算: 　　3.证明材料: 　　　　　　　　　　　　　　　　　　　　　　承包人(章) 　　　　　　　　　　　　　　　　　　　　　　承包人代表＿＿＿＿＿＿ 　　　　　　　　　　　　　　　　　　　　　　日　　期＿＿＿＿＿＿

复核意见: 　　根据施工合同条款第＿＿＿＿条的约定,你方提出的费用索赔申请经复核: 　□不同意此项索赔,具体意见见附件。 　□同意此项索赔,索赔金额的计算,由造价工程师复核。 　　　　　　监理工程师＿＿＿＿＿＿ 　　　　　　日　　期＿＿＿＿＿＿	复核意见: 　　根据施工合同条款第＿＿＿＿条的约定,你方提出的费用索赔申请经复核,索赔金额为(大写)＿＿＿＿元,(小写)＿＿＿＿＿元。 　　　　　　造价工程师＿＿＿＿＿＿ 　　　　　　日　　期＿＿＿＿＿＿
审核意见: 　□不同意此项索赔。 　□同意此项索赔,与本期进度款同期支付。 　　　　　　　　　　　　　　　　　　　　　　发包人(章) 　　　　　　　　　　　　　　　　　　　　　　发包人代表＿＿＿＿＿＿ 　　　　　　　　　　　　　　　　　　　　　　日　　期＿＿＿＿＿＿	

注:1.在选择栏中的"□"内做标识"√"。
　　2.本表一式4份,由承包人填报,发包人、监理人、造价咨询人、承包人各存1份。

7.4   工程量清单计价的编制

7.4.1   工程量清单计价

工程量清单计价应包括按招标文件规定,完成工程量清单所列项目的全部费用,包括分部分项工程费、措施项目费、其他项目费和规费、税金。工程量清单应采用综合单价计价。综合单价是完成工程量清单中一个规定计量单位项目所需的人工费、材料费、机械使用费、管理费和利润,并考虑风险因素。综合单价不仅适用于分部分项工程量清单,也适用于措施项目和其他项目清单。

工程量清单中的每一个项目均需填入单价或合价。有些项目数量虽未列出而要求填入金额者,投标人亦应按要求将金额填入。对于没有填入单价或合价及金额的项目,其费用视为已包括在工程量清单的其他项目单价或合价中,承包人必须完成工程量清单中未填入单价或合价及金额的项目,但不能得到另外的结算与支付。

工程量清单计价的工程造价由分部分项工程费、措施项目费、其他项目费、规费和税金组成,即:

工程造价 = 分部分项工程量清单计价表合计 + 措施项目清单计价表合计 +
其他项目清单计价表合计 + 规费 + 税金

7.4.2   分部分项工程费的构成及计算

分部分项工程费是指完成分部分项工程量清单项目所需的费用。分部分项工程量清单计价应采用综合单价计价。

1)综合单价概念

综合单价包括完成一个规定计量单位的分部分项工程量清单项目或措施清单项目所需的人工费、材料费、施工机械使用费、企业管理费、利润以及一定范围的风险费用。工程量清单计价是国际上通用的计价方式,所利用的就是分部分项工程的完全单价。

2)综合单价的组成

综合单价 = 规定计量单位项目人工费 + 规定计量单位项目材料费 + 规定计量单位项目机械使用费 + 取费基数 ×(企业管理费率 + 利润率)+ 风险费用

(1)规定计量单位项目人工费的计算   人工费是指直接从事于园林工程施工的生产工人开支的各项费用。

$$人工费 = \sum(概预算定额人工工日单价 \times 人工工日消耗量)$$

概预算定额人工工日单价由政府主管部门制订,如广东省住房和城乡建设厅组织制订的2010 年《广东省建设工程计价依据》中规定,执行 2010 年《广东省建设工程计价依据》的工程不分专业、类别,工日动态工资统一按 71 元/工日计取(注:该动态人工工资单价已含住房公积金与社会保险费)。

(2)规定计量单位项目材料费的计算   建筑安装工程直接费中的材料费是指施工过程中耗用的构成工程实体的各类原材料、零配件、成品及半成品等主要材料的费用,以及工程中耗费的虽不构成工程实体,但有利于工程实体形成的各类消耗性材料费用的总和。主要材料一般其

费用占材料费的 85% ~ 95% ,消耗材料一般其费用约占到材料费的 5% ~ 15% 。

$$材料费 = \sum (材料消耗量 \times 材料单价)$$

（3）规定计量单位项目施工机械使用费　施工机械使用费是指使用施工机械作业所发生的机械使用费以及机械安、拆和进出场费。施工机械不包括为管理人员配置的小车以及用于通勤任务的车辆等不参与施工生产的机械设备的台班费。施工机械使用费的计算公式为

$$施工机械使用费 = \sum (施工机械台班量 \times 机械台班单价)$$

（4）取费基数　取费基数为规定计量单位项目人工费和机械使用费之和或仅为人工费。

3) 综合单价计算步骤

①根据工程量清单项目名称和拟建工程的具体情况,按照投标人的企业定额或参照本指引,分析确定该清单项目的各项可组合的主要工程内容,并据此选择相应的定额子目。

②计算一个规定计量单位清单项目所对应定额子目的工程量。

③根据投标人的企业定额或参照本省"计价依据",并结合工程实际情况,确定各对应定额子目的人工、材料、施工机械台班消耗量。

④依据投标人自行采集的市场价格或参照省、市工程造价管理机构发布的价格信息,结合工程实际分析确定人工、材料、施工机械台班消耗量。

⑤根据投标人的企业定额或参照本省"计价依据",并结合工程实际、市场竞争情况,分析确定企业管理费率、利润率。

⑥风险费用。按照工程施工招标文件(包括主要合同条款)约定的风险分担原则,结合自身实际情况,投标人防范、化解、处理应由其承担的、施工过程中可能出现的人工、材料和施工机械台班价格上涨、人员伤亡、质量缺陷、工期拖延等不利事件所需的费用。

4) 分部分项工程费

$$分部分项工程费 = \sum 分部分项工程数量 \times 综合单价$$

【例 7.2】　根据例 7.1 工程量清单表 7.5,参照 2003 版《浙江省园林绿化及仿古建筑工程预算定额》,编制各项综合单价分析表及分部分项工程量清单计价表。材料的价格见表 7.24,企业管理费率 20% ,利润率 15% ,以人工 + 机械费之和为计费基数,风险费不考虑,其余单价均按定额价取定。

表 7.24　主要材料价格表

序号	材料名称	单位	单价/元
1	400 × 900 × 30 厚青石板	m²	130
2	180 × 300 × 30 浅灰色蘑菇石面料石	m²	120
3	180 × 170 × 30 浅灰色蘑菇石面料石	m²	120
4	60 厚 80 宽青石路牙	m	25

【解】

(1)园路综合单价分析

园路综合单价包括素土夯实、垫层铺筑、面层铺装等工作内容的人工、材料、机械、管理费、利润、风险费等的合计。

①素土夯实：

园路、园桥、假山工程章节内无"素土夯实"定额子目，所以套用第4章土石方、打桩、基础垫层工程4-62定额子目，其合计工日乘以1.1系数，则单价分析如下：

人工费 = 5 元/10 m² × 1.1 = 5.5 元/10 m²

材料费 = 0

机械费 = 0

企业管理费 = 5.5 元/10 m² × 20% = 1.1 元/10 m²

利润 = 5.5 元/10 m² × 15% = 0.83 元/10 m²

合计 = 5.5 元/10 m² + 1.1 元/10 m² + 0.83 元/10 m² = 7.43 元/10 m²

②150厚碎石垫层：

直接套定额2-42，分析如下：

人工费 = 219 元/10 m³

材料费 = 534 元/10 m³

机械费 = 0

企业管理费 = (219 + 0) 元/10 m³ × 20% = 43.8 元/10 m³

利润 = (219 + 0) 元/10 m³ × 15% = 32.85 元/10 m³

合计 = 219 元/10 m³ + 534 元/10 m³ + 0 元/10 m³ + 43.8 元/10 m³ + 32.85 元/10 m³ = 829.65 元/10 m³

③100厚C15素混凝土垫层：

套定额2-43，此定额为C10素混凝土垫层，故需换算。查定额内普通混凝土配合比表得C15(40)混凝土单价为144.24 元/m³。则分析如下：

人工费 = 546 元/10 m³

材料费 = 1 326.67 元/10 m³ + (144.24 − 129.11) 元/m³ × 10.2 = 1 481 元/10 m³

机械费 = 36.06 元/10 m³

企业管理费 = (546 + 36.06) 元/10 m³ × 20% = 116.41 元/10 m³

利润 = (546 + 36.06) 元/10 m³ × 15% = 87.31 元/10 m³

合计 = 546 元/10 m³ + 1 481 元/10 m³ + 36.06 元/10 m³ + 116.41 元/10 m³ + 87.31 元/10 m³ = 2 267 元/10 m³

④400×900×30厚青石板面层，30厚1:3水泥砂浆黏结层，定额参照"楼地面"章节子目，套用定额7-20，黏结层水泥砂浆1:2.5换算成30厚1:3水泥砂浆，花岗石换算成400×900×30厚青石板，合计人工乘以1.1系数，则：

人工费 = 652.5 元/100 m² × 1.1 = 717.75 元/100 m²

材料费 = 14 359.18 元/100 m² + (173.92 元/10 m³ × 3.06 m³ − 189.2 元/10 m³ × 2.2 m³)(砂浆换算) + (130 − 136)元/m² × 102 m²(石材价格换算) = 13 863.14 元/100 m²

机械费 = 16.54 元/100 m²

企业管理费 = (717.75 + 16.54) 元/100 m² × 20% = 146.86 元/100 m²

利润 = (717.75 + 16.54) 元/100 m² × 15% = 110.14 元/100 m²

合计 = 717.75 元/100 m² + 13 863.14 元/100 m² + 16.54 元/100 m² + 146.86 元/100 m² + 110.14元/100 m² = 14 854.43 元/100 m²

⑤180×300×30，180×170×30浅灰色蘑菇石面料石，30厚1:3水泥砂浆黏结层计价方法如上，具体如下：

人工费 = 652.5 元/100 m² × 1.1 = 717.75 元/100 m²

材料费 = 14 359.18 元/100 m² + (173.92 元/10 m³ × 3.06 m³ − 189.2 元/10 m³ × 2.2 m³)（砂浆换算）+ (120 − 136) 元/m² × 102 m²（石材价格换算）= 12 843.14 元/100 m²

机械费 = 16.54 元/100 m²

企业管理费 = (717.75 + 16.54) 元/100 m² × 20% = 146.86 元/100 m²

利润 = (717.75 + 16.54) 元/100 m² × 15% = 110.14 元/100 m²

合计 = 717.75 元/100 m² + 12 843.14 元/100 m² + 16.54 元/100 m² + 146.86 元/100 m² + 110.14 元/100 m² = 13 834.43 元/100 m²

根据以上单价分析,结合例 7.1 已计算的各子目工程量,填写工程量清单综合单价分析表(参见 GB 50500—2013《建设工程工程量清单计价规范》的表格形式,表格内的材料费明细省略不列),如表 7.25 所示。

表 7.25   工程量清单综合单价分析表

工程名称:园路工程　　　　　　标段:　　　　　　　　　　　　第 1 页　共 1 页

项目编码	050201001001		项目名称		园路		计量单位		m²
清单综合单价组成明细									
定额编号	定额名称	定额单位	数量	单价/元				合价/元	
				人工费	材料费	机械费	管理费和利润	人工费	材料费	机械费	管理费和利润
4-62	素土夯实	10 m²	0.114	5.5	0	0	1.93	0.63	0	0	0.22
2-42	碎石垫层	10 m³	0.017	219	534	0	76.65	3.72	9.08	0	1.3
2-43 换	C15 混凝土垫层	10 m³	0.011	546	1 481	36.06	203.71	6.01	16.29	0.4	2.24
7-20 换	30 厚青石板面	100 m²	0.005	717.75	13 863	16.54	257	3.59	69.32	0.08	1.29
7-20 换	180×300×30 浅灰色蘑菇石面料石面	100 m²	0.003	717.75	12 843	16.54	257	2.15	38.53	0.05	0.77
7-20 换	180×170×30 浅灰色蘑菇石面料石面	100 m²	0.002	717.75	12 843	16.54	257	1.44	25.69	0.03	0.51
人工单价		小计						17.54	158.91	0.56	6.33
元/工日		未计价材料费									
清单项目综合单价								183.34			

备注:1. 分析表内的数量根据各子目工程量除以园路面积 101.2 m²。

2. 综合单价 = 17.54 元/m² + 158.91 元/m² + 0.56 元/m² + 6.33 元/m² = 183.34 元/m²。

（2）路牙综合单价分析

套用定额2-76，把定额内的条石70×250换算成60×80青石路牙，具体如下：

人工费 = 135 元/10 m

材料费 = 334.23 元/10 m + [(25 - 30) × 10.3]元/10 m = 282.73 元/10 m

机械费 = 0

企业管理费 = (135 + 0)元/10 m × 20% = 27 元/10 m

利润 = (135 + 0)元/10 m × 15% = 20.25 元/10 m

合计 = 135 元/10 m + 282.73 元/10 + 27 元/10 + 20.25 元/10 = 464.98 元/10 m

如表7.26所示。

表7.26　工程量清单综合单价分析表

工程名称：园路工程　　　　　　　　标段：　　　　　　　　　　　第1页　共1页

项目编码	050201002001		项目名称	路牙铺设		计量单位		m
清单综合单价组成明细								
定额编号	定额名称	定额单位	数量	单价/元				合价/元			
				人工费	材料费	机械费	管理费和利润	人工费	材料费	机械费	管理费和利润
2-76	60厚80宽青石路牙	10 m	0.1	135	282.73	0	47.25	13.5	28.27	0	4.72
人工单价		小计						13.5	28.27	0	4.72
元/工日		未计价材料费									
清单项目综合单价								46.49			

综合单价 = 13.5 元/m + 28.27 元/m + 4.72 元/m = 46.49 元/m

（3）编制分部分项工程量清单与计价表

根据以上综合单价分析数据，填写园路分部分项工程量清单计价表，见表7.27。

表7.27　分部分项工程量清单计价表

工程名称：园路工程　　　　　　　　标段：　　　　　　　　　　　第1页　共1页

序号	项目编码	项目名称	项目特征描述	计量单位	工程量	金额/元		
						综合单价	合价/元	其中：暂估价
1	050201001001	园路	面层材料为400×900×30厚青石板，180×300×30，180×170×30浅灰色蘑菇石面料石面，30厚1:3水泥砂浆黏结层；100厚C15素混凝土垫层；150厚碎石垫层；素土夯实	m²	101.2	183.34	18 554.01	
2	050201002001	路牙铺设	60厚80宽青石路牙	m	110	46.49	5 113.9	
本页小计							23 667.91	
合计							23 667.91	

7.4.3　措施费的构成及计算

措施费用是指工程量清单中,除工程量清单项目费用以外,为保证工程顺利进行,按照国家现行有关建设工程施工及验收规范、规程要求,必须配套完成的工程内容所需的费用。

由于措施项目是以一项提出的,计价时应根据拟建工程的施工方案或施工组织设计,详细分析所含工程内容,然后确定综合单价。招标人提出的措施项目是根据一般情况确定的,没有考虑投标人的个性,因此投标人在报价时,应根据企业的实际情况,调整措施项目清单的内容并报价。施工方案或施工组织设计不同,综合单价便有差异。

1)可计算工程量的措施清单项目费用

可计算工程量的措施清单项目费用包括混凝土与钢筋混凝土模板及脚手架费、支架费等,可按分部分项工程清单项目的综合单价计算方法确定。计算公式如下:

$$措施项目清单费 = \sum (技术措施项目清单工程量 \times 综合单价)$$

2)其他的措施项目清单费用

其他的措施项目清单费用包括安全文明施工费、大型机械设备进场及安拆费、夜间施工增加费、缩短工期增加费、二次搬运费、已完工程及设备保护费等,以"项"为单位的方式计价。

措施项目费由投标人根据企业状况自行确定,可高可低,编制人没计算或少计算的费用,视为已包括在其他费用中,除招标文件和合同约定外,不能得到额外的支付。计算好的措施项目费应填入"措施项目清单计价表"中,见表7.28。

表 7.28　措施项目清单计价表

序号	项目名称	金额/元
		需投标人填写

7.4.4　其他项目费的构成与计算

其他项目清单根据拟建工程的具体情况列项。其他项目一般包括以下几项:

①暂列金额。由招标人根据工程规模、结构负责程度、工期长短等因素确定列入。

②暂估价。包括材料暂估价和专业工程暂估价,可由招标人按估算金额确定。

③总承包服务费。以根据招标人提出要求所发生的费用为基数,按一定费率来计取。一般总承包服务费率取1%~3%。

④零星工作项目费。应根据"零星工作项目计价表"确定,其中综合单价应参照计价规范规定的综合单价组成填写。

7.4.5　规费的组成及计算

1)规费

规费是指政府和有关部门规定必须缴纳的费用,不得作为竞争性费用。规费包括以下内容:

①工程排污费,是指施工现场按规定缴纳的排污费用。

②工程定额测定费,是指按规定支付工程造价(定额)管理部门的定额测定费。

③养老保险统筹基金,是指企业按规定向社会保障主管部门缴纳的职工基本养老保险(社会统筹部分)。

④待业保险费,是指企业按照国家规定缴纳的待业保险金。

⑤医疗保险费,是指企业按规定向社会保障主管部门缴纳的职工基本医疗保险费。

2)规费计算

投标人在投标报价时,规费的计算一般按国家及有关部门规定的计算公式及费率标准计算。规费计算按下列公式执行:

$$规费 = 计算基数 \times 规费费率(\%)$$

7.4.6　税金的组成及计算

税金是指国家税法规定的应计入建筑安装工程造价内的营业税、城市建设维护税及教育费附加。投标人在投标报价时,税金的计算一般按国家及有关部门规定的计算公式及税率标准计算,不得作为竞争性费用。税金计算公式为:

$$税金 = (税前造价 + 利润) \times 税率(\%)$$

7.4.7　工程量清单计价步骤

1)熟悉工程量清单

工程量清单是计算工程造价最重要的依据。在计价时必须全面了解每一个清单项目的特征描述,熟悉其所包括的工程内容,以便在计价时不漏项,不重复。

2)研究招标文件

招标文件的有关条款、要求和合同条件是计价的重要依据。在招标文件中对有关发承包工程范围、内容、期限、工程材料、设备采购、供应办法等都有具体规定,只有在计价时按规定进行,才能保证计价的有效性。因此,投标单位拿到招标文件后,应根据招标文件的要求,对照图纸,对提供的工程量清单进行复核。

3)工程量清单的复核

在编制工程报价前应对工程量清单进行复核,主要包括以下几方面:

①分专业对施工图进行工程量的数量审查。招标文件中要求投标人审核工程量清单,如果投标人不审核,则不能发现清单编制中存在的问题,也就不能充分利用招标人给予投标人澄清问题的机会,由此产生的后果由投标人负责。工程数量的复核方法有全面复核法、主要项目抽查法、经验检验复核法等。复核方法的选择往往是由要复核的工程数量的时间长短、人员水平以及设备配置来确定的,如投标单位在接受一项投标任务后,如果投标时间较长又有工程量计算软件,便可以采用全面复核法来复核工程数量。

②根据图纸说明和各种规范对工程量清单项目进行审查。这主要是指依据规范和技术要求,审查清单项目是否漏项,例如电气设备中母线系统调试、低压供电系统调试等,是否在工程量清单中单独列项;混凝土灌注桩的工程内容是否包含护壁等。

③根据技术和招标文件的具体要求,对工程需要增加的内容进行审查,认真研究招标文件

是投标人争取中标的第一要素。由于每个项目都有自己的特殊要求,而这些要求一定会在招标文件中反映出来,这需要投标人仔细研究。有的工程量清单要求增加的内容、技术要求与招标文件不一致,只有通过审查和澄清才能统一起来。

投标人在工程量清单计价时如发现招标人提供的工程量清单中的项目、工程量与有关施工设计图纸计算的项目、工程量差异较大时,应向招标人提出,招标人应在招标文件要求提交投标文件截止时间至少 15 日前进行澄清,但投标人不得擅自调整工程量清单。

4)熟悉施工图纸

全面、系统地阅读图纸,是准确计算工程造价的前提。阅读图纸时应注意以下几点:

①按设计要求,收集图纸选用的标准图、大样图。

②认真阅读设计说明,掌握安装构件的部位和尺寸、安装施工要求及特点。

③了解本专业施工与其他专业施工工序之间的关系。

④对图纸中的错、漏以及表示不清楚的地方予以记录,以便在招标答疑会上询问解决。

5)熟悉工程量计算规则并计算施工工程量

要根据所给清单并结合施工图纸,计算出每个清单项目各工程内容的施工工程量。当采用消耗量定额分析分部分项工程量清单的综合单价时,要熟悉和掌握消耗量定额的工程量计算规则和定额的使用方法。

6)了解施工组织设计

施工组织设计或施工方案是施工单位的技术部门针对具体工程编制的施工作业的指导性文件,其中对施工技术措施、安全措施、施工机械配置、是否增加辅助项目等都应在工程计价的过程中予以注意。施工组织设计所涉及的费用主要属于措施项目费,同时对分部分项工程量清单的综合单价也有较大影响。

7)熟悉材料订货的有关情况

明确建设、施工单位双方在材料订货方面的分工。有无甲供材料,以及甲供材料的数量和单价是多少,本企业材料订货的厂家和价格等。

8)明确主材和设备的来源情况

主材和设备的型号、规格、重量、材质、品牌等对工程计价影响很大,因此主材和设备的范围及有关内容需要招标人予以明确,必要时注明产地和厂家。

7.4.8　工程量清单计价程序

1)工程量清单计价汇总顺序

单位工程费→单项工程费→工程项目总造价

①单位工程——指具有独立的设计文件、可独立组织施工,但建成后不能独立发挥生产能力和工程效益的工程,如建筑工程、装饰装修工程、安装工程、市政工程、园林绿化工程。

②单项工程——指具有独立设计文件,建成后能够独立发挥生产能力或效益的工程,如住宅楼、办公楼、电影院、图书馆等。有时比较单纯的建设项目就是一个单项工程,如只有一个车间的小型工厂。

③工程项目——经济上实行统一核算、行政上具有独立的组织形式,是经批准在一个设计任务书范围内所规定的全部工程,如一个建筑小区、一所学校、一座医院。一个建设项目可以是

一个单项工程,也可以是几个单项工程。

2)单位工程费计价程序

将分部分项工程费、措施项目费、其他项目费汇总,计取规费和税金后,便可计算出单位工程费,见表7.29。

表7.29 单位工程费计价程序表

序号	名称	计算方法
1	分部分项工程费	$\sum$(清单工程量 × 综合单价)
2	措施项目费	$\sum$(清单工程量 × 综合单价)
3	其他项目费	按招标文件规定
4	合计	1 + 2 + 3
5	规费	按各市规定计算
6	合计	4 + 5
7	税金	6 × 税率
8	单位工程造价合计	6 + 7

注:单项工程报价 = $\sum$ 单位工程报价

工程项目总报价 = $\sum$ 单项工程报价

7.5 工程量清单计价法实例

广东某小区凉亭的工程量清单计价编制

投标总价

投标总价

招 标 人:＿＿＿＿＿＿＿＿＿＿＿＿＿＿＿＿＿

工 程 名 称:

投标总价(小写):51 160.17

　　　　　(大写):伍万壹仟壹佰陆拾元壹角柒分

投 标 人:＿＿＿＿＿＿＿＿＿＿＿＿＿＿＿＿＿

　　　　　　　　　　　　　　　　(单位盖章)

法定代表人

或其授权人:＿＿＿＿＿＿＿＿＿＿＿＿＿＿＿＿＿

　　　　　　　　　　　　　　　(签字或盖章)

编 制 人:＿＿＿＿＿＿＿＿＿＿＿＿＿＿＿＿＿

　　　　　　　　　　　　(造价人员签字盖专用章)

编制时间: 年 月 日

总说明

工程名称:凉亭预算书　　　　　　　　　　　　　　　　　　　　　　　第1页　共1页

1. 本报价以《广东省建筑与装饰工程综合定额(2010)》为依据。 2. 信息价采用广州市 2013 年第一季度信息价。 3. 其他取费按公布的相关取费文件执行。

单位工程投标价汇总表

工程名称:凉亭预算书　　　　　　　　　　　　　　　　　　　　　　　第1页　共1页

序　号	费用名称	计算基础	金额/元
1	分部分项合计	分部分项合计	47 617.19
2	措施合计	安全防护、文明施工措施项目费 + 其他措施费	1 199.95
2.1	安全防护、文明施工措施项目费	安全及文明施工措施费	1 199.95
2.2	其他措施费	其他措施费	
3	其他项目	其他项目合计	619.02
3.1	材料检验试验费	材料检验试验费	142.85
3.2	工程优质费	工程优质费	
3.3	暂列金额	暂列金额	
3.4	暂估价	暂估价合计	
3.5	计日工	计日工	
3.6	总承包服务费	总承包服务费	
3.7	材料保管费	材料保管费	
3.8	预算包干费	分部分项合计	476.17
3.9	索赔费用	索赔费用	
3.10	现场签证费用	现场签证费用	
4	规费	规费合计	4.94
5	税金	分部分项合计 + 措施合计 + 其他项目 + 规费	1 719.07
6	总造价	分部分项合计 + 措施合计 + 其他项目 + 规费 + 税金	51 160.17
7	人工费	分部分项人工费 + 技术措施项目人工费	13 829.78

分部分项工程报价表

工程名称:凉亭预算书　　　　　　　　　　　　　　　　　　　　　　　第 1 页　共 2 页

序号	项目编码	项目名称	项目特征	计量单位	工程数量	金额/元	
						综合单价	合价
1	010101003001	挖基础土方		m³	11.76	54.6	642.1
2	010103001001	土(石)方回填		m³	10.11	16	161.76
3	010101001001	平整场地及夯实		m²	13.66	4.56	62.29
4	010401006001	300 厚 3:7 灰土垫层		m³	4.1	271.28	1 112.25
5	010401006002	300 厚天然级配砂砾防抗裂层		m³	4.1	208.07	853.09
6	010401006003	100 厚 C20 混凝土垫层		m³	1.37	456.84	625.87
7	010401002001	800 × 800 × 300 C25 混凝土柱基础		m³	0.96	472.99	454.07
8	010403001001	180 × 300 C25 混凝土基础地梁		m³	0.54	544.3	293.92
9	010402002001	ϕ200 C25 混凝土柱		m³	0.65	493.83	320.99
10	010403002001	525 × 285 C25 混凝土基础顶梁		m³	1.46	544.28	794.65
11	010405004001	半球形 120 厚 C25 混凝土顶板		m³	2.09	515.99	1 078.42
12	010416001001	钢筋制安		t	0.76	5 420.48	4 119.56
13	粤 010901001002	基础模板		m²	1.16	28.54	33.11
14	粤 010901001001	基础模板		m²	7.84	47	368.48
15	粤 010901002001	柱模板		m²	13.09	110.25	1 443.17
16	粤 010901003002	梁模板		m²	6	51.51	309.06
17	粤 010901003001	梁模板		m²	18.82	73.44	1 382.14
18	粤 010901005001	板模板		m²	17.41	150	2 611.5
19	020102001001	20 厚 1:2.5 水泥砂浆找平层		m²	22.66	13.58	307.72
20	020102001002	50 厚 ϕ600 烧面、荔枝面黄锈石花岗岩雕花		m²	0.28	296.43	83
21	020102001003	100 × 100 × 30 厚光面黄锈石花岗岩,按尺寸加工		m²	0.22	176.36	38.8
22	020102001004	5 宽不锈钢板		m	78.95	18.62	1 470.05
23	020102001005	ϕ20 ~ ϕ30 黑色卵石竖拼		m²	3.95	333.65	1 317.92
24	020102001006	300 × 300 × 30 厚荔枝面黄锈石花岗岩拼花		m²	4.77	176.42	841.52
		本页小计					20 725.44

分部分项工程报价表

工程名称:凉亭预算书 　　　　　　　　　　　　　　　　　　　　第 2 页　共 2 页

序号	项目编码	项目名称	项目特征	计量单位	工程数量	金额/元	
						综合单价	合价
25	020106001001	台阶 300×200×50 烧面蒙古黑花岗岩,按形切割,按尺寸加工(倒 1/2 圆单边)		m²	7.75	585.68	4 539.02
26	020604003001	柱脚 GRC 装饰件,米黄色外墙(真石)漆喷砂面(见详图 LD4.02.1)		件	5	417.95	2 089.75
27	020202002001	20 厚 1:2.5 水泥砂浆柱面造型(见详图 LD4.02.1)		m²	8.69	141.3	1 227.9
28	020506001001	柱面饰米黄色外墙(真石)漆喷砂面		m²	8.69	80.19	696.85
29	020604003002	柱顶 GRC 装饰件,浮雕效果,米黄色外墙(真石)漆喷砂面(见详图 LD4.02.1)		件	5	417.95	2 089.75
30	020604003003	亭顶线条 H310 GRC 装饰件,浮雕效果,米黄色外墙(真石)漆喷砂面(见详图 LD4.02.1)		m	11.84	296.89	3 515.18
31	020604003004	亭顶线条 H300 GRC 装饰件,浮雕效果,米黄色外墙(真石)漆喷砂面(见详图 LD4.02.1)		m	13.13	296.89	3 898.17
32	020604003005	亭顶肋线 φ50×H50,GRC 装饰件,米黄色外墙(真石)漆喷砂面(见详图 LD4.02.1)		m	12.5	121.84	1 523
33	粤 050306012001	GRC 宝顶安装		件	1	1 616.48	1 616.48
34	020301001001	亭顶 20 厚 1:2.5 水泥砂浆		m²	33.57	34.44	1 156.15
35	020506001002	亭顶饰米黄色外墙(真石)漆喷砂面		m²	33.57	80.19	2 691.98
36	粤 020701001001	综合钢脚手架		m²	68.25	25.93	1 769.75
37	粤 020701004001	满堂脚手架		m²	13.72	5.67	77.77
		本页小计					26 891.75
		合计					47 617.19

工程量清单综合单价分析表（一）

工程名称：凉亭预算书　　　　　　　　　　　　　　　　　　　第 1 页　共 37 页

项目编码	010101003001	项目名称	挖基础土方	计量单位	m³

清单综合单价组成明细

定额编号	定额名称	定额单位	数量	单价/元				合价/元			
				人工费	材料费	机械费	管理费和利润	人工费	材料费	机械费	管理费和利润
A1-9	挖基础土方	100 m³	0.01	2 647.76			690.2	26.48			6.9
A1-51	人力车运土方运距100 m内	100 m³	0.01	1 682.86			438.7	16.83			4.39
人工单价		小计						43.31			11.29
98 元/工日		未计价材料费									
清单项目综合单价								54.6			

材料费明细	主要材料名称、规格、型号	单位	数量	单价/元	合价/元
	其他材料费				—
	材料费小计				—

工程量清单综合单价分析表（一）

工程名称：凉亭预算书　　　　　　　　　　　　　　　　　　　第 2 页　共 37 页

项目编码	010103001001	项目名称	土(石)方回填	计量单位	m³

清单综合单价组成明细

定额编号	定额名称	定额单位	数量	单价/元				合价/元			
				人工费	材料费	机械费	管理费和利润	人工费	材料费	机械费	管理费和利润
A1-147	回填土夯实机夯实槽、坑	100 m³	0.01	1095.44		192	313.3	10.95		1.92	3.13
人工单价		小计						10.95		1.92	3.13
98 元/工日		未计价材料费									
清单项目综合单价								16			

材料费明细	主要材料名称、规格、型号	单位	数量	单价/元	合价/元
	其他材料费				—
	材料费小计				—

工程量清单综合单价分析表(一)

工程名称:凉亭预算书

项目编码	010101001001	项目名称	平整场地及夯实	计量单位	m²

| | | | | 清单综合单价组成明细 | | | | | | |

定额编号	定额名称	定额单位	数量	单价/元				合价/元			
				人工费	材料费	机械费	管理费和利润	人工费	材料费	机械费	管理费和利润
A1-1	平整场地及夯实	100 m²	0.01	361.62			94.26	3.62			0.94
人工单价			小计					3.62			0.94
98 元/工日			未计价材料费								
清单项目综合单价								4.56			

材料费明细	主要材料名称、规格、型号			单位	数量	单价/元	合价/元
	其他材料费					—	
	材料费小计					—	

工程量清单综合单价分析表(一)

工程名称:凉亭预算书

项目编码	010401006001	项目名称	300 厚 3:7 灰土垫层	计量单位	m³

| | | | | 清单综合单价组成明细 | | | | | | |

定额编号	定额名称	定额单位	数量	单价/元				合价/元			
				人工费	材料费	机械费	管理费和利润	人工费	材料费	机械费	管理费和利润
A4-74	300 厚 3:7 灰土垫层	10 m³	0.1	1 274	1 018.93		419.9	127.4	101.89		41.99
人工单价			小计					127.4	101.89		41.99
98 元/工日			未计价材料费								
清单项目综合单价								271.28			

材料费明细	主要材料名称、规格、型号			单位	数量	单价/元	合价/元
	其他材料费					—	101.89
	材料费小计					—	101.89

工程量清单综合单价分析表(一)

工程名称:凉亭预算书　　　　　　　　　　　　　　　　　　　　　第5页　共37页

项目编码	010401006002		项目名称	300厚天然级配砂砾防抗裂层		计量单位	m³	
清单综合单价组成明细								
定额编号	定额名称	定额单位	数量	单价/元				
				人工费	材料费	机械费	管理费和利润	

定额编号	定额名称	定额单位	数量	人工费	材料费	机械费	管理费和利润	人工费	材料费	机械费	管理费和利润
A4-73	300厚天然级配砂砾防抗裂层	10 m³	0.1	612.5	1 266.27		201.9	61.25	126.63		20.19
人工单价		小计						61.25	126.63		20.19
98元/工日		未计价材料费									
清单项目综合单价								208.07			

材料费明细	主要材料名称、规格、型号	单位	数量	单价/元	合价/元
	中砂	m³	1.167	89.76	104.75
	其他材料费			—	21.88
	材料费小计			—	126.63

工程量清单综合单价分析表(一)

工程名称:凉亭预算书　　　　　　　　　　　　　　　　　　　　　第6页　共37页

项目编码	010401006003		项目名称	100厚C20混凝土垫层		计量单位	m³	
清单综合单价组成明细								

定额编号	定额名称	定额单位	数量	人工费	材料费	机械费	管理费和利润	人工费	材料费	机械费	管理费和利润
A4 -58	100厚C20混凝土垫层	10 m³	0.1	986.86	8.12		325.3	98.69	0.81		32.53
8021903	普通商品混凝土碎石粒径20石C20	m³	1.015		320				324.81		
人工单价		小计						98.69	325.62		32.53
98元/工日		未计价材料费									
清单项目综合单价								208.07			

续表

材料费明细	主要材料名称、规格、型号	单位	数量	单价/元	合价/元
	普通商品混凝土碎石粒径 20 石 C20	m³	1.015	320	324.81
	其他材料费	—			0.81
	材料费小计	—			325.61

工程量清单综合单价分析表（一）

工程名称：凉亭预算书　　　　　　　　　　　　　　　　　　第 7 页　共 37 页

项目编码	010401002001		项目名称	800×800×300 C25 混凝土柱基础	计量单位	m³
清单综合单价组成明细						

定额编号	定额名称	定额单位	数量	单价/元				合价/元			
				人工费	材料费	机械费	管理费和利润	人工费	材料费	机械费	管理费和利润
A4-2	800×800×300 C25 混凝土柱基础	10 m³	0.1	851.62	20.72	161	312.5	85.16	2.07	16.14	31.25
8021904	普通商品混凝土碎石粒径 20 石 C25	m³	1.01		335				338.35		
人工单价			小计					85.16	340.42	16.14	31.25
98 元/工日			未计价材料费								
清单项目综合单价								472.99			

材料费明细	主要材料名称、规格、型号	单位	数量	单价/元	合价/元
	普通商品混凝土碎石粒径 20 石 C25	m³	1.01	335	338.35
	其他材料费	—			2.07
	材料费小计	—			340.42

工程量清单综合单价分析表（一）

工程名称：凉亭预算书　　　　　　　　　　　　　　　　　　　　　第 8 页　共 37 页

项目编码	010403001001	项目名称	180×300 C25 混凝土基础地梁	计量单位	m³

清单综合单价组成明细

定额编号	定额名称	定额单位	数量	单价/元				合价/元			
				人工费	材料费	机械费	管理费和利润	人工费	材料费	机械费	管理费和利润
A4-10	180×300 C25 混凝土基础地梁	10 m³	0.1	1 486.66	63.45	15	494.2	148.67	6.35	1.5	49.42
8021904	普通商品混凝土碎石粒径20石 C25	m³	1.01		335				338.35		
人工单价			小计					148.67	344.7	1.5	49.42
98 元/工日			未计价材料费								
清单项目综合单价								544.3			

材料费明细	主要材料名称、规格、型号	单位	数量	单价/元	合价/元
	普通商品混凝土碎石粒径20石 C25	m³	1.01	335	338.35
	其他材料费			—	6.34
	材料费小计			—	344.69

工程量清单综合单价分析表（一）

工程名称：凉亭预算书　　　　　　　　　　　　　　　　　　　　　第 9 页　共 37 页

项目编码	010402002001	项目名称	φ200C25 混凝土柱	计量单位	m³

清单综合单价组成明细

定额编号	定额名称	定额单位	数量	单价/元				合价/元			
				人工费	材料费	机械费	管理费和利润	人工费	材料费	机械费	管理费和利润
A4-5	φ200 C25 混凝土柱	10 m³	0.1	1136.8	24.33	14.9	378.8	113.68	2.43	1.49	37.88
8021904	普通商品混凝土碎石粒径20石 C25	m³	1.01		335				338.35		
人工单价			小计					113.68	340.78	1.49	37.88
98 元/工日			未计价材料费								

续表

清单项目综合单价				493.83	
材料费明细	主要材料名称、规格、型号	单位	数量	单价/元	合价/元
	普通商品混凝土碎石粒径20石C25	m³	1.01	335	338.35
	其他材料费		—		2.43
	材料费小计		—		340.78

工程量清单综合单价分析表(一)

工程名称:凉亭预算书

项目编码	010403002001			项目名称	525×285 C25 混凝土基础顶梁		计量单位	m³			
清单综合单价组成明细											
定额编号	定额名称	定额单位	数量	单价/元				合价/元			
				人工费	材料费	机械费	管理费和利润	人工费	材料费	机械费	管理费和利润
A4-10	525×285 C25 混凝土基础顶梁	10 m³	0.1	1 486.66	63.45	15	494.2	148.67	6.35	1.5	49.42
8021904	普通商品混凝土碎石粒径20石C25	m³	1.01		335				338.35		
人工单价		小计						148.67	344.7	1.5	49.42
98 元/工日		未计价材料费									
清单项目综合单价								544.28			
材料费明细	主要材料名称、规格、型号				单位	数量		单价/元		合价/元	
	普通商品混凝土碎石粒径20石C25				m³	1.01		335		338.35	
	其他材料费					—				6.34	
	材料费小计					—				344.69	

工程量清单综合单价分析表（一）

工程名称：凉亭预算书　　　　　　　　　　　　　　　　　　　　　　第 11 页　共 37 页

项目编码	010405004001		项目名称	半球形 120 厚 C25 混凝土顶板		计量单位		m³
清单综合单价组成明细								
定额编号	定额名称	定额单位	数量	单价/元				合价/元
				人工费	材料费	机械费	管理费和利润	人工费	材料费	机械费	管理费和利润
A4-15	半球形 120 厚 C25 混凝土顶板	10 m³	0.1	1 290.66	36.87	18.3	430.5	129.07	3.69	1.83	43.05
8021904	普通商品混凝土碎石粒径 20 石 C25	m³	1.01		335				338.35		
人工单价		小计						129.07	342.04	1.83	43.05
98 元/工日		未计价材料费									
清单项目综合单价								515.99			
材料费明细	主要材料名称、规格、型号			单位	数量	单价/元		合价/元			
	普通商品混凝土碎石粒径 20 石 C25			m³	1.01	335		338.35			
	其他材料费					—		3.69			
	材料费小计					—		342.04			

工程量清单综合单价分析表（一）

工程名称：凉亭预算书　　　　　　　　　　　　　　　　　　　　　　第 12 页　共 37 页

项目编码	010416001001		项目名称	钢筋制安	计量单位		t
清单综合单价组成明细							
定额编号	定额名称	定额单位	数量	单价/元				合价/元
				人工费	材料费	机械费	管理费和利润	人工费	材料费	机械费	管理费和利润
A4-176 换	现浇构件圆钢 φ25 内 φ10~φ25	t	0.842 1	584.27	4 525.72	57	202.6	492.02	3 811.13	47.99	170.59
A4-181 换	现浇构件箍筋圆钢 φ10 内 φ10~φ25	t	0.092 1	1 179.86	4 215.22	89	399.6	108.67	388.24	8.2	36.8
A4-175	现浇构件圆钢 φ10 内	t	0.065 8	852.21	4 216.89	61.5	293.7	56.07	277.43	4.04	19.32
人工单价		小计						656.75	4 476.8	60.24	226.71
98 元/工日		未计价材料费									
清单项目综合单价								5 420.48			

续表

材料费明细	主要材料名称、规格、型号	单位	数量	单价/元	合价/元
	圆钢 φ10 以内	t	0.161 1	4 080.39	657.16
	圆钢 φ12 ~ φ25	t	0.88	4 264.03	3 752.35
	其他材料费			—	67.3
	材料费小计			—	4 477

工程量清单综合单价分析表（一）

工程名称:凉亭预算书　　　　　　　　　　　　　　　　　　　　　第 13 页　共 37 页

项目编码	粤 010901001002		项目名称	基础模板		计量单位		m²	
清单综合单价组成明细									
定额编号	定额名称	定额单位	数量	单价/元				合价/元	
				人工费	材料费	机械费	管理费和利润	人工费	材料费	机械费	管理费和利润
A21-12	基础垫层模板	100 m²	0.01	1 056.44	1 384.72	65.8	348	10.56	13.85	0.66	3.48
人工单价		小计						10.56	13.85	0.66	3.48
98 元/工日		未计价材料费									
清单项目综合单价								28.54			
材料费明细	主要材料名称、规格、型号			单位	数量		单价/元		合价/元		
	松杂板枋材			m³	0.009 1		1 363.56		12.34		
	其他材料费						—		1.53		
	材料费小计						—		13.94		

工程量清单综合单价分析表（一）

工程名称:凉亭预算书　　　　　　　　　　　　　　　　　　　　　第 14 页　共 37 页

项目编码	粤 010901001001		项目名称	基础模板		计量单位		m²	
清单综合单价组成明细									
定额编号	定额名称	定额单位	数量	单价/元				合价/元	
				人工费	材料费	机械费	管理费和利润	人工费	材料费	机械费	管理费和利润
A21-3 换	独立基础模板清水混凝土	100 m²	0.01	1 980.83	1 921.2	153	644.7	19.81	19.21	1.53	6.45
人工单价		小计						19.81	19.21	1.53	6.45
98 元/工日		未计价材料费									

清单项目综合单价				47	
材料费明细	主要材料名称、规格、型号	单位	数量	单价/元	合价/元
	松杂板枋材	m³	0.008 7	1 363.56	11.81
	其他材料费			—	7.4
	材料费小计			—	19.27

工程量清单综合单价分析表（一）

工程名称:凉亭预算书

项目编码	粤010901002001		项目名称		柱模板		计量单位			m²
清单综合单价组成明细										
定额编号	定额名称	定额单位	数量	单价/元				合价/元		
				人工费	材料费	机械费	管理费和利润	人工费	材料费	机械费	管理费和利润
A21-18 + A21-19	圆形柱模板（木支撑）支模高度3.6 m内,实际高度（m）:4.3	100 m²	0.01	5 274.36	3 793.37	238	1 720	52.74	37.93	2.38	17.2
人工单价		小计						52.74	37.93	2.38	17.2
98 元/工日		未计价材料费									
清单项目综合单价								110.25			
材料费明细	主要材料名称、规格、型号			单位	数量		单价/元		合价/元		
	松杂板枋材			m³	0.025 2		1 363.56		34.34		
	其他材料费						—		3.59		
	材料费小计						—		37.95		

工程量清单综合单价分析表（一）

项目编码	粤010901003002		项目名称		梁模板		计量单位		m²
清单综合单价组成明细									
定额编号	定额名称	定额单位	数量	单价/元				合价/元	
				人工费	材料费	机械费	管理费和利润	人工费	材料费	机械费	管理费和利润
A21-24	基础梁模板	100 m²	0.01	2 451.96	1 842.24	139	718.4	24.52	18.42	1.39	7.18
人工单价			小计					24.52	18.42	1.39	7.18
98 元/工日			未计价材料费								
清单项目综合单价								51.51			
材料费明细	主要材料名称、规格、型号			单位	数量		单价/元		合价/元		
	松杂板枋材			m³	0.007 9		1 363.56		10.82		
	其他材料费						—		7.61		
	材料费小计						—		18.38		

工程量清单综合单价分析表（一）

项目编码	粤010901003001		项目名称		梁模板		计量单位		m²
清单综合单价组成明细									
定额编号	定额名称	定额单位	数量	单价/元				合价/元	
				人工费	材料费	机械费	管理费和利润	人工费	材料费	机械费	管理费和利润
A21-28	弧形梁、异形梁模板支模高度3.6 m	100 m²	0.01	4 438.42	1 426.31	191	1 289	44.38	14.26	1.91	12.89
人工单价			小计					44.38	14.26	1.91	12.89
98 元/工日			未计价材料费								
清单项目综合单价								73.44			
材料费明细	主要材料名称、规格、型号			单位	数量		单价/元		合价/元		
	松杂板枋材			m³	0.005 6		1 363.56		7.68		
	其他材料费						—		6.59		
	材料费小计						—		14.22		

工程量清单综合单价分析表(一)

工程名称:凉亭预算书

项目编码	粤 010901005001		项目名称		板模板		计量单位		m²
清单综合单价组成明细									
定额编号	定额名称	定额单位	数量	单价/元				合价/元	
				人工费	材料费	机械费	管理费和利润	人工费	材料费	机械费	管理费和利润

定额编号	定额名称	定额单位	数量	人工费	材料费	机械费	管理费和利润	人工费	材料费	机械费	管理费和利润
A21-52 换	亭面板 支模高度3.6 m,实际高度(m):5.2	100 m²	0.01	8 567.16	3 634.26	317	2 482	85.67	36.34	3.17	24.82
人工单价		小计						85.67	36.34	3.17	24.82
98 元/工日		未计价材料费									
清单项目综合单价								150			

材料费明细	主要材料名称、规格、型号		单位	数量	单价/元	合价/元
	松杂板枋材		m³	0.024 2	1 363.56	33
	其他材料费				—	3.34
	材料费小计				—	36.34

工程量清单综合单价分析表(一)

工程名称:凉亭预算书

项目编码	020102001001		项目名称		20 厚 1:2.5 水泥砂浆找平层		计量单位		m²
清单综合单价组成明细									

定额编号	定额名称	定额单位	数量	人工费	材料费	机械费	管理费和利润	人工费	材料费	机械费	管理费和利润
A9-1	20 厚 1:2.5 水泥砂浆找平层	100 m²	0.01	524.2	42.07		142.7	5.24	0.42		1.43
8001651	水泥砂浆 1:2.5	m³	0.020 2	29.4	270.47	16.3	5.29	0.59	5.46	0.33	0.11
人工单价		小计						5.84	5.88	0.33	1.53
98 元/工日		未计价材料费									
清单项目综合单价								13.58			

材料费明细	主要材料名称、规格、型号		单位	数量	单价/元	合价/元
	复合普通硅酸盐水泥 P.C 32.5		t	0.000 6	354.71	0.21
	其他材料费				—	5.67
	材料费小计				—	5.88

工程量清单综合单价分析表(一)

工程名称:凉亭预算书

项目编码	020102001002	项目名称	50 厚 φ600 烧面、荔枝面黄锈石花岗岩雕花	计量单位	m²

清单综合单价组成明细											
定额编号	定额名称	定额单位	数量	单价/元				合价/元			
				人工费	材料费	机械费	管理费和利润	人工费	材料费	机械费	管理费和利润
A9-49 换	50 厚 φ600 烧面、荔枝面黄锈石花岗岩雕花	100 m²	0.01	2 404.72	25 932.71		654.7	24.05	259.33		6.55
8001651	水泥砂浆1:2.5	m³	0.020 4	29.4	270.47	16.3	5.29	0.6	5.51	0.33	0.11
人工单价		小计						24.65	264.83	0.33	6.65
98 元/工日		未计价材料费									
清单项目综合单价								296.43			

材料费明细	主要材料名称、规格、型号	单位	数量	单价/元	合价/元
	复合普通硅酸盐水泥 P. C 32.5	t	0.000 7	354.71	0.25
	其他材料费			—	264.57
	材料费小计			—	264.81

工程量清单综合单价分析表(一)

工程名称:凉亭预算书

项目编码	020102001003	项目名称	100×100×30 厚光面黄锈石花岗岩,按尺寸加工	计量单位	m²

清单综合单价组成明细											
定额编号	定额名称	定额单位	数量	单价/元				合价/元			
				人工费	材料费	机械费	管理费和利润	人工费	材料费	机械费	管理费和利润
A9-49 换	100×100×30 厚光面黄锈石花岗岩,按尺寸加工	100 m²	0.01	2 404.72	13 932.71		654.7	24.05	139.33		6.55
8001651	水泥砂浆1:2.5	m³	0.02	29.4	270.47	16.3	5.29	0.59	5.41	0.33	0.11
人工单价		小计						24.64	144.74	0.33	6.65
98 元/工日		未计价材料费									

材料费明细	清单项目综合单价				176.36	
	主要材料名称、规格、型号	单位	数量	单价/元	合价/元	
	复合普通硅酸盐水泥 P.C 32.5	t	0.000 5	354.71	0.16	
	其他材料费			—	144.46	
	材料费小计			—	144.64	

工程量清单综合单价分析表(一)

工程名称:凉亭预算书 　　　　　　　　　　　　　　　　　　　第 22 页　共 37 页

项目编码	020102001004	项目名称			5 宽不锈钢板		计量单位		m	
清单综合单价组成明细										
定额编号	定额名称	定额单位	数量	单价/元				合价/元		
				人工费	材料费	机械费	管理费和利润	人工费	材料费	机械费	管理费和利润
A9-177	5 宽不锈钢板	100 m	0.01	56.45	1 790.68		15.37	0.56	17.91		0.15
人工单价			小计					0.56	17.91		0.15
98 元/工日			未计价材料费								
清单项目综合单价								18.62		

材料费明细	主要材料名称、规格、型号	单位	数量	单价/元	合价/元
	不锈钢 10×5	m	1.06	16.89	17.9
	其他材料费			—	
	材料费小计			—	17.91

工程量清单综合单价分析表(一)

工程名称:凉亭预算书 　　　　　　　　　　　　　　　　　　　第 23 页　共 37 页

项目编码	020102001005	项目名称		$\phi 20 \sim \phi 30$ 黑色卵石竖拼		计量单位		m^2	
清单综合单价组成明细									
定额编号	定额名称	定额单位	数量	单价/元				合价/元		
				人工费	材料费	机械费	管理费和利润	人工费	材料费	机械费	管理费和利润
A18-20	河卵石路面竖铺完成厚度 8 cm	10 m²	0.1	1 967.35	685.74		514.6	196.74	68.57		51.46
8001651	水泥砂浆 1:2.5	m³	0.052 5	29.4	270.47	16.3	5.29	1.54	14.2	0.85	0.28
人工单价			小计					198.28	82.78	0.85	51.73
98 元/工日			未计价材料费								
清单项目综合单价								333.65		

续表

材料费明细	主要材料名称、规格、型号	单位	数量	单价/元	合价/元
	复合普通硅酸盐水泥 P. C 32.5	t	0.002	354.71	0.71
	其他材料费	—			82.06
	材料费小计	—			82.77

工程量清单综合单价分析表(一)

工程名称:凉亭预算书　　　　　　　　　　　　　　　　　　　　　　第 24 页　共 37 页

项目编码	020102001006		项目名称	300×300×30厚荔枝面黄锈石花岗岩拼花	计量单位		m²

清单综合单价组成明细											
定额编号	定额名称	定额单位	数量	单价/元				合价/元			
				人工费	材料费	机械费	管理费和利润	人工费	材料费	机械费	管理费和利润
A9-49 换	300×300×30厚荔枝面黄锈石花岗岩拼花	100 m²	0.01	2 404.72	13 932.71		654.7	24.05	139.33		6.55
8001651	水泥砂浆 1:2.5	m³	0.020 2	29.4	270.47	16.3	5.29	0.59	5.47	0.33	0.11
人工单价		小计						24.64	144.79	0.33	6.65
98 元/工日		未计价材料费									
清单项目综合单价								176.42			

材料费明细	主要材料名称、规格、型号	单位	数量	单价/元	合价/元
	复合普通硅酸盐水泥 P. C 32.5	t	0.000 6	354.71	0.22
	300×300×30厚荔枝面黄锈石拼花图案	m²	1.2	115	138
	其他材料费	—			6.58
	材料费小计	—			144.79

工程量清单综合单价分析表(一)

工程名称:凉亭预算书   第 25 页   共 37 页

项目编码	020106001001	项目名称	台阶 300 × 200 ×50 烧面蒙古黑花岗岩	计量单位	m²

| 清单综合单价组成明细 |||||||||||

定额编号	定额名称	定额单位	数量	单价/元				合价/元			
				人工费	材料费	机械费	管理费和利润	人工费	材料费	机械费	管理费和利润
A9-51 R * 1.1	台阶 300 × 200 ×50 烧面蒙古黑花岗岩	100 m²	0.01	5 426.54	50 822.41		1 432	54.27	508.22		14.32
8001651	水泥砂浆 1:2.5	m³	0.027 6	29.4	270.47	16.3	5.29	0.81	7.46	0.45	0.15
人工单价		小计						55.08	515.69	0.45	14.47
98 元/工日		未计价材料费									
清单项目综合单价									585.68		

材料费明细	主要材料名称、规格、型号	单位	数量	单价/元	合价/元
	复合普通硅酸盐水泥 P. C 32.5	t	0.000 8	354.71	0.29
	300 ×200 ×50 厚烧面蒙古黑	m²	1.446 9	350	506.42
	其他材料费			—	8.96
	材料费小计			—	515.66

工程量清单综合单价分析表(一)

工程名称:凉亭预算书   第 26 页   共 37 页

项目编码	020604003001	项目名称	柱脚 GRC 装饰件,米黄色外墙(真石)漆喷砂面	计量单位	件

| 清单综合单价组成明细 |||||||||||

定额编号	定额名称	定额单位	数量	单价/元				合价/元			
				人工费	材料费	机械费	管理费和利润	人工费	材料费	机械费	管理费和利润
A14-66	柱脚 GRC 装饰件,米黄色外墙漆喷砂面	100 m	0.013 8	5 503.68	19 927.81		1 445	76.04	275.32		19.97
A16-209	内墙真石涂料装饰线	100 m²	0.008 3	634.55	4 661.37	150	178.8	5.26	38.64	1.24	1.48
人工单价		小计						81.3	313.97	1.24	21.45
98 元/工日		未计价材料费									
清单项目综合单价									417.95		

续表

<table>
<tr><td rowspan="6">材料费明细</td><td>主要材料名称、规格、型号</td><td>单位</td><td>数量</td><td>单价/元</td><td>合价/元</td></tr>
<tr><td>不锈钢膨胀螺栓 M10×7</td><td>套</td><td>4.227 7</td><td>3.5</td><td>14.8</td></tr>
<tr><td>内墙真石涂料</td><td>kg</td><td>2.097 4</td><td>14.7</td><td>30.83</td></tr>
<tr><td>GRC 装饰柱脚 300 mm</td><td>m</td><td>1.395 4</td><td>180</td><td>251.18</td></tr>
<tr><td colspan="3">其他材料费</td><td>—</td><td>12.87</td></tr>
<tr><td colspan="3">材料费小计</td><td>—</td><td>309.67</td></tr>
</table>

工程量清单综合单价分析表（一）

工程名称：凉亭预算书

<table>
<tr><td>项目编码</td><td>020202002001</td><td>项目名称</td><td colspan="2">20 厚 1:2.5 水泥砂浆柱面造型</td><td>计量单位</td><td colspan="4">m²</td></tr>
<tr><td colspan="10">清单综合单价组成明细</td></tr>
<tr><td rowspan="2">定额编号</td><td rowspan="2">定额名称</td><td rowspan="2">定额单位</td><td rowspan="2">数量</td><td colspan="4">单价/元</td><td colspan="4">合价/元</td></tr>
<tr><td>人工费</td><td>材料费</td><td>机械费</td><td>管理费和利润</td><td>人工费</td><td>材料费</td><td>机械费</td><td>管理费和利润</td></tr>
<tr><td>A10-56</td><td>柱面水泥砂浆造型</td><td>100 m²</td><td>0.01</td><td>7 098.14</td><td>804.59</td><td>29.7</td><td>1 936</td><td>70.98</td><td>8.05</td><td>0.3</td><td>19.36</td></tr>
<tr><td>A10-18</td><td>20 厚 1:2.5 水泥砂浆柱面造型</td><td>100 m²</td><td>0.01</td><td>2 183.44</td><td>34.85</td><td></td><td>594.5</td><td>21.83</td><td>0.35</td><td></td><td>5.94</td></tr>
<tr><td>8001651</td><td>水泥砂浆 1:2.5</td><td>m³</td><td>0.023 3</td><td>29.4</td><td>270.47</td><td>16.3</td><td>5.29</td><td>0.69</td><td>6.3</td><td>0.38</td><td>0.12</td></tr>
<tr><td>A10-92</td><td>柱面水泥砂浆凹缝</td><td>100 m²</td><td>0.01</td><td>549.78</td><td></td><td>149.7</td><td></td><td>5.5</td><td></td><td></td><td>1.5</td></tr>
<tr><td>人工单价</td><td colspan="3">小计</td><td colspan="4"></td><td>99</td><td>14.7</td><td>0.68</td><td>26.92</td></tr>
<tr><td>98 元/工日</td><td colspan="3">未计价材料费</td><td colspan="8"></td></tr>
<tr><td colspan="4">清单项目综合单价</td><td colspan="8">141.3</td></tr>
<tr><td rowspan="4">材料费明细</td><td colspan="3">主要材料名称、规格、型号</td><td colspan="2">单位</td><td colspan="2">数量</td><td colspan="2">单价/元</td><td>合价/元</td></tr>
<tr><td colspan="3">复合普通硅酸盐水泥 P.C 32.5</td><td colspan="2">t</td><td colspan="2">0.001 8</td><td colspan="2">354.71</td><td>0.64</td></tr>
<tr><td colspan="3">其他材料费</td><td colspan="2"></td><td colspan="2">—</td><td colspan="2"></td><td>14.06</td></tr>
<tr><td colspan="3">材料费小计</td><td colspan="2"></td><td colspan="2">—</td><td colspan="2"></td><td>14.7</td></tr>
</table>

工程量清单综合单价分析表(一)

工程名称:凉亭预算书   第 28 页   共 37 页

项目编码	020506001001	项目名称	柱面饰米黄色外墙(真石)漆喷砂面	计量单位	m²

清单综合单价组成明细

定额编号	定额名称	定额单位	数量	单价/元				合价/元			
				人工费	材料费	机械费	管理费和利润	人工费	材料费	机械费	管理费和利润
A16-206	柱面饰米黄色(真石)漆喷砂面	100 m²	0.01	642.98	7 045.1	150	181	6.43	70.45	1.5	1.81
人工单价			小计					6.43	70.45	1.5	1.81
98 元/工日			未计价材料费								
清单项目综合单价								80.19			

材料费明细	主要材料名称、规格、型号	单位	数量	单价/元	合价/元
	透明底漆	kg	0.25	18	4.5
	外墙真石涂料	kg	2.5	25	62.5
	其他材料费			—	3.45
	材料费小计			—	70.45

工程量清单综合单价分析表(一)

工程名称:凉亭预算书   第 29 页   共 37 页

项目编码	020604003002	项目名称	柱顶 GRC 装饰件,浮雕效果,米黄色外墙(真石)漆喷砂面	计量单位	件

清单综合单价组成明细

定额编号	定额名称	定额单位	数量	单价/元				合价/元			
				人工费	材料费	机械费	管理费和利润	人工费	材料费	机械费	管理费和利润
A14-66	柱顶 GRC 装饰件,浮雕效果	100 m	0.0138	5 503.68	19 927.81		1 445	76.04	275.32		19.97
A16-209	内墙真石涂料装饰线	100 m²	0.008 3	634.55	4 661.37	150	178.8	5.26	38.64	1.24	1.48
人工单价			小计					81.3	313.97	1.24	21.45
98 元/工日			未计价材料费								
清单项目综合单价								417.95			

材料费明细	主要材料名称、规格、型号	单位	数量	单价/元	合价/元
	不锈钢膨胀螺栓 M10×7	套	4.227 7	3.5	14.8
	内墙真石涂料	kg	2.097 4	14.7	30.83
	柱顶 GRC 装饰件,浮雕效果 300 mm	m	1.395 4	180	251.18
	其他材料费			—	12.87
	材料费小计			—	311.96

工程量清单综合单价分析表（一）

工程名称：凉亭预算书

项目编码	020604003003	项目名称	亭顶线条 H310 GRC 装饰件，米黄色外墙（真石）漆喷砂面	计量单位	m

清单综合单价组成明细

定额编号	定额名称	定额单位	数量	单价/元				合价/元			
				人工费	材料费	机械费	管理费和利润	人工费	材料费	机械费	管理费和利润
A14-66	亭顶线条 H310 GRC 装饰件	100 m	0.01	5 503.68	19 927.81		1 445	55.04	199.28		14.45
A16-209	内墙真石涂料装饰线	100 m²	0.005	634.55	4 661.37	150	178.8	3.17	23.31	0.75	0.89
人工单价			小计					58.21	222.58	0.75	15.35
98 元/工日			未计价材料费								
清单项目综合单价								296.89			

材料费明细	主要材料名称、规格、型号	单位	数量	单价/元	合价/元
	不锈钢膨胀螺栓 M10×7	套	3.06	3.5	10.71
	内墙真石涂料	kg	1.265	14.7	18.6
	亭顶线条 H310 GRC 装饰件 300 mm	m	1.01	180	181.8
	其他材料费		—		8.89
	材料费小计		—		220.58

工程量清单综合单价分析表（一）

工程名称：凉亭预算书

项目编码	020604003004	项目名称	亭顶线条 H300 GRC 装饰件，浮雕效果，米黄色漆喷砂面	计量单位	m

清单综合单价组成明细

定额编号	定额名称	定额单位	数量	单价/元				合价/元			
				人工费	材料费	机械费	管理费和利润	人工费	材料费	机械费	管理费和利润
A14-66	亭顶线条 H300 GRC 装饰件	100 m	0.01	5 503.68	19 927.81		1 445	55.04	199.28		14.45
A16-209	内墙真石涂料装饰线	100 m²	0.005	634.55	4 661.37	150	178.8	3.17	23.31	0.75	0.89
人工单价			小计					58.21	222.58	0.75	15.35
98 元/工日			未计价材料费								

续表

清单项目综合单价				296.89	
材料费明细	主要材料名称、规格、型号	单位	数量	单价/元	合价/元
	不锈钢膨胀螺栓 M10×7	套	3.06	3.5	10.71
	内墙真石涂料	kg	1.265	14.7	18.6
	亭顶线条 H300 GRC 装饰件 300 mm	m	1.01	180	181.8
	其他材料费		—		8.89
	材料费小计		—		220.58

工程量清单综合单价分析表（一）

工程名称:凉亭预算书

项目编码	020604003005		项目名称	亭顶肋线 φ50×H50,GRC 装饰件,米黄色漆喷砂面	计量单位		m	

清单综合单价组成明细

定额编号	定额名称	定额单位	数量	单价/元				合价/元			
				人工费	材料费	机械费	管理费和利润	人工费	材料费	机械费	管理费和利润
A14-64	亭顶肋线 φ50×H50,GRC 装饰件	100 m	0.01	2 751.84	6 741.97		722.6	27.52	67.42		7.23
A16-209	内墙真石涂料装饰线	100 m²	0.003 5	634.55	4 661.37	150	178.8	2.22	16.31	0.52	0.63
人工单价			小计					29.74	83.73	0.52	7.85
98 元/工日			未计价材料费								
清单项目综合单价								121.84			

材料费明细	主要材料名称、规格、型号	单位	数量	单价/元	合价/元
	不锈钢膨胀螺栓 M10×7	套	2.04	3.5	7.14
	内墙真石涂料	kg	0.885 5	14.7	13.02
	亭顶肋线 φ50×H50,GRC 装饰件弧形 100	m	1.01	55	55.55
	其他材料费		—		6.21
	材料费小计		—		81.92

工程量清单综合单价分析表(一)

项目编码	粤 050306012001		项目名称	GRC 宝顶安装	计量单位		件

清单综合单价组成明细

定额编号	定额名称	定额单位	数量	单价/元				合价/元			
				人工费	材料费	机械费	管理费和利润	人工费	材料费	机械费	管理费和利润
A7-22	H895GRC 宝顶	座	1	732.06	691.77		186.9	732.06	691.77		186.86
8001651	水泥砂浆 1:2.5	m³	0.018	29.4	270.47	16.3	5.29	0.53	4.87	0.29	0.1
人工单价			小计					732.59	696.64	0.29	186.96
98 元/工日			未计价材料费								
清单项目综合单价								1 616.48			

材料费明细	主要材料名称、规格、型号			单位	数量	单价/元	合价/元
	H895GRC 宝顶 φ300×900			座	1	545.6	545.6
	其他材料费					—	151.04
	材料费小计					—	696.64

工程量清单综合单价分析表(一)

项目编码	020301001001		项目名称	亭顶20厚1:2.5水泥砂浆	计量单位		m²

清单综合单价组成明细

定额编号	定额名称	定额单位	数量	单价/元				合价/元			
				人工费	材料费	机械费	管理费和利润	人工费	材料费	机械费	管理费和利润
A11-8	亭顶板水泥石灰砂浆底,水泥砂浆面(10+5)mm	100 m²	0.01	2 510.27	40.58		648.7	25.1	0.41		6.49
8001651	水泥砂浆 1:2.5	m³	0.007 6	29.4	270.47	16.3	5.29	0.22	2.06	0.12	0.04
人工单价			小计					25.33	2.46	0.12	6.53
98 元/工日			未计价材料费								
清单项目综合单价								34.44			

材料费明细	主要材料名称、规格、型号			单位	数量	单价/元	合价/元
	复合普通硅酸盐水泥 P.C 32.5			t	0.000 7	354.71	0.25
	其他材料费					—	2.21
	材料费小计					—	2.46

工程量清单综合单价分析表(一)

工程名称:凉亭预算书

项目编码	020506001002		项目名称	亭顶饰米黄色外墙(真石)漆喷砂面	计量单位	项目编码
清单综合单价组成明细						

定额编号	定额名称	定额单位	数量	单价/元				合价/元			
				人工费	材料费	机械费	管理费和利润	人工费	材料费	机械费	管理费和利润
A16-206	亭顶饰米黄色外墙(真石)漆喷砂面	100 m²	0.01	642.98	7 045.1	150	181	6.43	70.45	1.5	1.81
人工单价		小计						6.43	70.45	1.5	1.81
98 元/工日		未计价材料费									
清单项目综合单价								80.19			

材料费明细	主要材料名称、规格、型号	单位	数量	单价/元	合价/元
	透明底漆	kg	0.25	18	4.5
	外墙真石涂料	kg	2.5	25	62.5
	其他材料费			—	3.45
	材料费小计			—	70.45

工程量清单综合单价分析表(一)

工程名称:凉亭预算书

项目编码	粤020701001001		项目名称	综合钢脚手架	计量单位	m²
清单综合单价组成明细						

定额编号	定额名称	定额单位	数量	单价/元				合价/元			
				人工费	材料费	机械费	管理费和利润	人工费	材料费	机械费	管理费和利润
A22-2	综合钢脚手架高度12.5 m以内	100 m²	0.01	1 145.62	976.81	155	315.4	11.46	9.77	1.55	3.15
人工单价		小计						11.46	9.77	1.55	3.15
98 元/工日		未计价材料费									
清单项目综合单价								25.93			

材料费明细	主要材料名称、规格、型号	单位	数量	单价/元	合价/元
	其他材料费			—	9.77
	材料费小计			—	9.77

工程量清单综合单价分析表(一)

工程名称:凉亭预算书

项目编码	粤 020701004001		项目名称	满堂脚手架		计量单位	m²

清单综合单价组成明细

定额编号	定额名称	定额单位	数量	单价/元				合价/元			
				人工费	材料费	机械费	管理费和利润	人工费	材料费	机械费	管理费和利润
A22-26 ×0.5	满堂脚手架(钢管)基本层3.6 m天棚面单独刷(喷)灰水高度在5.2~10 m	100 m²	0.01	337.12	127.03	13	89.17	3.37	1.27	0.13	0.89
人工单价			小计					3.37	1.27	0.13	0.89
98 元/工日			未计价材料费								
清单项目综合单价								5.67			

材料费明细	主要材料名称、规格、型号	单位	数量	单价/元	合价/元
	松杂板枋材	m³	0.000 1	1 363.56	0.07
	其他材料费			—	1.2
	材料费小计			—	1.34

工程量清单综合单价分析表(二)

工程名称:凉亭预算书

序号	项目编码	项目名称	项目特征	金额/元					综合单价
				人工费	材料费	机械使用费	管理费	利润	
1	010101003001	挖基础土方		43.31	0	0	3.49	7.8	54.6
2	010103001001	土(石)方回填		10.95	0	1.92	1.16	1.97	16
3	010101001001	平整场地及夯实		3.62	0	0	0.29	0.65	4.56
4	010401006001	300 厚 3:7 灰土垫层		127.4	101.89	0	19.06	22.93	271.28
5	010401006002	300 厚天然级配砂砾防抗裂层		61.25	126.63	0	9.16	11.03	208.07
6	010401006003	100 厚 C20 混凝土垫层		98.69	325.62	0	14.77	17.76	456.84
7	010401002001	800×800×300 C25 混凝土柱基础		85.17	340.43	16.14	15.92	15.33	472.99
8	010403001001	180×300 C25 混凝土基础地梁		148.67	344.7	1.5	22.67	26.76	544.3
9	010402002001	φ200 C25 混凝土柱		113.68	340.78	1.49	17.42	20.46	493.83

序号	项目编码	项目名称	项目特征	金额/元					综合单价
				人工费	材料费	机械使用费	管理费	利润	
10	010403002001	525×285 C25 混凝土基础顶梁		148.66	344.69	1.51	22.66	26.76	544.28
11	010405004001	半球形 120 厚 C25 混凝土顶板		129.07	342.04	1.83	19.82	23.23	515.99
12	010416001001	钢筋制安		656.75	4 476.8	60.22	108.49	118.22	5 420.48
13	粤 010901001002	基础模板		10.56	13.84	0.66	1.58	1.9	28.54
14	粤 010901001001	基础模板		19.81	19.21	1.53	2.88	3.57	47
15	粤 010901002001	柱模板		52.74	37.93	2.38	7.71	9.49	110.25
16	粤 010901003002	梁模板		24.52	18.42	1.39	2.77	4.41	51.51
17	粤 010901003001	梁模板		44.38	14.26	1.91	4.9	7.99	73.44
18	粤 010901005001	板模板		85.67	36.34	3.17	9.4	15.42	150
19	020102001001	20 厚 1∶2.5 水泥砂浆找平层		5.84	5.88	0.33	0.48	1.05	13.58
20	020102001002	50 厚 φ600 烧面、荔枝面黄锈石花岗岩雕花		24.64	264.82	0.32	2.21	4.44	296.43
21	020102001003	100×100×30 厚光面黄锈石花岗岩，按尺寸加工		24.64	144.73	0.32	2.23	4.44	176.36
22	020102001004	5 宽不锈钢板		0.56	17.91	0	0.05	0.1	18.62
23	020102001005	φ20～φ30 黑色卵石竖拼		198.28	82.78	0.86	16.04	35.69	333.65

工程量清单综合单价分析表(二)

工程名称:凉亭预算书　　　　　　　　　　　　　　　　　　　第2页　共2页

序号	项目编码	项目名称	项目特征	金额/元					综合单价
				人工费	材料费	机械使用费	管理费	利润	
24	020102001006	300×300×30 厚荔枝面黄锈石花岗岩拼花		24.64	144.79	0.33	2.22	4.44	176.42
25	020106001001	台阶 300×200×50 烧面蒙古黑花岗岩		55.08	515.69	0.45	4.55	9.91	585.68
26	020604003001	柱脚 GRC 装饰件，米黄色外墙(真石)漆喷砂面		81.3	313.96	1.24	6.82	14.63	417.95

续表

序号	项目编码	项目名称	项目特征	金额/元					综合单价
				人工费	材料费	机械使用费	管理费	利润	
27	020202002001	20厚1:2.5水泥砂浆柱面造型		99	14.7	0.68	9.1	17.82	141.3
28	020506001001	柱面饰米黄色外墙(真石)漆喷砂面		6.43	70.45	1.5	0.65	1.16	80.19
29	020604003002	柱顶GRC装饰件,米黄色漆喷砂面		81.3	313.96	1.24	6.82	14.63	417.95
30	020604003003	亭顶线条 H310 GRC装饰件,浮雕效果,米黄色漆喷砂面		58.21	222.58	0.75	4.87	10.48	296.89
31	020604003004	亭顶线条 H300 GRC装饰件,浮雕效果,米黄色漆喷砂面		58.21	222.58	0.75	4.87	10.48	296.89
32	020604003005	亭顶肋线 $\phi50 \times$ H50,GRC装饰件,米黄色外墙(真石)漆喷砂面		29.74	83.73	0.52	2.5	5.35	121.84
33	粤050306012001	GRC宝顶安装		732.59	696.64	0.29	55.09	131.87	1 616.48
34	020301001001	亭顶20厚1:2.5水泥砂浆		25.33	2.46	0.12	1.97	4.56	34.44
35	020506001002	亭顶饰米黄色漆喷砂面		6.43	70.45	1.5	0.65	1.16	80.19
36	粤020701001001	综合钢脚手架		11.46	9.77	1.55	1.09	2.06	25.93
37	粤020701004001	满堂脚手架		3.37	1.27	0.13	0.29	0.61	5.67

主要材料设备价格表

工程名称:凉亭预算书　　　　　　　　　　　　　　　　第1页　共1页

序号	材料设备编码	材料设备名称	规格、型号等特殊要求	单位	单价/元
1	0109031	圆钢	$\phi10$ 以内	t	4 080.39
2	0109041	圆钢	$\phi12 \sim \phi25$	t	4 264.03
3	0141021@1	不锈钢	10×5	m	16.89
4	0307361	不锈钢膨胀螺栓	$M10 \times 7$	套	3.5

续表

序号	材料设备编码	材料设备名称	规格、型号等特殊要求	单位	单价/元
5	0401013	复合普通硅酸盐水泥	P.C 32.5	t	354.71
6	0403021	中砂		m³	89.76
7	0503051	松杂板枋材		m³	1 363.56
8	0700041@1	GRC 装饰柱脚	300 mm	m	180
9	0700041@2	亭顶线条 H300 GRC 装饰件,浮雕效果	300 mm	m	180
10	0700041@3	亭顶线条 H310 GRC 装饰件,浮雕效果	300 mm	m	180
11	0700041@4	柱顶 GRC 装饰件,浮雕效果	300 mm	m	180
12	0701121@1	300×300×30 厚荔枝面黄锈石	拼花图案	m²	115
13	0701131@1	300×200×50 厚烧面蒙古黑		m²	350
14	1005061@1	亭顶肋线 $\phi50 \times H50$,GRC 装饰件	弧形 100	m	55
15	1101091	内墙真石涂料		kg	14.7
16	1101101	外墙真石涂料		kg	25
17	1111541	透明底漆		kg	18
18	2803151@1	H895GRC 宝顶	$\phi300 \times 900$	座	545.6
19	8021903	普通商品混凝土 碎石粒径 20 石	C20	m³	320
20	8021904	普通商品混凝土 碎石粒径 20 石	C25	m³	335

措施项目报价表(一)

工程名称:凉亭预算书 　　　　　　　　　　　　　　　　　　　　第 1 页　共 1 页

序号	项目名称	计算基础	费率/%	金额/元
1	安全文明施工措施费			
1.1	文明施工与环境保护、临时设施、安全施工	分部分项合计	2.52	1 199.95
	小计			1 199.95
2	其他措施费			

续表

序号	项目名称	计算基础	费率/%	金额/元
2.1	文明工地增加费	分部分项合计	0	
2.2	夜间施工增加费		20	
2.3	赶工措施	分部分项合计	0	
	小计			
	合计			1 199.95

注:本表适用于以"项"计价的措施项目。

措施项目报价表(二)

工程名称:凉亭预算书　　　　　　　　　　　　　　　　　　　　　　　　第1页　共1页

序号	项目编码	项目名称	项目特征	计量单位	工程数量	金额/元 综合单价	金额/元 合价
1		安全文明施工措施费					
1.1		综合脚手架(含安全网)		项	1		
1.2		内脚手架		项	1		
1.3		靠脚手架安全挡板和独立挡板		项	1		
1.4		围尼龙编织布		项	1		
1.5		模板的支撑		项	1		
1.6		现场围挡		项	1		
1.7		现场设置的卷扬机架		项	1		
		小计					
2		其他措施费					
2.1		泥浆池(槽)砌筑及拆除		项	1		
2.2		模板工程		项	1		
2.3		垂直运输工程		项	1		
2.4		材料二次运输		项	1		
2.5		成品保护工程		项	1		
2.6		混凝土泵送增加费		项	1		
2.7		大型机械设备进出场及安拆		项	1		
		小计					
		本页小计					
		合计					

注:本表使用于以综合单价形式计价的措施项目。

其他项目报价表

工程名称:凉亭预算书 　　　　　　　　　　　　　　　　第1页　共1页

序号	项目名称	单位	金额/元	备注
1	材料检验试验费	项	142.85	按分部分项工程费的0.3%计算
2	工程质优费	项		以分部分项工程费为计算基础,国家级质量奖:4%;省级质量奖:2.5%;市级质量奖:1.5%
3	暂列金额	项		
4	暂估价	项		
4.1	材料暂估价	项		
4.2	专业工程暂估价	项		
5	计日工	项		
6	总承包服务费	项		
7	材料保管费	项		按照材料、设备价格的1.5%收取
8	预算包干费	项	476.17	按分部分项工程费的0~2%计算
9	现场签证费用	项		
10	索赔费用	项		
	合计		619.02	

注:材料暂估单价进入清单项目综合单价,此处不汇总。

暂列金额明细表

工程名称:凉亭预算书 　　　　　　　　　　　　　　　　第1页　共1页

序号	项目名称	计量单位	暂定金额/元	备注
	合计		0	—

注:此表投标人应将招标人填写的暂列金额计入投标总价中。

材料暂估单价表

工程名称:凉亭预算书　　　　　　　　　　　　　　　　　第 1 页　共 1 页

序号	材料名称、规格、型号	计量单位	工程数量	金额/元		备注
				单价	合价	
合计						

注:此表投标人应将上述材料设备暂估单价计入招标人指定的清单项目综合单价内,列入投标总价中。

专业工程暂估价明细表

工程名称:凉亭预算书　　　　　　　　　　　　　　　　　第 1 页　共 1 页

序号	工程名称	工程内容	金额/元	备注
合计			0	

注:此表投标人应将上述专业工程暂估价计入投标总价中。

计日工报价表

工程名称:凉亭预算书　　　　　　　　　　　　　　　　　第 1 页　共 1 页

编号	项目名称	单位	暂定数量	综合单价	合价
一	人工				
1					
2					
人工小计					
二	材料				
1					
2					
材料小计					
三	施工机械				
1					
2					
施工机械小计					
合计					

总承包服务费计价表

工程名称:凉亭预算书　　　　　　　　　　　　　　　　　　第1页　共1页

序号	工程名称	项目价值/元	服务内容	费率/%	金额/元
1	发包人发包专业工程				
2	发包人供应材料				
	合计				

规费和税金项目计算表

工程名称:凉亭预算书　　　　　　　　　　　　　　　　　　第1页　共1页

序号	项目名称	计算基础	费率/%	金额/元
1	规费	规费合计		4.94
1.1	工程排污费	分部分项合计+措施合计+其他项目	0	
1.2	施工噪音排污费	分部分项合计+措施合计+其他项目	0	
1.3	防洪工程维护费	分部分项合计+措施合计+其他项目	0	
1.4	危险作业意外伤害保险费	分部分项合计+措施合计+其他项目	0.01	4.94
2	税金	分部分项合计+措施合计+其他项目+规费	3.477	1 719.07
				1 724.01

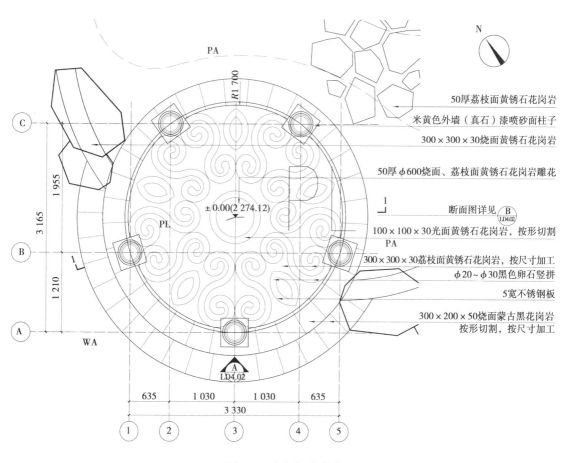

50厚荔枝面黄锈石花岗岩

米黄色外墙（真石）漆喷砂面柱子

300×300×30烧面黄锈石花岗岩

50厚φ600烧面、荔枝面黄锈石花岗岩雕花

断面图详见 B LD4.02

100×100×30光面黄锈石花岗岩，按形切割

300×300×30荔枝面黄锈石花岗岩，按尺寸加工

φ20~φ30黑色卵石竖拼

5宽不锈钢板

300×200×50烧面蒙古黑花岗岩
按形切割，按尺寸加工

图7.5　凉亭底平面图

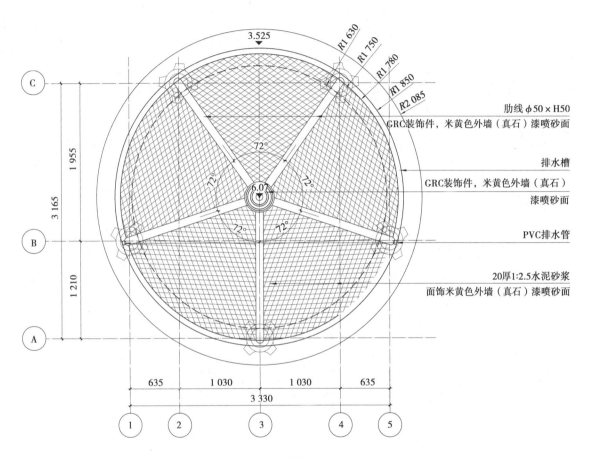

图 7.6 凉亭顶平面图

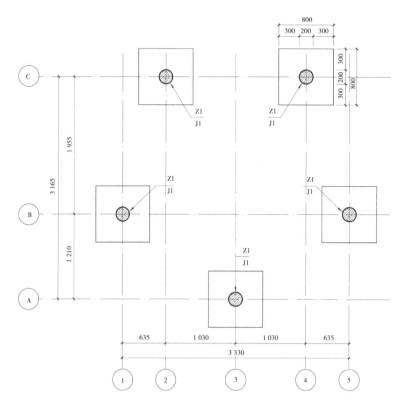

图7.7　凉亭基础平面图

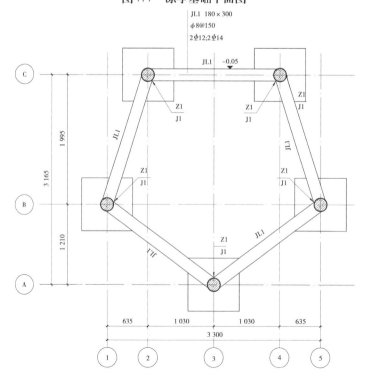

图7.8　凉亭基础梁平面图

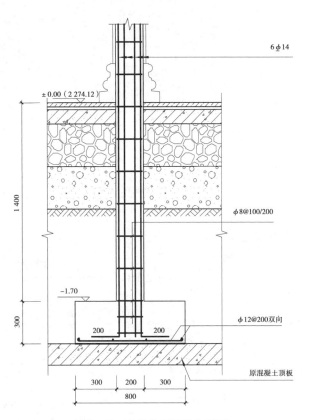

图 7.9 凉亭基础配筋大样图

图 7.10 凉亭柱配筋大样图 1

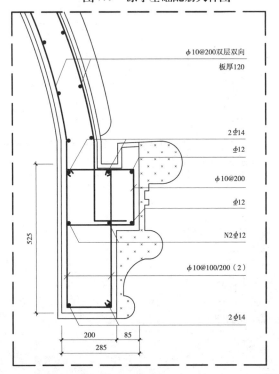

图 7.11 凉亭柱配筋大样图 2

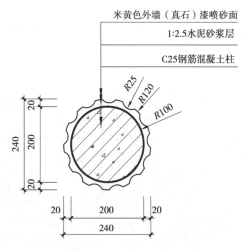

图 7.12 凉亭柱大样图

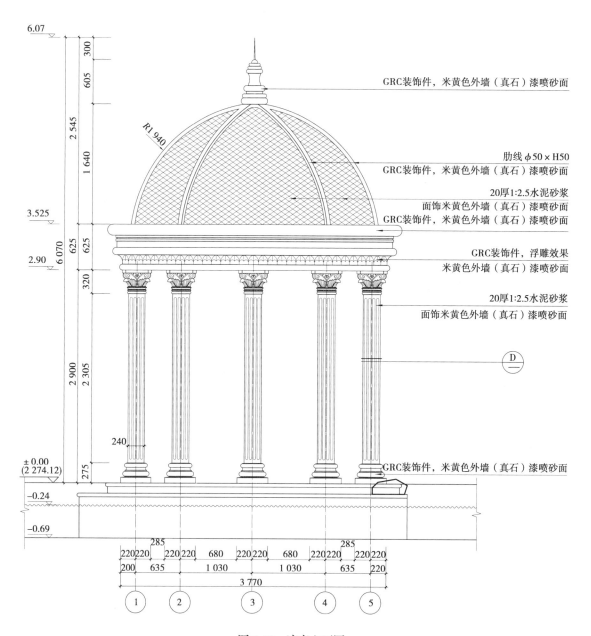

圖 7.13　涼亭立面圖

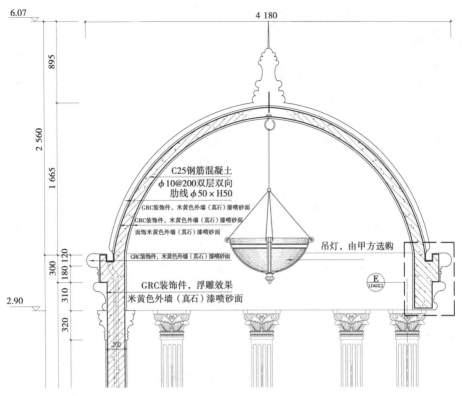

图 7.14 亭顶剖面图

图 7.15 凉亭地台剖面图

复习思考题

1. 简述工程量清单计价法的应用范围。

2. 工程量清单的编制程序是什么?

3. 工程量清单计价和定额计价的关系是什么?

4. 工程量清单由哪些表格组成和如何编制工程清单?

5. 工程量清单计价中综合单价的构成和计算方法是什么?

6. 简述工程量清单计价步骤。

7. 某小区园路宽 2 m(包括路牙),路牙采用 800 mm×200 mm×150 mm 芝麻灰花岗石,路面采用 500 mm×250 mm×20 mm 福建青花岗石铺装,20 厚 1∶3 水泥砂浆黏结。基层做法为:80 厚 C15 素混凝土垫层,100 厚干铺碎石垫层,垫层比园路每边宽 10 cm,素土夯实。请根据《建设工程工程量清单计价规范》(GB 50500—2013)附录 E.2 园路、园桥、假山工程的章节内容,试计算该园路分部分项工程量清单。

实验实训

1 工程量清单的编制

1. 目的要求

通过实训,使学生了解工程量清单的编制程序与方法,熟悉工程量清单的表格格式,掌握工程量清单的编制内容和要求。

2. 实训工具、用品

园林工程工程量清单计价指引、施工图纸、预算定额与费用定额、造价信息、施工组织设计等。

3. 内容与方法

(1)熟悉图纸和文件。

(2)根据《建设工程工程量清单计价规范》等文件对工程项目分项,分列项目,并熟悉工程量清单的格式。

(3)计算工程量,整理形成工程量清单。

(4)"封面"的填写,应按规定的内容填写、签字、盖章。

(5)"总说明"的编制。

(6)"分部分项工程量清单"的编制。

(7)"措施项目清单"的编制。

(8)"其他项目清单"的编制。

(9)"零星工作项目表"的编制。

4. 实训报告

编制完成一份详尽的工程量清单。

2　园林工程工程量清单报价的编制

1. 实训目的

通过实训,使学生了解工程量清单计价的编制程序与方法,掌握工程量清单计价的编制内容和要求。

2. 实训工具、用品

园林工程工程量清单计价指引、施工图纸、预算定额与费用定额、材价信息、施工组织设计等。

3. 内容与方法

(1)"封面"的填写。

(2)"总说明"的填写。

(3)"工程招标控制价汇总表"的编制。

(4)"单项工程招标控制价汇总表"的编制填写。

(5)"单位工程招标控制价汇总表"的编制填写。

(6)"分部分项工程量清单计价表"的编制填写。

(7)"措施项目清单计价表"的编制填写。

(8)"其他项目清单计价汇总表"的编制填写。

(9)"暂列金额明细表"的编制填写。

(10)"材料暂估单价表"的编制填写。

(11)"专业工程暂估价表"的编制填写。

(12)"计日工表"的编制填写。

(13)"总承包服务费计价表"的编制填写。

(14)"规费、税金项目清单计价表"的编制填写。

(15)"工程量清单综合单价分析表"的编制填写。

4. 实训报告

根据某园林工程施工图及设计说明,结合建设方意向,编制该园林工程的工程量清单报价。

园林工程预算审查与
竣工结算

【知识目标】

　　了解园林工程施工图预算审查的意义和依据、工程价款的主要结算方式、工程预付款及进度款的支付、竣工决算的作用和主要内容;熟悉审查园林工程施工图预算的内容;掌握园林工程施工图预算审查的方法和审查的步骤、工程竣工结算的概念、程序、审查及工程款差价的调整。

【技能目标】

　　能进行园林工程施工图预算的审查;能进行园林工程的竣工结算和决算。

8.1　园林工程施工图预算的审查

　　在园林工程施工过程中,园林施工图预算综合反映了园林工程造价,包括各种类型的园林建筑、园林绿化、园林景观水电安装工程在整个施工过程中所发生的全部费用的计算。因此,施工图预算编制完成以后,应由建设单位、设计单位、建设银行、建设监理单位或其他有关部门进行审查。其目的在于及时纠正预算编制中的错误,保证预算的编制质量,使其接近于客观实际,能真实地反映工程造价,从而达到合理分配基本建设资金和控制基本建设投资规模的目的。

8.1.1　园林工程施工图预算审查的意义和依据

1)审查的意义

　　(1)有利于正确确定工程造价、合理分配资金和加强计划管理　基本建设计划的编制、投资额的确定、资金的分配等工作的重要依据就是具体工程的概预算。因此,工程概预算的编制质量直接影响国家对基本建设计划的管理、资金的分配及投资规模的控制。工程概预算编制偏高或偏低,都会造成资金分配不合理。有的项目由于资金过多,产生浪费;有的项目由于资金不足,致使工程建设不能正常进行,因此造成基本建设投资和计划管理上的混乱。由此可见,对工程概预算进行审查,提高其编制质量,是正确确定工程造价、合理分配基本建设资金和加强基本建设计划管理的重要措施。

　　(2)有利于促进施工企业加强经济核算　施工企业依据施工图预算,通过一定的程序从建

设单位取得货币收入,施工图预算的高低直接影响施工企业的经济效益。施工图预算编制偏高,施工企业就能不用费力气地降低成本,轻而易举地取得超过实际消耗的货币收入,这样会使施工企业放松或忽视经济核算工作,降低经营管理水平,还会助长施工企业采用不正当手段取得非法收入的不正之风;施工图预算编制偏低,就会使施工企业工程建设中实际消耗的人力、物力和财力得不到应有的补偿,造成企业亏损、资金短缺,甚至无法组织正常的生产活动,挫伤企业的生产积极性。

对施工图预算进行实事求是的审查,该增的即增,该减的即减,使其符合客观实际,准确合理。这样既能保证那些经营管理较好的施工企业能够取得较好的经济效益,保护其生产积极性,同时又能促使那些经营管理较差的施工企业,通过加强经济核算,提高生产效率,降低工程成本等措施来改变企业的经济状况,以求得生存和发展。

(3)有利于选择经济合理的设计方案　一个优良的设计方案除具有良好的使用功能外,还必须满足技术先进、经济合理的要求。技术上的先进性可以依据有关的设计规范和标准等进行评价,经济上的合理性只有通过审查设计概算或施工图预算来评定,审查后的概预算可作为衡量同一工程不同设计方案经济合理性的可靠依据,从而可择优选出经济合理的设计贯穿于工程建设的整个周期,有编制概预算工作,就应有审查概预算工作。

2)审查的依据

(1)施工图纸和设计资料　完整的园林工程施工图预算图纸说明,以及图纸上注明采用的全部标准图集是审查园林工程预算的重要依据之一。园林建设单位、设计单位和施工单位对施工图会审签字后的会审记录也是审查施工图预算的依据。只有在设计资料完备的情况下才能准确地计算出园林工程中各分部、分项工程的工程量。

(2)仿古建筑及园林工程预算定额　《仿古园林工程预算定额》一般都详细规定了工程量计算方法,如各分项分部工程的工程量的计算单位,哪些工程应该计算,哪些工程定额中已综合考虑不应该计算,以及哪些材料允许换算,哪些材料不允许换算等,必须严格按定额的规定执行。这是园林工程施工图预算审查的第二个重要依据。

(3)单位估价表　工程所在地区颁布的单位估价表是审查园林工程施工图预算的第三个重要依据。工程量升级后,要严格按照单位估价表的规定以分部分项单价,填入预算表,计算出该工程的直接费。如果单位估价表缺项或当地没有现成的单位估价表,则就应由建设单位、设计单位、建设银行和施工单位在当地工程建设主管部门的主持下,根据国家规定的编制原则另行编制当地的单位估价表。

(4)补充单位估价表　材料预算价格和成品、半成品的预算价格,是审查园林工程施工图预算的第四个重要依据,在当地没有单位工程估价表或单位估价表所及的项目不能满足工程项目的需要时,需另行编制补充单位估价表,补充的单位估价表必须有当地的材料、成品、半成品的预算价格。

(5)园林工程施工组织设计或施工方案　施工单位根据园林工程施工图所做的施工组织设计或施工方案是审查施工图预算的第五个重要依据。施工组织设计或施工方案必须合理,而且必须经过上级或业务主管部门的批准。

(6)施工管理费定额和其他取费标准　直接费计算完后,要根据建设工程建设主管部门颁布的施工管理费定额和其他取费标准计算出预算总值。有些省份的施工管理费是按照直接费中的人工费乘以不同的费率计算的。

(7)建筑材料手册和预算手册 在计算工程量过程中,为了简化计算方法,节约计算时间,可以使用符合当地规定的建筑材料手册和预算手册审查施工图预算。

(8)施工合同或协议书及现行的有关文件 施工图预算要根据甲乙双方签订的施工合同或施工协议进行审查。例如,材料由谁负责采购、材料差价由谁负责等。

8.1.2 审查的方法

为了提高预算编制质量,使预算能够完整地、准确地反映建设工程产品的实际造价,必须认真审核预算文件。

单位工程施工图预算由直接费、间接费、计划利润和税金等组成。直接费是构成工程造价的主要因素,又是计取其他费用的基础,是预算审核的重点。其次是间接费和计划利润等。

常用审核的方法有三种。

1)全面审查法

全面审查法也可称为重算法,它同编预算一样,将图纸内容按照预算书的顺序重新计算一遍,审查每一个预算项目的尺寸、计算和定额标准等是否有错误。这种方法全面细致,所审核过的工程预算准确性较高,但工作量大,不能做到快速。

2)重点审查法

重点审查法是将预算中的重点项目进行审核的一种方法。审核过程中,从略审核在预算中工程量小、价格低的项目,而将主要精力用于审核工程量大、造价高的项目。此方法若能掌握得好,能较准确快速地进行审核工作,但不能达到全面审查的深度和细度。

3)分解对比审查法

分解对比审查法是将工程预算中的一些数据通过分析计算,求出一系列的经济技术数据,审查时首先以这些数据为基础,将要审查的预算与同类同期或类似的工程预算中的一些经济技术数据相比较以达到分析或寻找问题的一种方法。

在实际工作中,可采用分解对比审查法初步发现问题,然后采用重点审查法对其进行认真仔细核查,能较准确快速地进行审核工作,达到较好的结果。

8.1.3 审核工程预算的步骤

1)做好准备工作

审核工程预算的准备工作,与编制工程预算要收集的资料基本上一样,包括以下内容:
①概预算定额和单位估价表。
②施工图纸、设计变更通知和现场签证。
③工程设计所采用的通用图集和标准图册。
④材料预算价格,当地工程造价管理部门颁发的价格信息资料和补充定额。
⑤当地工程造价管理部门颁发的其他有关文件等。

2)了解施工现场情况

在文件资料收集齐全并熟悉其内容之后,审查人员还必须到施工现场参加技术交底,深入

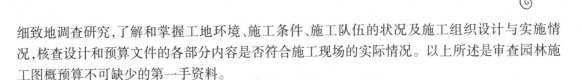

细致地调查研究,了解和掌握工地环境、施工条件、施工队伍的状况及施工组织设计与实施情况,核查设计和预算文件的各部分内容是否符合施工现场的实际情况。以上所述是审查园林施工图概预算不可缺少的第一手资料。

3) 根据情况对概预算开展审核

由于施工工程的规模大小、繁简程度不同,施工企业情况不同,工程所在地的环境的不同,所编的概预算的质量水平也就有所不同。因此审核预算人员应采用多种多样的审核方法,例如全面审核法、重点审核法、经验审核法、快速审核法,以及分解对比审核法等。在审查过程中,必须坚持实事求是的原则。对巧立名目、重复计算的项目,要如实核减;对少算、漏算的项目,要按实增加;对高套或低套预算单价,对不按取费标准计取工程间接费或其他费用的现象,均应合理地予以纠正。

总之,审查的目的就是使概预算真实地反映工程造价,既要符合国家的方针政策,又要维护施工企业的经济利益。

8.1.4 审查施工图预算的内容

审查施工图预算主要是审查工程量的计算、定额的套用和换算、补充定额、其他费用及执行定额中的有关问题等。

1) 工程量计算的审查

对工程量计算的审查,是在熟悉定额说明、工程内容、附注和工程量计算规则以及设计资料的基础上,再审查预算的分部分项工程,看有无重复计算、错误和漏算。这里,仅对工程量计算中应该注意的地方说明如下:

①施工过程的计算定额中的材料成品、半成品除注明者外,均已包括了从工地仓库、现场堆放点或现场加工点的水平和垂直运输以及运输和操作损耗,除注明者外,不经调查不得再计算相关费用。

②脚手架等周转性材料搭拆费用已包括在定额子目内,计算时,不再计算脚手架费用。

③审查地面工程应注意的事项如下:

a. 细石混凝土找平层定额中只规定一种厚度,并没有设增减厚度的子项,如设计厚度与定额厚度不相同时应按其厚度进行换算。

b. 楼梯抹灰已包括了踢脚线,因此不能再将踢脚线单独另计。楼梯不包括防滑条,其费用另计。但在水磨石楼梯面层已包括了防滑条工料,不能另计。

c. 装饰工程要注意审查内墙抹灰,其工程量按内墙面净高和净宽计算。计算外墙内抹灰和走廊墙面的抹灰时,应扣除与内墙结合处所占的面积,门窗护角和窗台已包括在定额内,不得另行计算。

d. 金属构件制作的工程量多数是以吨为单位。型钢的重量以图示先求出长度,再乘以每米重量,钢板的重量要先求出面积后再乘以每平方米的重量。应该注意的是钢板的面积的求法。多边形的钢板构件或连接板要按矩形计算,即以钢件的最长边与其垂直的最大宽度之积求出;如果是不规则多角形可用最长的对角线乘以最大的宽度计算,不扣孔眼、切肢、切角的重量,焊条和螺栓的重量也不应另算。

另外,金属构件制作中,已包括了一遍防锈漆,因此,在计算油漆时应予以扣除。

2)定额套用的审查

审查定额套用,必须熟悉定额的说明、各分部分项工程的工作内容及适用范围,并根据工程特点、设计图纸上构件的性质,对照预算上所列的分部分项工程与定额所列的分部分项工程是否一致。套用定额的审查要注意以下几个方面:

①板间壁(间壁墙)、板天棚面层、抹灰檐口、窗帘盒、贴脸板、木楼地板等的定额都包括了防腐油,但不包括油漆,应单独计算。

②窗帘盒的定额中已包括了木棍或金属棍,不能单独算窗帘棍。

③厕所木间壁中的门扇应与木间壁合并计算,不能套全板门定额。

④外墙抹灰中分墙面抹灰和外墙面、外墙群嵌缝起线时另加的工料两个子目,要正确套用定额。

⑤内墙抹灰和天棚抹灰有普通抹灰、中级抹灰、高级抹灰三级。三级抹灰要按定额的规定进行划分,不能把普通抹灰套用中级抹灰,把中级抹灰套用高级抹灰。

3)定额换算的审查

定额中规定,某些分部分项工程因为材料的不同,做法或断面厚度不同,可以进行换算,审查定额的换算是要按规定进行,换算中采用的材料价格应按定额套用的预算价格计算,需换算的要全部换算。

4)补充定额的审查

补充定额的审查,要从编制区别出发,实事求是地进行。审查补充定额是建设银行的一项非常重要的工作,补充定额往往出入较大,应该引起重视。

当现行预算定额缺项时,应尽量采用原有定额中的定额子项,或参考现行定额中相近的其他定额子项,结合实际情况加以修改使用。

如果没有定额可参考时,可根据工程实测数据编补定额,但要注意测标数字的真实性和可靠性。要注意补充定额单位估价表是否按当地的材料预算价格确定的材料单价计算,如果材料预算价格中未计入,可据实进行计算。

凡是补充定额单价或换算单价编制预算时,都应附上补充定额和换算单价的分析资料,一次性地补充定额,且应经当地主管部门同意后,方可作为该工程的预(结)算依据。

5)材料二次搬运费定额的审查

材料的二次搬运费定额上已有同样规定的,应按定额规定执行。

6)执行定额的审查

执行定额分为"闭口"部分和"活口"部分,在执行中应分别情况不同对待,对定额规定的"闭口"部分,不得因工程情况特殊、做法不同或其他原因而任意修改、换算、补充;对定额规定的"活口"部分,必须严格按照定额上的规定进行换算,不能有剩就换算,不剩就不换算。除此以外,在审查时还要注意以下几点:

①定额规定材料构件所需要的木材以一、二类木种为准,如使用三、四类木种时,应按系数调整人工费和机械费,但要注意木材单价也应做相应调整。

②装饰工程预算中有的人工工资都可做全部调整,定额所列镶贴块料面层的大理石或花岗

石,是以天然石为准,如采用人工大理石,其大理石单价可按预算价格换算,其他工料不变(只换算大理石的单价)。

7)材料差价的审查

略。

8.2　园林工程结算

8.2.1　园林工程结算的概念和意义

园林工程结算是指一个单项工程、单位工程、分部工程或分项工程完工后,依据施工合同的有关规定,按照规定程序向建设单位收取工程价款的一项经济活动。

园林工程结算的主体是施工企业;园林工程结算的目的是施工企业向建设单位索取工程款,以实现"商品销售"。

由于园林工程的规模日趋大型化,占用资金额较大,及时办理工程结算对于施工企业具有十分重要的意义,园林工程结算是反映工程进度的主要指标,是加速资金周转的重要环节,是考核经济效益的重要指标。

8.2.2　园林工程结算的分类

园林工程结算应根据"竣工结算书"和"工程价款结算账单"进行,一般可分为园林工程价款结算和园林工程竣工结算两种。

园林工程价款结算是指施工企业在工程实施过程中,依据施工合同中有关条款的规定和工程进展所完成的工程量,按照规定程序向建设单位收取工程价款的一项经济活动。

园林工程竣工结算是指施工企业按照合同规定的内容,全部完成所承包的工程,经有关部门验收合格,并符合合同要求后,按照规定程序向建设单位办理最终工程价款结算的一项经济活动。

8.2.3　园林工程价款结算

1)工程价款结算方式

我国现行工程价款结算根据不同情况,可采取多种方式。

(1)按月结算　实行旬末或月中预支、月终结算、竣工后清算的方法。跨年度竣工的工程,在年终进行工程盘点,办理年度结算。我国现行建设工程价款结算中,相当一部分是实行这种按月结算。

(2)竣工后一次结算　建设项目或单项工程全部建筑安装工程建设期在 12 个月以内,或者工程承包合同价值在 100 万元以下的,可以实行工程价款每月月中预支,竣工后一次结算。

(3)分段结算　当年开工,当年不能竣工的单项工程或单位工程按照工程形象进度,划分不同阶段进行结算。分段结算可以按月预支工程款。分段的划分标准,由各部门、自治区、直辖市、计划单列市规定。

对于以上 3 种主要结算方式的收支确认,财政部在 1999 年 1 月 1 日起实行的《企业会计准则——建造合同》讲解中做了如下规定:

①实行旬末或月中预支、月终结算、竣工后清算办法的工程合同,应分期确认合同价款收入的实现。即各月份终了,与发包单位进行已完工程价款结算时,确认为承包合同已完工部分的工程收入实现,本期收入额为月终结算的已完工程价款金额。

②实行合同完成后一次结算工程价款办法的工程合同,应于合同完成、施工企业与发包单位进行工程合同价款结算时,确认为收入实现,实现的收入额为承发包双方结算的合同价款总额。

③实行按工程形象进度划分不同阶段、分段结算工程价款办法的工程合同,应按合同规定的形象进度分次确认已完阶段工程收益实现。即应于完成合同规定的工程形象进度或工程阶段、与发包单位进行工程价款结算时,确认为工程收入的实现。

(4)目标结款方式 在工程合同中,将承包工程的内容分解成不同的控制界面,以业主验收控制界面作为支付工程价款的前提条件。也就是说,将合同中的工程内容分解成不同的验收单元,当承包商完成单元工程内容并经业主(或其委托人)验收后,业主支付构成单元工程内容的工程价款。

目标结款方式下,承包商要想获得工程价款,必须按照合同约定的质量标准完成界面内的工程内容;要想尽早获得工程价款,承包商必须充分发挥自己组织实施能力,在保证质量前提下,加快施工进度。这意味着如果承包商拖延工期,则业主推迟付款,增加承包商的财务费用、运营成本,降低承包商的收益,客观上使承包商因延迟工期而遭受损失。同样,当承包商积极组织施工,提前完成控制界面内的工程内容,则承包商可提前获得工程价款,增加承包收益,客观上承包商因提前工期而增加了有效利润。同时,因承包商在界面内质量达不到合同约定的标准而业主不予验收,承包商也会因此而遭受损失。可见,目标结款方式实质上是运用合同手段、财务手段对工程的完成进行主动控制。

目标结款方式中,对控制界面的设定应明确描述,便于量化和质量控制,同时要适应项目资金的供应周期和支付频率。

(5)结算双方约定的其他结算方式 施工企业在采用按月结算工程价款方式时,要先取得各月实际完成的工程数量,并按照工程预算定额中的工程直接费预算单价、间接费用定额和合同中采用利税率,计算出已完工程造价。实际完成的工程数量,由施工单位根据有关资料计算,并编制"已完工程月报表",然后按照发包单位编制"已完工程月报表",将各个发包单位的本月已完工程造价汇总反映。再根据"已完工程月报表"编制"工程价款结算账单",与"已完工程月报表"一起,分送发包单位和经办银行,据以办理结算。

施工企业在采用分段结算工程价款方式时,要在合同中规定工程部位完工的月份,根据已完工程部位的工程数量计算已完工程造价,按发包单位编制的"已完工程月报表"和"工程价款结算账单"结算。

对于工期较短、能在年度内竣工的单项工程或小型建设项目,可在工程竣工后编制"工程价款结算账单",按合同中工程造价一次结算。

"工程价款结算账单"是办理工程价款结算的依据。工程价款结算账单中所列应收工程款应与随同附送的"已完工程月报表"中的工程造价相符,"工程价款结算账单"除了列明应收工程款外,还应列明应扣预收工程款、预收备料款、发包单位供给材料价款等应扣款项,算出本月

实收工程款。

为了保证工程按期收尾竣工,工程在施工期间,不论工程长短,其结算工程款一般不得超过承包工程价值的95%,结算双方可以在5%的幅度内协商确定尾款比例,并在工程承包合同中注明。施工企业如已向发包单位出具履约保函或有其他保证的,可以不留工程尾款。

"已完工程月报表"和"工程价款结算账单"的格式见表8.1、表8.2。

表8.1 已完工程月报表

发包单位名称:　　　　　　　　　　年　　月　　日　　　　　　　　　　　单位:元

单项工程和单位工程名称	合同造价	建筑面积	开竣工日期		实际完成数		备注
			开工日期	竣工日期	至上月(期)止已完工程累计	本月(期)已完工程	

施工企业:　　　　　　　　　　　　　　　　　　　　　编制日期　年　月　日

表8.2 工程价款结算账单

发包单位名称:　　　　　　　　　　年　　月　　日　　　　　　　　　　　单位:元

单项工程和单位工程名称	合同造价	本月(期)应收工程款	应扣款项			本月(期)实收工程款	尚未归还	累计已收工程款	备注
			合计	预收工程款	预收备料款				

施工企业:　　　　　　　　　　　　　　　　　　　　　编制日期　年　月　日

2)工程预付备料款的结算

施工企业承包工程,一般都实行包工包料,这就需要有一定数量的备料周转金。在工程承包合同条款中,一般要明文规定发包单位(甲方)在开工前拨付给承包单位(乙方)一定限额的工程预付备料款。此预付款构成施工企业为该承包工程项目储备主要材料、结构件所需的流动资金。

按照我国有关规定,实行工程预付款的,双方应当在专用条款内约定发包方向承包方预付工程款的时间和数额,开工后按约定的时间和比例逐次扣回。预付时间应不迟于约定的开工日期前7日。发包方不按约定预付,承包方在约定预付时间7日后向发包方发出要求预付的通知,发包方收到通知后仍不能按要求预付,承包方可在发出通知后7日停止施工,发包方应从约定应付之日起向承包方支付应付款的贷款利息,并承担违约责任。

(1)工程预付备料款的限额　工程预付备料款的额度,各地区、各部门的规定不完全相同,主要是保证施工所需材料和构件的正常储备。工程预付备料款额度一般是根据施工工期、工程工作量、主要材料和构件费用占工程工作量的比例以及材料储备周期等因素经测算来确定。

①在合同条件中约定发包人根据工程的特点、工期长短、市场行情、供求规律等因素,招标时在合同条件中约定工程预付款的百分比。

②公式计算法是根据主要材料(含结构件等)占年度承包工程总价的比重,材料储备定额天数和年度施工天数等因素,通过公式计算预付备料款额度的一种方法。

其计算公式为

$$工程预付款数额 = \frac{工程总价 \times 材料比例}{年度施工天数} \times 材料储备定额天数$$

$$工程预付款比率 = \frac{工程预付款数额}{工程总价} \times 100\%$$

式中,年度施工天数按 365 天日历天计算;材料储备定额天数由当地材料供应的在途天数、加工天数、整理天数、供应间隔天数、保险天数等因素决定。

【例 8.1】 某小区园林工程总造价 200 万元,其中主要材料、构件所占比重为 60%,材料储备定额天数为 60 日,问工程预付款为多少万元?

【解】 按工程预付款数额计算公式计算:

$$工程预付款 = \frac{200 \, 万元 \times 60\%}{365 \, 天} \times 60 \, 天 = 19.7 \, 万元$$

(2)预付款的扣回　发包单位拨付给承包单位的预付款属于预支性质,到了工程实施后,随着工程所需主要材料储备的逐步减少,应以抵充工程价款的方式陆续扣回。扣款的方法如下:

①可以从未施工工程尚需的主要材料及构件的价值相当于预付款数额时起扣,从每次结算工程价款中,按材料比例扣抵工程价款,竣工前全部扣清。其基本表达公式为

$$T = P - \frac{M}{N}$$

式中　T——起扣点,即预付备料款开始扣回时的累计完成工作量金额;

　　　　M——预付款限额;

　　　　N——主要材料所占比例;

　　　　P——承包工程价款总额。

【例 8.2】 某小区园林工程中,按例题 8.1 中预付款计算,起扣点应为多少万元?

【解】 按起扣点计算公式:

$$T = P - \frac{M}{N} = 200 \, 万元 - \frac{19.7 \, 万元}{60\%} = 167.2 \, 万元$$

②扣款的方法也可以在承包方完成金额累计达到合同总价的一定比例后,由承包方开始向发包方还款,发包方从每次应付给承包方的金额中扣回工程预付款,发包方至少在合同规定的完工期前将工程预付款的总计金额逐次扣回。若发包方不按规定支付工程预付款,承包方按《建设工程施工合同(示范文本)》第 21 条享有权利。

在实际经济活动中,情况比较复杂,有些工程工期较短,就无须分期扣回。有些工程工期较长,如跨年度施工,预付款可以不扣或少扣,并于次年按应预付款调整,多退少补。具体地说,跨年度工程,预计次年承包工程价值大于或相当于当年承包工程价值时,可以不扣回当年的预付款;如小于当年承包工程价值时,应按实际承包工程价值进行调整,在当年扣回部分付款,并将未扣回部分转入次年,直到竣工年度,再按上述办法扣回。

3)工程进度款的支付

工程进度款是指工程项目开工后,施工企业按照工程施工进度和施工合同的规定,以当月(期)完成的工程量为依据计算各项费用,向建设单位办理结算的工程价款。一般在月初结算上月完成的工程进度款。

(1)工程进度款的组成　财政部制订的《企业会计准则——建造合同》中对合同收入的组

成内容进行了解释。合同收入包括两部分内容。

①合同中规定的初始收入。即建造承包商与客户在双方签订的合同中最初商定的合同总金额,它构成了合同收入的基本内容。

②因合同变更、索赔、奖励等构成的收入。这部分收入并不构成合同双方在签订合同时已在合同中商定的合同总金额,而是在执行合同过程中由于合同变更、索赔、奖励等原因而形成的追加收入。

施工企业在结算工程价款时,应计算已完工程的工程价款。由于合同中的工程造价是施工企业在工程投标时中标的标函中的标价,它往往在施工图预算的工程预算价值上上下浮动。因此,已完工程的工程价款不能根据施工图预算中的工程预算价值计算,只能根据合同中的工程造价计算。为了简化计算手续,可先计算合同工程造价与工程预算成本的比例,再根据这个比例乘以已完工程预算成本,算得已完工程价款。其计算公式为

$$某项工程已完工程价款 = 该项工程已完工程预算成本 \times \frac{该项工程合同造价}{该项工程预算成本}$$

式中,该项工程预算成本为该项工程施工图预算中的总预算成本,该项工程已完工程额算成本是根据实际完成工程量和相应的预算(直接费)单价和间接费用定额算得的预算成本。如预算中间接费用定额包括管理费用和财务费用,要先将间接费用定额中的管理费用和财务费用调整出来。

如某项工程的预算成本为 954 000 元,合同造价为 1 192 500 元,当月已完工程预算成本为 122 960 元,则

$$当月已完工程价款 = 122 960 元 \times \frac{1 292 500 元}{954 000 元} = 122 960 元 \times 1.25 = 153 700 元$$

合同变更收入,包括因发包单位改变合同规定的工程内容或因合同规定的施工条件变动等原因,调整工程造价而形成的工程结算收入。如某项办公楼工程,原设计为钢窗,后发包单位要求改为铝合金窗,并同意增加合同变更收入 20 万元,则这项合同变更收入可在完成铝合金窗安装后与其他已完工程价款一起结算,作为工程结算收入。

索赔款是因发包单位或第三方的原因造成,由施工企业向发包单位或第三方收取的用于补偿不包括在合同造价中的成本的款项。如某施工企业与电力公司签订一份工程造价 2 000 万元建造水电站的承包工程合同,规定建设期是 2000 年 3 月至 2003 年 8 月,发电机由发包单位采购,于 2002 年 8 月交付施工企业安装。该项合同在执行过程中,由于发包单位在 2003 年 1 月才将发电机运抵施工现场,延误了工期,经协商,发包单位同意支付延误工期款 30 万元,这 30 万元就是因发生索赔款而形成的收入,亦应在工程价款结算时作为工程结算收入。

奖励款是指工程达到或超过规定的标准时,发包单位同意支付给施工企业的额外款项。如某施工企业与城建公司签订一项合同造价为 3 000 万元工程承包合同,建设一条高速公路,合同规定建设期为 2000 年 1 月 4 日至 2002 年 6 月 30 日,在合同执行中于 2002 年 3 月工程已基本完工,工程质量符合设计要求,有望提前 3 个月通车,城建公司同意向施工企业支付提前竣工奖 35 万元。这 35 万元就是因发生奖励款而形成的收入,也应在工程价款结算时作为工程结算收入。

(2)工程进度款的计算　工程进度款的计算,主要涉及两个方面:一是工程量的计量;二是单价的计算方法。

①工程量的确认。根据有关规定,工程量的确认应做到以下几点:

a. 承包方应按约定时间向工程师提交已完工程量的报告。工程师接到报告后 14 日内按设计图纸核实已完工程量(以下称计量),并在计量前 24 h 通知承包方,承包方为计量提供便利条件并派人参加。承包方不参加计量,发包方自行进行,计量结果有效,作为工程价款支付的依据。

b. 工程师收到承包方报告后 7 日内未进行计量,从第 8 日起,承包方报告中开列的工程量即视为已被确认,作为工程价款支付的依据。工程师不按约定时间通知承包方,使承包方不能参加计量,计量结果无效。

c. 工程师对承包方超出设计图纸范围和(或)因自身原因造成返工的工程量,不予计量。

②单价的计算。单价的计算方法主要根据由发包人和承包人事先约定的工程价格的计价方法决定。目前我国的工程价格的计价方法一般可以分为工料单价和综合单价两种。所谓工料单价法是指单位工程分部分项的单价为直接成本单价,按现行计价定额的人工、材料、机械的损耗量及其预算价格确定,其他直接成本、间接成本、利润、税金等按现行计算方法计算。所谓综合单价法是指单位工程分部分项工程量的单价是全部费用单价,既包括直接成本,也包括间接成本、利润、税金等一切费用。两者在选择时,既可采取可调价格的方式,即工程价格在实施期间可随价格变化而调整;也可采取固定价格的方式,即工程价格在实施期间不因价格变化而调整,在工程价格中已考虑价格风险因素并在合同中明确了固定价格所包括的内容和范围。实践中采用较多的是可调工料单价法和固定综合单价法。

● 工程价格的计价方法

可调工料单价法和固定综合单价法在分项编号、项目名称、计量单位、工程量计算方面是一致的,都可按照国家或地区的单位工程分部分项进行划分、排列,包含了统一的工作内容,使用统一的计量单位和工程量计算规则。所不同的是,可调工料单价法将工、料、机再配上预算价作为直接成本单价,其他直接成本、间接成本、利润、税金分别计算。因为价格是可调的,其材料等费用在竣工结算时,按工程造价管理机构公布的竣工调价系数或按主材计算差价或按主材用抽料法计算,次要材料按系数计算差价而进行调整。固定综合单价法是包含了风险费用在内的全费用单价,故不受时间价值的影响。由于两种计价方法不同,因此工程进度款的计算方法也不同。

● 工程进度款的计算

当采用可调工料单价法计算工程进度款时,在确定已完工程量后,可按以下步骤计算工程进度款:

a. 根据已完工程量的项目名称、分项编号、单价得出合价;

b. 将本月所完全部项目合价相加,得出直接费小计;

c. 按规定计算措施费、间接费、利润;

d. 按规定计算主材差价或差价系数;

e. 按规定计算税金;

f. 累计本月应收工程进度款。

(3)工程进度款的支付　施工企业在施工过程中,按逐月(或形象进度,或控制界面等)完成的工程数量计算各项费用,向建设单位申请工程进度款的支付。

以按月结算为例,现行的中间结算办法是,施工企业在旬末或月中向建设单位提出预支工程款账单,预支一旬或半月的工程款,月终再提出工程款结算账单和已完工程月报表,收取当月工程价款,并通过银行进行结算。按月进行结算,要对现场已施工完毕的工程逐一进行清点,资料提出后要交监理工程师和建设单位审查签证。为简化手续,多年来采用的办法是以施工企业提出的统计进度月报表为支取工程款的凭证,即通常所称的工程进度款。工程进度款的支付步骤,如图 8.1 所示。

图 8.1　工程进度款支付步骤

　　工程进度款的支付一般按当月实际完成工程量进行结算,工程竣工后办理竣工结算。在工程竣工前,承包人收取的工程预付款和进度款的总额一般不超过合同总额(包括工程合同签订后经发包人签证认可的增减工程款)的 95%,其余 5% 尾款在工程竣工结算时除保修金外一并清算。

　　【例 8.3】　某园林工程承包合同总额为 1 200 万元,主要材料及构件金额占合同总额的62.5%,预付备料款额度为 25%,预付款扣款的方法是以未施工工程尚需的主要材料及构件的价值相当于预付款数额时起扣,从每次中间结算工程价款中,按材料及构件比重抵扣工程价款。保留金为合同总额的 5%。2012 年上半年各月实际完成合同价值见表 8.3。问如何按月结算工程款?

表 8.3　各月完成合同价值

月份	二月	三月	四月	五月
完成合同价值(金额)/万元	200	500	260	240

　　【解】　(1)计算预付备料款:1 200 万元 ×25% = 300 万元

　　(2)求预付备料款的起扣点:

　　开始扣回预付备料款时的合同价值 = 1 200 万元 $-\dfrac{300 \text{ 万元}}{62.5\%}$ = 1 200 万元 $-$ 480 万元 = 720 万元

　　即当累计完成合同价值为 720 万元后,开始扣预付款。

　　(3)二月完成合同价值 200 万元,结算 200 万元。

　　(4)三月完成合同价值 500 万元,结算 500 万元,累计结算工程款 700 万元。

　　(5)四月完成合同价值 260 万元,到四月份累计完成合同价值 960 万元,超过了预付备料款的起付点。

　　四月份应扣回的预付备料款:(960 $-$ 720)万元 ×62.5% = 150 万元

　　四月份结算工程款:260 万元 $-$ 150 万元 = 110 万元,累计结算工程款 810 万元。

　　(6)五月份完成合同价值 240 万元,应扣回预付备料款:240 万元 ×62.5% = 150 万元,应扣5% 的预留款:1 200 万元 ×5% = 60 万元

　　五月份结算工程款为:240 万元 $-$ 150 万元 $-$ 60 万元 = 30 万元,累计结算工程款 840 万元,加上预付备料款 300 万元,共结算 1 140 万元。预留合同总额的 5% 作为保留金。

8.2.4　园林工程竣工结算

1)竣工结算的概念

竣工结算是指一个单位工程或单项工程完工,经业主及工程质量监督部门验收合格,在交付使用前由施工单位根据合同价格和实际发生的增加或减少费用的变化等情况进行编制,并经业主或其委托方签认的,以表达该项工程最终造价为主要内容,作为结算工程价款依据的经济文件。

竣工结算是在施工图预算的基础上,根据实际施工中出现的变更、签证等实际情况由施工企业负责编制的。

2)竣工结算的作用

①施工单位与建设单位办理工程价款结算的依据。

②反映园林工程工作量和实物量的实际完成情况,是建设单位编制竣工决算的基础资料。

③反映园林工程实际造价,是编制概算定额、概算指标的基础资料。

④为施工企业确定工程的最终收入,它是施工企业经济核算和考核工程成本的依据,关系到企业经营效果的好坏。

⑤竣工结算的工程,也是工程建设各方对建设过程的工作再认识和总结的过程,是提高以后施工质量的基础。

3)工程竣工结算的方式

(1)施工图预算加签证结算方式　该结算方式是把经过审定的原施工图预算作为工程竣工结算的主要依据。凡原施工图预算或工程量清单中未包括的"新增工程",在施工过程中历次发生的由于设计变更、进度变更、施工条件变更所增减的费用等,经设计单位、建设单位、监理单位签证后,与原施工图预算一起构成竣工结算文件,交付建设单位经审计后办理竣工结算。

这种结算方式,难以预先估计工程总的费用变化幅度,往往会造成追加工程投资的现象。

(2)预算包干结算方式　预算包干结算,也称施工图预算加系数包干结算。即在编制施工图预算的同时,另外计取预算外包干费。

$$预算外包干费 = 施工图预算造价 \times 包干系数$$
$$结算工程价款 = 施工图预算造价 \times (1 + 包干系数)$$

式中,包干系数由施工企业和建设单位双方商定,经有关部门审批确定。

在签订合同条款时,预算外包干费要明确包干范围。这种结算方式,可以减少签证方面的扯皮现象,预先估计总的工程造价。

(3)每平方米造价包干结算方式　这是承包发包双方根据预定的工程图纸及其有关资料,确定了固定的平方米造价,工程竣工结算时,按照已完成的平方米数量进行结算,确定应付的工程价款。

(4)招、投标结算方式　招标单位与投标单位,按照中标报价、承包方式、承包范围、工期、质量标准、奖惩规定、付款及结算方式等内容签订承包合同。合同规定的工程造价就是结算造价。工程竣工结算时,奖惩费用、包干范围外增加的工程项目另行计算。

4）竣工结算的资料

①施工图预算或中标价及以往各次的工程增减费用。

②施工全图或协议书。

③设计交底、图纸会审记录资料、设计变更通知单、图纸修改记录及现场施工变更记录。

④现场材料部门的各种经济签证。

⑤各地区对概预算定额材料价格、费用标准的说明、修改、调整等文件。

⑥工程竣工报告、竣工图及竣工验收单。

5）编制内容及方法

工程竣工结算的编制基础随承包方式的不同而有差异。结算方法应根据各省市建设工程造价管理部门、当地园林管理部门和施工合同管理部门的有关规定办理工程结算。

（1）采用施工图预算承包方式　在施工过程中不可避免地要发生一些变化,如施工条件和材料使用发生变化、设计变更、国家以及地方新政策的出台等,都会影响到原施工图预算价格的变动。因此这类工程的结算书是在原来工程预算书的基础之上,加上设计变更原因造成的增、减项目和其他经济签证费用编制而成的。

编制工程竣工结算书的具体内容如下:

①工程量量差:工程量量差是施工图预算的工程数量与实际施工的工程数量不符而产生的量差(需增加或减少的工程量)。例如施工过程中,建设单位提出要求改变某些施工做法,如树木种类的变更,假山石外形、体量的变更,增减某些项目等。有时变化来源于施工单位,如施工单位在施工过程中要求改变某些材料等;设计单位对施工图进行设计修正或完善,这部分增减的工程量应根据设计变更通知单(见表8.4)或图纸会审记录进行调整等。

表8.4　设计变更通知单

工程名称	变更图号		
变更原因			
变更内容			
执行结果			
设计单位	建设单位	监理单位	施工单位
签发人: （签字） 年　月　日	现场代表: （签字） 年　月　日	总监理工程师: （签字） 年　月　日	项目负责人: （签字） 年　月　日

②费用调整:由于工程量的增减会影响直接费(各种人工、材料、机械价格)的变化,其间接费、利润和税金也应作相应的调整。

③材料价差调整:材料价差是指合同规定的工程开工至竣工期内,因材料价格增减变化而产生的价差(见表8.5)。

表 8.5　材料价格调整价差计算表

建设单位：

工程名称：

序号	材料名称	规格	单位	定额用量	供应价格		单价差计算式
					单价差	价差合计	
合计							

材料价差的调整是调整结算的重要内容,应严格按照当地主管部门的规定进行调整。价差必须根据合同规定的材料预算价格,或材料预算价格的确定方法,或按照有关机关发布的材料差价系数文件进行调整。材料代用发生的价差应以材料代用核定通知单为依据,在规定范围内调整。

④其他费用调整：因建设单位的原因发生的点工费、窝工费、土方运费、机械进出场费用等,应一次结清,分摊到结算的工程项目之中。施工单位在施工现场使用建设单位的水电费用,应在竣工结算时按有关规定付给建设单位,做到工完账清。

(2)采用招标承包方式　这种工程结算原则上应按照中标价进行。合同条款的规定、允许以外发生的非施工单位原因造成的中标价以外的费用,施工单位可以向建设单位提出洽商或补充合同作为结算调价的依据。

(3)采用施工图预算包干或平方米造价包干结算承包方式　采用该方式的工程,为了分清承发包双方的经济责任,发挥各自的主动性,不再办理施工过程中零星项目变动的经济洽商,在工程竣工结算时也不再办理增减调整。

总之,工程竣工结算,应根据不同的承包方式,按承包合同中所规定条文进行结算。工程竣工结算书没有统一的格式和表格,一般可以用预算表格代替,也可以根据需要自行设计表格。工程结算费用计算程序表见表 8.6。

表 8.6　绿化、土建工程结算费用计算程序表

序号	费用项目	计算公式	金额
1	原概(预)算直接费		
2	历次增减变更直接费		
3	调价金额	(1 + 2)×调价系数	
4	工程直接费	1 + 2 + 3	
5	企业经营费	4×相应工程类别费率	
6	利润	4×相应工程类别费率	
7	税金	4×相应工程类别费率	
8	工程造价	4 + 5 + 6 + 7	

6）工程竣工结算的程序

工程竣工结算是指施工企业按照合同规定的内容完成所承包的全部工程,经验收质量合格,并符合合同要求之后,向发包单位进行的最终工程价款结算。《建设工程施工合同(示范文本)》中对竣工结算做了详细规定。

①工程竣工验收报告经发包方认可后 28 日内,承包方向发包方递交竣工结算报告及完整的结算资料,双方按照协议书约定的合同价款及专用条款约定的合同价款调整内容,进行工程竣工结算。

②发包方收到承包方递交的竣工结算报告及结算资料后 28 日内进行核实,给予确认或者提出修改意见。发包方确认竣工结算报告后通知经办银行向承包方支付工程竣工结算价款。承包方收到竣工结算价款后 14 日内将竣工工程交付发包方。

③发包方收到竣工结算报告及结算资料后 28 日内无正当理由不支付工程竣工结算价款,从第 29 日起按承包方同期向银行贷款利率支付拖欠工程价款的利息,并承担违约责任。

④发包方收到竣工结算报告及结算资料后 28 日内不支付工程竣工结算价款,承包方可以催告发包方支付结算价款。发包方在收到竣工结算报告及结算资料后 56 日内仍不支付的,承包方可与发包商将该工程折价,也可以由承包方申请人民法院将该工程依法拍卖,承包方就该工程折价或者拍卖的价款优先受偿。

⑤工程验收报告经发包方认可后 28 日内,承包方未能向发包方递交竣工结算报告及完整的结算资料,造成工程竣工结算不能正常进行或工程竣工结算价款不能及时支付,发包方要求交付工程的,承包方应当交付;发包方不要求交付工程的,承包方承担保管责任。

⑥发包方和承包方对工程竣工结算价款发生争议时,按争议的约定处理。在实际工作中,当年开工、当年竣工的工程,只需办理一次性结算。跨年度的工程,在年终办理一次年终结算,将未完工程结转到下一年度,此时竣工结算等于各年度结算的总和。办理工程价款竣工结算的一般公式为

$$竣工结算工程价款 = 预算(或概算)或合同价款 + 施工过程中预算或合同价款调整数额 - 预付及已结算工程价款 - 保修金$$

7）工程竣工结算的审查

竣工结算要有严格的审查,一般从以下几个方面入手:

(1)核对合同条款 首先,应核对竣工工程内容是否符合合同条件要求、工程是否竣工验收合格,只有按合同要求完成全部工程并验收合格才能竣工结算;其次,应按合同规定的结算方法、计价定额、取费标准、主材价格和优惠条款等,对工程竣工结算进行审核,若发现合同有开口或有漏洞,应请建设单位与施工单位认真研究,明确结算要求。

(2)检查隐蔽验收记录 所有隐蔽工程均需进行验收,两人以上签证;实行工程监理的项目应经监理工程师签证确认。审核竣工结算时应核对隐蔽工程施工记录和验收签证,手续完整、工程量与竣工图一致方可列入结算。

(3)落实设计变更签证 设计修改变更应由原设计单位出具设计变更通知单和修改的设计图纸、校审人员签字并加盖公章,经建设单位和监理工程师审查同意、签证;重大设计变更应经原审批部门审批,否则不应列入结算。

(4)按图核实工程量 竣工结算的工程量应依据竣工图、设计变更单和现场签证等进行核算,并按国家统一规定的计算规则计算工程量。

(5)执行定额单价 结算单价应按合同约定或招标规定的计价定额与计价原则执行。

（6）防止各种计算误差　工程竣工结算子目多、篇幅大，往往有计算误差，应认真核算，防止因计算误差多计或少算。

8.2.5　工程款价差的调整

1）工程款价差调整的范围

工程款价差是指建设工程所需的人工、设备、材料费等，因价格变化对工程造价产生的变化值。其调整范围包括建筑安装工程费、设备及工器具购置费和工程建设其他费用。其中，对建筑安装工程费用中的有关人工费、设备与材料预算价格、施工机械使用费和措施费及间接费调整规定如下：

①建筑安装工程费用中的人工费调整，应按国家有关劳动工资政策、规定及定额人工费的组成内容调整。

②材料预算价格的调整，应区别不同的供应渠道、价格形式，以及有关主管部门发布的预算价格及执行时间为准进行调整，同时应扣除必要的设备、材料储备期因素。

③施工机械使用费调整，按规定允许调整的部分（如机械台班费中燃料动力费、人工费，车船使用税及养路费）按有关主管部门规定进行调整。

④措施费、间接费的调整，按照国家规定的费用项目内容的要求调整，对于因受物价、税收、收费等变化的影响而使企业费用开支增大的部分，应适时在修订费用定额中予以调整。对于预算价格变动而产生的价差部分，可作为计取措施费和间接费的基数。但因市场调整价格或实际价格与预算价格发生的价差部分，不应计取各项费用。

2）工程款价差调整的方法

（1）按实调整法　按实调整法是对工程实际发生的某些材料的实际价格与定额中相应材料预算价格之差进行调整的方法。其计算式为

$$某材料价差 = 某材料实际价格 - 定额中该材料预算价格$$

$$材料价差调整额 = \sum（各种材料价差 \times 相应各材料实际用量）$$

（2）价格指数调整法　该法是依据当地工程造价管理机构或物价部门公布的当地材料价格指数或价差指数，逐一调整各种材料价格的方法。价格指数计算式为

$$某材料价格指数 = \frac{某材料当地当时预算价}{某材料定额中取定的预算价}$$

若用价差指数，其计算式为

$$某材料价差指数 = 某材料价格指数 - 1$$

例如，某钢材在预算编制时当地价格为 3 200 元/t，而该钢材在预算定额中取定的预算价是 2 500 元/t，则其价格指数为

$$某钢材价格指数 = 3\ 200 \div 2\ 500 = 1.28$$

$$某钢材的价差指数 = 1.28 - 1 = 0.28$$

（3）调价文件计算法　这种方法是甲乙方采取按当时的预算价格承包，在合同工期内，按照造价管理部门调价文件的规定，进行抽料补差（在同一价格期内按所完成的材料用量乘以价差）。也有的地方定期发布主要材料供应价格和管理价格，对这一时期的工程进行抽查补差。

（4）调值公式法　根据国际惯例，对建设项目工程价款的动态结算，一般是采用此法。事实上，在绝大多数国际工程项目中，甲乙双方在签订合同时就明确列出这一调值公式，并以此作为价差调整的计算依据。

建筑安装工程费用价格调值公式一般包括固定部分、材料部分和人工部分。

但当建筑安装工程的规模和复杂性增大时，公式也变得更为复杂。调值公式一般为

$$P = P_0\left(a_0 + a_1\frac{A}{A_0} + a_2\frac{B}{B_0} + a_3\frac{C}{C_0} + a_4\frac{D}{D_0} + \cdots\right)$$

式中，P 为调值后合同价款或工程实际结算款；P_0 为合同价款中工程预算进度款；a_0 为固定要素，代表合同支付中不能调整的部分占合同总价中的比重 $a_1, a_2, a_3, a_4, \cdots$ 为代表有关各项费用（如人工费用、钢材费用、水泥费用、运输费等）在合同总价中所占比例，$a_1 + a_2 + a_3 + a_4 + \cdots = 1$；$A_0, B_0, C_0, D_0, \cdots$ 为基准日期与 $a_1, a_2, a_3, a_4, \cdots$ 对应的各项费用的基期价格指数或价格；$A, B, C, D, \cdots$ 为与特定付款证书有关的期间最后一天的 49 日前与 $a_1, a_2, a_3, a_4, \cdots$ 对应的各项费用的现行价格指数或价格。

在运用这一调值公式进行工程价款价差调整中要注意如下几点：

①固定要素通常的取值范围为 0.15～0.35。固定要素对调价的结果影响很大，它与调价余额成反比关系。固定要素相当微小的变化，隐含着在实际调价时很大的费用变动，所以，承包商在调值公式中采用的固定要素取值要尽可能偏小。

②调值公式中有关的各项费用，按一般国际惯例，只选择用量大、价格高且具有代表性的一些典型人工费和材料费，通常是大宗的水泥、砂石料、钢材、木材、沥青等，并用它们的价格指数变化综合代表材料费的价格变化，以便尽量与实际情况接近。

③各部分成本的比例系数，在许多招标文件中要求承包方在投标中提出，并在价格分析中予以论证。但也有些情况下是由发包方（业主）在招标文件中即规定一个允许范围，由投标人在此范围内选定。

④调整有关各项费用要与合同条款规定相一致。例如，签订合同时，甲乙双方一般应商定调整的有关费用和因素，以及物价波动到何种程度才进行调整。在国际工程中，一般在 ±5% 以上才进行调整。如有的合同规定，在应调整金额不超过合同原始价 5% 时，由承包方自己承担；在 5%～20% 时，承包方负担 10%，发包方（业主）负担 90%；超过 20% 时，则必须另行签订附加条款。

⑤调整有关各项费用应注意地点与时点。地点一般指工程所在地或指定的某地市场价格，时点指的是某月某日的市场价格。这里要确定两个时点价格，即签订合同时间某个时点的市场价格（基础价格）和每次支付前的一定时间的时点价格。这两个时点就是计算调值的依据。

⑥确定每个品种的系数和固定要素系数，品种的系数要根据该品种价格对总造价的影响程度而定。各品种系数之和加上固定要素系数应等于 1。

8.2.6　工程价款的核算

1）施工企业与发包单位工程价款的核算

施工企业与发包单位关于预收备料款、工程款和已完工程款的核算，应在"预收账款－预收备料款""预收账款－预收工程款""应收账款－应收工程款""工程结算收入"或"主管业务

收入"(采用企业会计制度的施工企业在"主营业务收入")等科目进行。

"预收账款－预收备料款"科目用以核算企业按照合同规定向发包单位预收的备料款(包括抵作备料款的材料价值)和备料款的扣还。科目的贷方登记预收的备料款和拨入抵作备料款的材料价值。科目的借方登记工程施工达到一定进度时从应收工程款中扣还的预收备料款以及退还的材料价值。科目的贷方余额反映已经向发包单位预收但尚未从应收工程款中扣还的备料款。本科目应按发包单位的户名和工程合同进行明细分类核算。

"预收账款－预收工程款"科目用以核算企业根据工程合同规定,按照工程进度向发包单位预收的工程款和预收工程款的扣还。科目的贷方登记预收的工程款,科目的借方登记与发包单位结算已完工程价款时从"应收账款－应收工程款"中扣还预收的工程款。科目的贷方余额反映已经向发包单位预收但尚未从应收工程款中扣还的工程款。本科目应按发包单位的户名和工程合同进行明细分类核算。

"应收账款－应收工程款"科目用以核算企业与发包单位办理工程价款结算时,按照工程合同规定应向其收取的工程价款。科目的借方登记根据"工程价款结算账单"确定的工程价款,科目的贷方登记收到的工程款和根据合同规定扣还预收的工程款、备料款。科目的借方余额反映尚未收到的应收工程款。本科目应按发包单位的户名和工程合同进行明细分类核算。

"工程结算收入"或"主营业务收入"科目用以核算企业承包工程实现的工程结算收入,包括已完工程价款收入、合同变更收入、索赔款和奖励款。施工企业的已完工程价款收入应于其实现时及时入账。

①实行竣工后一次结算工程价款的工程合同,应于合同完成,施工企业与发包单位进行工程合同价款结算时,确认为收入实现。实现的收入额为承发包双方结算的合同造价。

②实行月中预支、月终结算、竣工后清算的工程合同,应分期确认合同价款收入的实现,即各月份终了,与发包单位进行已完工程价款结算时,确认为承包合同已完工部分的工程收入实现。本期收入额为月终结算的已完工程价款。

③实行分段结算工程价款的工程合同,应按合同规定的工程形象进度,分次确认已完工部位工程收入的实现,即应于完成合同规定的工程形象进度或工程部位后,与发包单位进行工程价款结算时,确认为已完工程收入的实现。本期实现的收入额为本期已结算的分段工程价款,合同变更收入、索赔款和奖励款应在发包单位签证结算时,确认为工程结算收入的实现。施工企业实现的各项工程结算收入应记入科目的贷方。期末,本科目余额应转入"本年利润"科目。结转后,本科目应无余额。

2)施工企业与分包单位结算工程价款的核算

一个工程项目如果有两个以上施工企业同时交叉作业,根据国家对建设工程管理的要求,建设单位和施工企业要实行承发包责任制和总分包协作制。在这种情况下,要求一个施工企业作为总包单位向建设单位(发包单位)总承包,对建设单位负责,再由总包单位将专业工程分包给专业性施工企业施工,分包单位对总包单位负责。

在实行总分包的情况下,如果总分单位的主要材料、结构件的储备资金都由工程发包单位以预付备料款供应,总包单位对分包单位要按照工程分包合同规定预付一定数额的备料款和工程款,并进行工程价款的结算。为了反映与分包单位发生的备料款和工程款的预付和结算情况,应设置"预付账款－预付分包备料款""预付账款－预付分包工程款"和"应付账款－应付分包工程款"3个科目。

　　"预付账款－预付分包备料款"科目用以核算企业按照工程分包合同规定,预付给分包单位的备料款(包括拨给抵作预付备料款的材料价值)和备料款的扣回。科目的借方登记预付给分包单位的备料款和拨给抵作备料款的材料价值。科目的贷方登记与分包单位结算已完工程价款时,根据合同规定的比例从应付分包单位工程款中扣回的预付备料款,以及分包单位退回的材料价值。科目的借方余额反映尚未从应付工程款中扣回的备料款。本科目应按分包单位的户名和分包合同进行明细分类核算。

　　"预付账款－预付分包工程款"科目用以核算企业按照工程分包合同规定预付给分包单位的工程款。科目的借方登记根据工程进度预付给分包单位的分包工程款。科目的贷方登记月终或工程竣工时与分包单位结算的已完工程价款和从应付分包单位工程款中扣回预付的工程款。科目的借方余额反映预付给分包单位尚未从应付工程款中扣回的工程款。本科目应按分包单位的户名和分包合同进行明细分类核算。

　　"应付账款－应付分包工程款"科目用以核算企业与分包单位办理工程结算时,按照合同规定应付给分包单位的工程款。科目的贷方登记根据经审核的分包单位提出的"工程价款结算账单"结算的应付已完工程价款。科目的借方登记支付给分包单位的工程款和根据合同规定扣回预付的工程款和备料款。科目的贷方余额反映尚未支付的应付分包工程款。本科目应按分包单位的户名和分包合同进行明细分类核算。

8.3　园林工程竣工决算

　　竣工决算又称为竣工成本决算,分为施工企业内部单位工程竣工成本核算和基本建设项目竣工决算两项。施工企业内部单位工程竣工成本核算是对施工企业内部进行成本分析,以工程竣工后的工程结算为依据,核算一个单位工程的预算成本、实际成本和成本降低额;而基本建设项目竣工决算是建设单位根据国家建委《关于基本建设项目验收暂行规定》的要求,所有新建、改建和扩建工程建设项目竣工以后都应编报竣工决算。它是反映整个建设项目从筹建到竣工验收投产的全部实际支出费用文件。

8.3.1　竣工决算的作用

　　①确定新增固定资产和流动资产价值,办理交付使用、考核和分析投资结果的依据。

　　②及时办理竣工决算,不仅能够准确反映基本建设项目实际造价和投资效果,而且对投入生产或使用后的经营管理也有重要作用。

　　③办理竣工决算后,建设单位和施工企业可以正确地计算生产成本和企业利润,便于经济核算。

　　④通过编制竣工决算与概预算的对比分析,可以考核建设成本,总结经验教训,积累技术经济资料,促进提高投资效果。

　　工程竣工决算与工程竣工结算不同,其主要区别见表8.7。

表 8.7　工程竣工结算与工程竣工决算的区别

区别项目	工程竣工结算	工程竣工决算
编制与审查单位	承包方编制,发包方审查	发包方编制,上级主管部门审查
包含内容	施工建设的全部费用,最终反映施工单位完成的施工产值	建设工程从筹建开始到竣工交付使用为止的全部建设费用。最终反映建设工程的投资效益
性质和作用	1. 承包方与业主办理工程价款最终结算的依据; 2. 双方签订的工程承包合同终结的凭证; 3. 业主编制竣工决算的主要资料	1. 业主办理交付、验收、动用新增各类资产的依据; 2. 竣工验收报告的重要组成部分

8.3.2　编制竣工决算所需的资料

工程竣工决算是在建设项目或单位工程完工后,由建设单位财务及有关部门,以竣工决算等资料为基础进行编制的。竣工决算全面反映了竣工项目从筹建到竣工全过程中各项资金的使用情况和设计概预算执行的结果。编制竣工决算所需的资料包括:

①经批准的可行性研究报告及其投资估算书。

②经批准的初步设计或扩大初步设计及其概算或修正概算书。

③经批准的施工图设计及其施工图预算书。

④设计交底或图纸会审会议纪要。

⑤招投标的标底、承包合同、工程结算资料。

⑥施工记录或施工签证单及其他施工发生的费用记录,如索赔报告与记录、停(开)工报告等。

⑦竣工图及各种竣工验收资料。

⑧历年基建资料,历年财务决算及批复文件。

⑨设备、材料调价文件和调价记录。

⑩有关财务核算制度,办法和其他有关资料、文件等。

8.3.3　竣工决算的编制步骤

(1)收集、整理和分析有关依据资料　在编制竣工决算文件之前,应系统地整理所有的技术资料、工料结算的经济文件、施工图纸和各种变更与签证资料,并分析它们的准确性。完整、齐全的资料是准确而迅速编制竣工决算的必要条件。

(2)核实工程变动情况及各单位工程、单项工程造价　将竣工资料与原设计图纸进行查对、核实,必要时可实地测量,确认实际变更情况;根据已经审定的施工单位竣工结算等原始资料,将根据有关规定对原概(预)算进行增减调整,重新核定工程造价。

(3)填写支出明细　将审定的待摊投资、其他投资、待核销基建支出和非经营项目的转出投资等分别写入相应的基建支出栏目内。

　　(4)编制工程竣工决算说明　编制工程竣工决算说明主要包括:工程项目概况,设计概算和基本建设投资计划的执行情况,各项技术经济指标完成情况,各项拨款的使用情况,建设工期、建设成本和投资效果分析,以及建设过程中的主要经验、问题和各项建议等内容。

　　(5)填写竣工决算报表　按照建设工程决算表格中的内容,根据编制依据中的有关资料进行统计或计算各个项目和数量,并将其结果填到相应表格的栏目内,完成所有报表的填写。

　　(6)做好工程造价对比分析　依据有关资料,认真进行造价对比分析。分析时侧重主要实物工程量、主要材料消耗量、建设单位管理费、建筑安装工程其他直接费、现场经费和间接费等。

　　(7)清理、装订好竣工图　清点、核对竣工图纸,按顺序装订。

　　(8)上报主管部门审查　将上述编写的文字说明和填写的表格经核对无误,装订成册,即为建设工程竣工决算文件。将其上报主管部门审查,并把其中财务成本部分送交开户银行签证。竣工决算在上报主管部门的同时,抄送有关设计单位。大中型建设项目的竣工决算还应抄送财政部,建设银行总行和省、自治区、直辖市的财政局和建设银行分行各一份。建设竣工决算的文件,由建设单位负责人员编写,在竣工建设项目办理验收使用1个月之内完成。

复习思考题

　　1.园林工程施工图预算审查的意义是什么?

　　2.园林工程施工图预算审查的依据和方法有哪些?

　　3.审查施工图预算的内容有哪些?

　　4.什么是竣工结算? 竣工结算的作用是什么?

　　5.竣工结算如何计算?

　　6.什么是竣工决算? 竣工决算的作用是什么? 竣工决算的主要内容有哪些,如何编制?

　　7.案例分析题。

　　假定某一建筑承包工程的结算价款总额为600万元,预付备料款占工程价款的25%,主要材料和结构件金额占工程价款的60%,每月实际完成工作量和合同价款调整增加额见表8.8。求预付备料款、每月结算工程款、竣工结算工程款各为多少?

表8.8　工作量及合同价款调整增加额

月份	1月	2月	3月	4月	5月	6月	合同价调整增加额
完成合同价值(金额)/万元	50	50	150	200	100	50	50

实验实训

1　模拟审核园林建设工程施工图预算

1.目的要求

　　了解审查施工图预算的依据,熟悉施工图审查的内容,掌握园林工程施工图审查的方法和审查的步骤。

2.实训工具、用品

笔、纸、计算器、卷尺、整套园林工程施工图预算资料等。

3.内容与方法

将全班同学按人数分为若干个小组,分组按照下列步骤进行实训,模拟审查园林工程施工图预算的过程。

(1)收集编制园林工程施工图预算的依据(包括施工图纸、设计变更通知和现场签证、材料预算价格、概预算定额工具书等资料)。

(2)模拟了解施工现场情况(包括工地环境、施工条件、施工组织设计等内容)。

(3)对园林工程施工图预算进行全面审查。

①审查工程量的计算。

②审查定额的套用。

③审查定额的换算。

④审查补充定额。

⑤审查材料二次搬运费定额。

⑥审查材料差价。

⑦分组讨论审查过程中遇到的问题。

4.实训报告

编制审查园林工程施工图预算的步骤。

2　园林工程结算模拟训练

1.目的要求

通过组织学生进行园林工程结算的模拟,熟悉园林工程预付款和进度款的计算,掌握工程竣工结算编制的依据与方法。

2.实训用具、用品

笔、纸、计算器、园林工程图纸、园林工程预算书、设计变更通知单和施工现场工程变更洽商记录、施工签证单等。

3.内容与方法

(1)工程预付款与进度款的计算

①分别用工料单价法和综合单价法的表现形式表示某园林工程的造价。

②根据列出的表格分析两种计价方法的关系。

③同学们根据任课教师确定的每月已完成的工作量,用两种计价方法分别计算各月的工程进度款。

④确定主要材料及构建占合同总额的百分比和材料储备定额天数,分别计算出工程预付款、起扣点、各月结算的工程款。

（2）编制园林工程竣工结算文件

①任课教师根据上述工程提出该工程施工过程中发生的变化,包括设计变更,发生特殊原因,预算工程量不准确,人、材、机单价的调整,费用的调整等。

②收集编制结算的依据资料,分类汇总。

③确定该工程竣工结算方式。

④根据承包方式的不同编制工程竣工结算。

⑤竣工结算编制后进行严格的审查。

9 计算机在园林工程计价中的应用

【知识目标】

会利用园林工程计价软件进行计价操作;能处理园林工程计价软件中的常见问题;熟练掌握计价软件的操作流程。

【技能目标】

能运用计价软件对园林工程进行清单计价和定额计价两种计价模式的操作;会操作园林绿化项目的预算书编制。

9.1 计价软件概述

工程项目建设效益的最大化是工程建设各参与方的核心目标,这就决定了工程造价在建设工程中的重要地位。随着计算机技术的日新月异,工程类软件也有了长足的发展,其中,工程造价类软件是随建筑业信息化应运而生的软件,目前工程造价类软件在全国的应用已经比较广泛,并且已经取得了巨大的社会效益和经济效益,随着面向全过程的工程造价软件的应用和普及,它必将为企业和全行业带来更大的经济效益。随着我国基本建设投资的日益增加,建设工程项目的规模日趋增大,这就要求造价工作人员能够快速准确地完成造价工作。在早期的工程造价工作中,仅计价这一项工作就会占用很多的计算时间。

造价类软件的出现,改变了传统的工作模式,适应了社会的发展,提高了工作效率,促进了行业的发展。目前,有多家专业公司开发了相应品牌的造价软件,包括应用广泛的算量软件和计价软件,其工作流程是运用图形算量软件和钢筋统计软件,将图样中的各个构件及其完整的信息输入软件,便可以计算所有构件的清单工程量和定额工程量,然后利用清单计价软件进行组价或套价,招标人编制工程量清单及招标控制价,投标人计算投标报价。在所有工作完成后,可以通过打印或导出表格等功能得到所需要的各类报表。

工程计价软件是辅助造价计算软件,主要功能有计算工程造价、分析工料、打印报表等。根据使用地区不同,常用的计价软件有广联达、斯维尔、神机妙算、PKPM、鲁班、品茗、造价大师,等等。计价软件由于具有操作简便、效率高的特点,在工程造价领域已经得到了广泛采用并得以普及,了解并掌握常用计价软件及其操作技能就成为衡量造价人员是否合格的基本要求。

工程量清单计价软件在全国各省所用的都不同,但其基本操作都是由项目建立、分部分项工程量清单编制与计价、措施项目清单编制与计价、其他项目清单编制与计价、规费与税金费率的输入等操作流程,招标控制价与投标报价的编制按以上流程基本操作一样,但是价格基准、取费等内容有所不同。

招标方使用软件编制招标控制价流程,如图9.1所示。

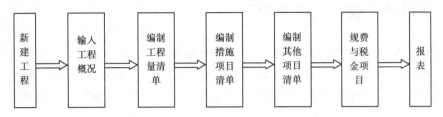

图9.1　招标方编制清单流程

投标方使用软件编制投标报价流程(同招标控制价编制),如图9.2所示。

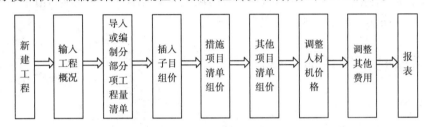

图9.2　投标方清单报价流程

9.2　园林计价软件清单计价操作流程

本教材详细介绍在全国范围内应用较广泛的"广联达云计价平台 GCCP6.0"在工程计价中的基本操作流程。各个地区在本节教学过程中请根据该地区常用计价软件进行讲解。

广联达云计价 GCCP6.0 是一款功能强大的工程造价计算软件,是融招标管理、投标管理和计价于一体的全新计价软件。该平台基于大数据、云计算等信息技术,为计价客户群提供概算、预算、竣工结算阶段的数据编审、积累、分析和挖掘再利用,实现计价全业务一体化,全流程覆盖,从而使造价工程更高效、更智能。

9.2.1　软件安装与运行

在广联达官方网站或广联达 G + 工作台上下载相应软件(本教材是下载"广联达云计价平台 GCCP6.0 - 64位",该文件已包含加密锁驱动程序),下载完成后直接双击运行安装程序,根据专业及需要,选择相应的定额库和清单库后,点击"立即安装",直至安装完成,如图9.3所示。完成后,电脑桌面自动生成运行图标 。或将光盘

图9.3　定额库、清单库选择

放进光驱后自动运行,跳出安装界面后点击相应软件即可完成软件安装。或者运行光盘中的

"SETUP. EXE",也可安装软件。安装路径:软件自动安装在系统默认的目录下,用户也可修改。

计价软件一般都可以根据定额和规范的修改和补充而定期或不定期升级,以便更好地反映工程概预算的要求。

9.2.2　清单计价软件的基本原理

清单计价软件一般包括工程量清单、招标控制价编制和投标报价编制三部分内容。在软件中,内置了完整的工程量清单内容、定额库和材料预算价格、各工程估价取费程序等信息,使用者只需输入相应的清单编号、定额子目编号和工程量,便可以得到完整的工程量清单和相应的报价。

运用清单计价编制工程量清单和投标报价,可以通过以下几个步骤:新建工程→输入工程概况→分部分项工程量清单的输入与组价→措施项目清单的组价→其他项目清单的组价→人、材、机调价→费用汇总(规费和税金设置)→报表输出。

9.2.3　清单计价软件的操作流程

1)软件登录

点击工程计价软件图标后,出现如下登录界面,如图9.4所示。

登录软件有两种方式:

(1)账号——广联达云账号　包装数据异地使用,云盘存储。

(2)无网络状态——离线登录　本书介绍选择"离线登录"。如忽略智能组价、云盘等功能可选择该种方式登录。

登录广联达云计价平台

tangy1019

☑记住密码　　　□自动登录

立即登录

忘记密码　注册账号　　　离线登录

图9.4　软件登录界面

2)新建工程

在新建工程时,可以选择工程量清单模式和定额模式两种计价模式,以适应不同的业务流程,并且根据工程所在地区,选择相匹配的清单和定额。如图9.5所示,点击"新建预算",清单计价模式选择"招标项目"或"投标项目",定额计价模式选择"定额项目",确定计价模式后,点选"立即新建"。

现以招标方对某小区建设项目下的一个庭院绿化工程为例,采用清单计价模式,编制其招标控制价文件,说明该计价软件的基本操作步骤。

点击"新建预算"→"招标项目",在"项目名称、项目编码"中根据实际工程情况填写,而"地区标准、定额标准、价格文件"则根据当地情况选择,"计税方式"根据企业情况选择。点击"立即新建",如图9.5所示。

在界面右侧相应的"项目信息"栏中根据实际工程情况填写相应信息,按鼠标右键也可补充插入软件默认未有信息,如图9.6所示。

3)输入工程概况

①点选"单项工程",选择相应的专业,如选择"园林",进入园林工程计价编制界面,如图9.7所示。屏幕左边项目结构栏显示,右边的上部分窗口是编辑窗口,下部分是属性窗口。

　　②选择"工程概况",在"工程信息、工程特征"等相应栏目根据图样和单位工程的实际情况输入;点选"编制说明/编辑",在此处输入该工程的基本概况及相关编制依据。此步骤内容可在此时完成操作输入,也可在完成人、材、机调整后输入。

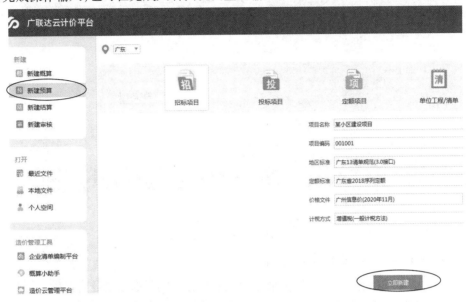

图 9.5　计价文件类型选择与项目新建界面

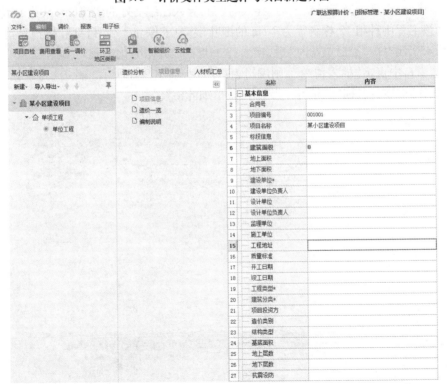

图 9.6　项目信息界面

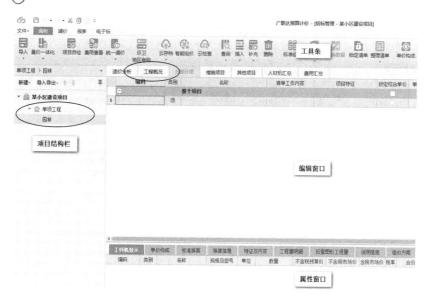

图 9.7　单位工程计价编辑界面

4）分部分项工程量清单项的输入与组价

（1）工程量清单项的输入　选择"分部分项"栏目,在编码下的空白处直接输入清单项目编码,软件会自动弹出清单名称和计量单位,也可通过菜单下的工具条"查询"和"插入"后,选择相应的清单项目,也可选择工具条上的"导入"按钮,导入已编写好的清单（excel 或 GBQ 格式文件）。假如该工程中种植 12 株胸径为 7 cm 的细叶榕,要求保养 3 个月,细叶榕预算价（到达工地价格）为 450 元/株。点选"查询"后,接着逐一点选"园林绿化工程""绿化工程""栽植乔木",在右边窗口中点击"插入清单",则编辑窗口出现,如图 9.8 所示。此时,为了让清单项目更清晰直观,可将项目名称"栽植乔木"改为"栽植细叶榕"。

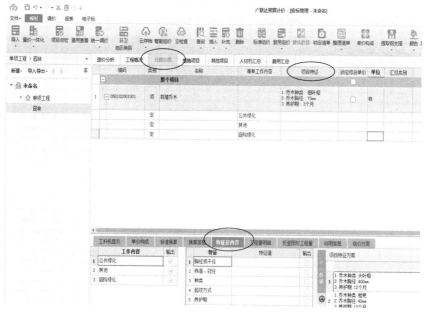

图 9.8　清单项目输入

　　分部分项工程量清单项目一般要求五要素(项目编码、项目名称、项目特征、计量单位和工程量)缺一不可,此时,项目特征是空白的,为此,可点选该清单项目对应"项目特征"的栏目后,该空格右边出现三个点,点击该三点后出现"项目特征方案"参考选项,双击其中一个较接近的项目特征,在左侧窗口根据实际清单项目情况修改好后,点击"确定"。或在下面属性窗口的"特征及内容"里输入清单项目的各项特征值,也可完成清单特征的描述,如图9.9所示。最后输入清单项目的实际工程量(如不输入,软件默认为1)。采用同样的方法,将整个工程的所有清单项目输入完毕。

图9.9　清单项目特征输入

　　(2)清单项目组价内容的输入　要想对每一个清单项目进行报价,必须清楚完成每一个清单项目所包含的工作内容,然后对每一个工作内容进行工程量的计算和选择合适的定额,然后将所有组价内容对应的定额子目编号和工程量输入软件中的每一个项目下,便完成了组价内容的输入。为此,可点选菜单下的工具条"查询/查询定额"或"插入/插入子目"找到对应的定额子目,双击鼠标坐标或点选插入即可。而在弹出相应的对话框时,名称下的"乔木苗"改成"细叶榕",不含税市场价输入"450"后,点击"确定",在弹出换算对话框时,根据实际施工条件勾选"确定"(常规条件下,则不勾选),在弹出保养对话框时,在"保养月份"选项中,勾选选择3个月"确定"。完成结果如图9.10所示。

　　(3)取费　组价内容的输入只是完成了人工、材料和机械费的计算,根据综合单价的组成内容,还需要对软件默认的计价程序中的管理费和利润进行修改设置。通过工具栏"单价构成"这一功能,在弹出的表格中输入当地主管部门规定的管理费和利润率,即可完成综合单价的计算。

5)措施项目清单的编写与组价

　　措施项目清单的组价相对比较简单,有的是按照一定的费率计算,如环境保护费等;有的则是按照定额子目计算,如脚手架费。对无法计算工程量的措施项目,一般情况下,是按费率计算的项目,直接输入拟定的费率即可;而对于可以计算工程量的措施项目,其清单编制与组价方法和程序与分部分项工程量清单项目的编制与组价基本相同,这里不再赘述,如图9.11所示。如在软件默认措施项目中未找到有实际发生的措施项目,可在需插入该措施项目的地方右键单击选择"插入清单"或"插入子目",以增加措施项目。也可右键单击"删除"不需要的措施项目。

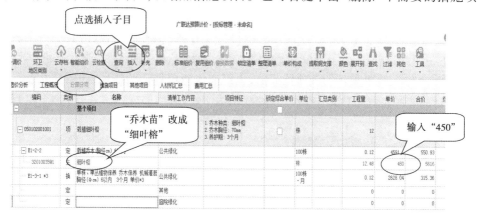

图9.10　分部分项清单项目组价内容的输入

图9.11　措施项目组价输入

6)其他项目清单的编写与组价

其他项目清单中招标人部分和投标人部分的具体费用可以点选"计算基数"下的费用名称,接着点选小黑三角形通过"费用代码"选择计算费用的计算基数或计算基础,然后在"费率"中输入拟定的费率或具体金额来完成组价,如图9.12所示。如在软件默认其他项目中未找到有实际发生的其他项目,可在需插入该项目的地方右键单击选择"费用行",以增加其他项目。也可右键单击"删除"不需要的其他项目。

7)人、材、机调价

软件中内置的是当地编制定额时所用的预算价格,有些价格可能与组价时期的市场价格或工程上拟采用的人、材、机价格不符。为了反映当地的价格水平或在竞争性报价的情况下,需要对软件中的部分人、材、机的价格进行调整。可以通过软件中的人、材、机汇总表对人、材、机价格进行调整,如图 9.12 所示。点选工具条"载价"的批量载价统一进行调整。则与之有关的材料及半成品和分部分项工程的综合单价也随之做相应的调整,完成对材料的批量换算与调整。

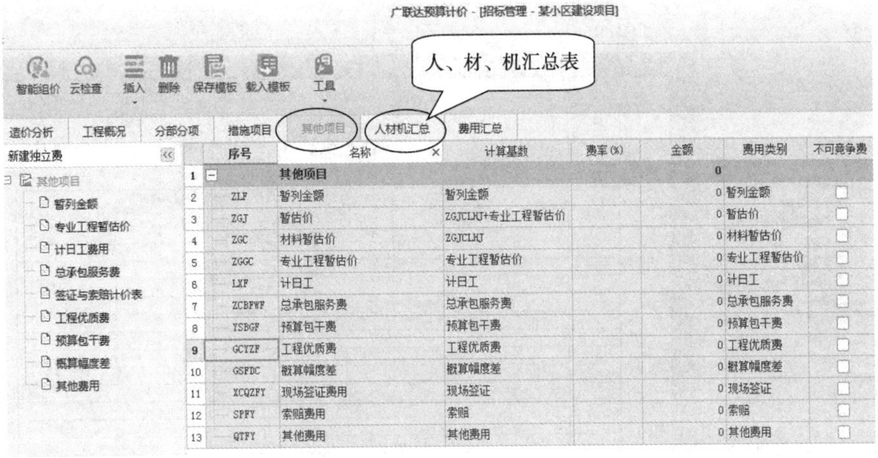

图 9.12　其他项目组价输入

8)费用汇总

完成了前面计算的分部分项工程量价款、措施项目价款和其他项目价款,然后在取费程序中输入当地规定相应的规费费率和税率,即汇总计算得出该工程的造价,如图 9.13 所示。广东省在 2018 年已取消工程排污费、施工噪声排污费、防洪工程维护费的计取。

图 9.13　费用汇总表

9)报表输出

完成以上操作后,即可点击菜单"报表",选择相应的报表进行浏览、导出及打印。GCCP6.0 提供了 3000 + 云端海量报表方案;支持 PDF、EXCEL 在线智能识别搜索,个性化报表直接应用。并支持个人报表及企业报表模板入云,同时可支持企业内部共享使用,实现了云报表功能,如图 9.14 所示。

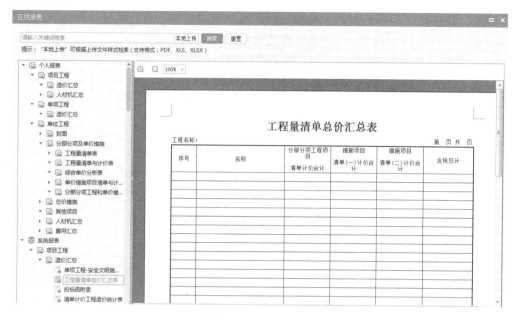

图 9.14　云报表功能

复习思考题

1.查询本地区常用的几种计价软件,并选择其中一套计价软件安装。
2.熟悉该计价软件的界面,编制一个简单的工程计价文件。

实验实训

运用预算软件编制园林工程量清单及清单计价

1.目的要求

理解园林工程量清单及清单组价的概念并熟悉园林工程计价软件的操作程序。能运用计价软件编制园林工程量清单并收集相关造价信息运用计价软件进行组价,并能打印输出。

2.实训工具、用品

园林工程工程量清单计价指引、施工图纸、造价信息、本地的定额工具书、计算机和园林工程计价软件等。

3.内容与方法

结合老师提供的园林工程量清单计算表,运用园林工程预算软件进行清单报价操作。
(1)分部分项项目建立。
(2)园林工程量清单项目输入。
(3)工程量输入。
(4)项目特征描述。
(5)定额子目的输入。

（6）单价构成的调整。

（7）措施项目、其他项目的编制与组价。

（8）人、材、机价格调整。

（9）打印输出园林工程量清单及报价。

4. 实训报告

根据某园林施工图及设计说明,运用计价软件,编制该园林工程的招标控制价或投标报价。

参考文献

[1] 董三孝.园林工程概预算与施工组织管理[M].北京:中国林业出版社,2003.

[2] 孟新田,崔艳梅.土木工程概预算与清单计价[M].北京:高等教育出版社,2015.

[3] 中华人民共和国住房和城乡建设部.建设工程工程量清单计价规范[M].北京:中国计划出版社,2008.

[4] 广东省建设工程造价管理总站.建设工程计价案例(园林建筑绿化工程部分)[M].北京:中国建筑工业出版社,2004.

[5] 李玉萍,杨易昆.园林工程[M].3版.重庆:重庆大学出版社,2018.

[6] 白远国,澹台思鑫.园林工程预决算[M].北京:化学工业出版社,2009.

[7] 许焕兴.土建工程造价[M].北京:中国建筑工业出版社,2005.

[8] 张舟.园林景观工程工程量清单计价编制实例与技巧[M].北京:中国建筑工业出版社,2005.

[9] 何辉,吴瑛.园林工程计价与招投标[M].北京:中国建筑工业出版社,2010.

[10] 吴立威,周业生.园林工程招投标与预决算[M].北京:科学出版社,2005.

[11] 王辉忠.园林工程概预算[M].北京:中国农业出版社,2008.

[12] 沈中友,祝亚辉.工程量清单计价实务[M].北京:中国电力出版社,2016.

[13] 侯春奇,陈晓明,范恩海.建筑工程概预算[M].北京:北京理工大学出版社,2009.

[14]《建设工程工程量清单计价规范》编写组.《建设工程工程量清单计价规范》宣贯辅导教材[M].北京:中国计划出版社,2008.

[15] 沈玲.园林工程预决算[M].北京:化学工业出版社,2016.